全国水利水电高职教研会规划教材
高等职业教育土建类“十三五”系列教材

建设工程招投标与合同管理

主　编　陈　超　牛国忠　赖德铭　马晓宇
副主编　陈阳蕾　陈秀福　张慧真

·北京·

内 容 提 要

《建设工程招投标与合同管理》根据2018年及之前国家发布的与招标投标相关的最新的法律、法规与通知，如现行的《中华人民共和国招标投标法》（2017修改版）、《招标投标法实施条例》（2017修改版）、《必须招标的工程项目规定》（2018版）、《工程建设项目施工招标投标办法》（2013修改版）、《国务院办公厅关于清理规范工程建设领域保证金的通知》《关于修改〈招标投标法〉〈招标投标法实施条例〉的决定》等编写而成。本教材结合建设工程管理的实际，系统地阐述了建设工程招投标及合同管理的主要内容，包括建设工程招标，建设工程投标，建设工程开标、评标和中标，建设工程合同，建设工程施工合同管理，国际工程招标，建设工程招标投标实训等内容。

本教材全面反映了招投标及合同管理的国内新变化和国际惯例，是建设工程造价、建设工程技术及相关专业的教材，也可作为成人教育招标投标合同管理、工程造价类等相关专业的教材。

图书在版编目（CIP）数据

建设工程招投标与合同管理 / 陈超等主编. -- 北京：中国水利水电出版社，2019.5
全国水利水电高职教研会规划教材 高等职业教育土建类“十三五”系列教材
ISBN 978-7-5170-7683-4

Ⅰ. ①建… Ⅱ. ①陈… Ⅲ. ①建筑工程－招标－高等职业教育－教材②建筑工程－投标－高等职业教育－教材③建筑工程－合同－管理－高等职业教育－教材 Ⅳ. ①TU723

中国版本图书馆CIP数据核字(2019)第092842号

书 名	全国水利水电高职教研会规划教材 高等职业教育土建类“十三五”系列教材 **建设工程招投标与合同管理** JIANSHE GONGCHENG ZHAOTOUBIAO YU HETONG GUANLI
作 者	主 编 陈 超 牛国忠 赖德铭 马晓宇 副主编 陈阳蕾 陈秀福 张慧真
出版发行	中国水利水电出版社 （北京市海淀区玉渊潭南路1号D座 100038） 网址：www.waterpub.com.cn E-mail：sales@waterpub.com.cn 电话：（010）68367658（营销中心）
经 售	北京科水图书销售中心（零售） 电话：（010）88383994、63202643、68545874 全国各地新华书店和相关出版物销售网点
排 版	中国水利水电出版社微机排版中心
印 刷	北京瑞斯通印务发展有限公司
规 格	184mm×260mm 16开本 19印张 451千字
版 次	2019年5月第1版 2019年5月第1次印刷
印 数	0001—2000册
定 价	**49.50元**

前言

qianyan

《建设工程招投标与合同管理》是建设工程造价、建设工程技术专业的专业课教材。本教材在吸收以往教材精华的基础上，以通用性、实用性、操作性、前沿性以及“立足国情、接轨国际”为原则，使全书理论体系完整、内容新颖、案例分析丰富、实践性和可操作性强。通过本教材的学习，读者可以掌握建设工程招投标、合同管理与索赔的基本理论知识和操作技能，能够完成某特定工程的招标、投标文件的编制、合同的签订，并具备初步的工程招标投标和工程索赔的能力。

本教材可作为本专科工程管理专业、工程造价管理专业、建设工程专业的教材以及参考书，同时还可作为咨询工程师、监理工程师、建造师、造价工程师以及工程造价从业人员及项目管理人员的培训教材及参考书。

本教材编写人员及编写内容分工如下：福建水利电力职业技术学院的陈秀福老师编写第1章、第6章6.2，陈超老师编写第2章，赖德铭老师编写第3章及第8章，张慧真老师编写第4章、第6章6.1，陈阳蕾老师编写第5章，内蒙古职业技术学院马晓宇老师编写第6章6.3、6.4，宁夏建设职业技术学院牛国忠老师编写第7章。本书由陈超、牛国忠、赖德铭、马晓宇担任主编，陈阳蕾、陈秀福、张慧真担任副主编，宁夏建设职业技术学院崔阳老师与福建水利电力职业技术学院林张纪老师负责本教材的统稿、颜志敏老师担任本教材的主审。

本教材在编写过程中，参考及引用了已经公开发表的有关文献、资料，在此谨向其作者表示衷心的感谢。

由于编者的水平有限，加之时间仓促，书中难免存在疏漏和错误之处，我们恳切地希望广大读者批评指正，并表示衷心的感谢！

2018年10月

目　　录

第1章　绪　　论

【学习目标】 通过本章教学，要学生了解建筑市场的概念，建筑市场的资质管理，工程项目招投标概念，工程项目承发包概念，建筑市场信用体系建设，熟悉工程招标投标的基本过程、方式及其发展历史；熟悉建筑市场的资质管理；掌握工程项目的承发包模式，分析工程特征，选择适当的承发包模式。

1.1　建　筑　市　场

1.1.1　建筑市场的定义

建筑市场是指建筑商品交换的场所，并体现建筑商品交换关系的总和，是整个市场系统中的一个相对独立的子系统。由于建筑商品体形庞大、无法移动，不可能集中在一定的地方交易，所以一般意义上的建筑市场为无形市场，没有固定交易场所。它主要通过招标投标等手段，完成建筑商品交易。交易场所会随建筑工程的建设地点和成交方式不同而变化。

建筑市场有广义和狭义之分。狭义的建筑市场是指以建筑产品为交换内容的市场，是建设项目的建设单位和建筑产品的供给者通过招投标的方式进行承发包的商品交换关系。广义的建筑市场是指除了以建筑产品为交换内容外，还包括与建筑产品的生产和交换密切相关的勘察设计市场、劳动力市场、建筑生产资料市场、建筑资金市场和建筑技术服务市场等。

近年来，我国许多地方提出了建筑市场有形化的概念。这种做法提高了招投标活动的透明度，有利于竞争的公开和公正，对规范建筑市场有积极意义。

1.1.2　建筑市场的主体

建筑市场是由许多基本要素组成的有机统一整体，这些要素之间相互联系和相互作用，推动市场的有效运转。建筑市场的主体是指参与建筑生产交易的各方。我国建筑市场的主体主要包括业主（建设单位）、承包商、工程（咨询、监理）服务机构等。

1. 业主

业主是既有某项工程建设需要，又具有该项工程建设相应的建设资金和各种准建手续，在建筑市场中发包工程建设的勘察、设计、施工任务，并最终得到建筑产品的政府部门、企事业单位或个人（业主只有在发包工程或组织工程建设时才成为市场主体，因此，业主作为市场主体具有不确定性）。业主有时称为发包人、发包单位、建设单位项目法人。

目前我国项目业主有 3 种类型：企事业单位、联合投资董事会、各类开发公司或

个人。

项目业主在项目建设中的主要职能如下：

(1) 建设项目可行性研究与立项决策。

(2) 建设项目的资金筹措与管理。

(3) 办理建设项目的有关手续。

(4) 建设项目的招标与合同管理。

(5) 建设项目的施工与质量管理。

(6) 建设项目竣工验收和试运行。

(7) 建设项目的统计与文档管理。

2. 承包商

承包商是指拥有一定数量的建筑装备、流动资金、人员，取得建设行业相应资质证书和营业执照的，能够按照业主的要求提供不同形态的建筑产品并最终得到相应工程价款的建筑企业。

承包商从事建设生产，一般需要具备以下3个方面的条件：

(1) 拥有符合国家规定的注册资本。

(2) 拥有与其等级相适应且具有注册执业资格的专业技术人员和管理人员。

(3) 具有从事相应建筑活动所需的技术培训装备。

承包商的实力主要包括经济方面的实力、技术方面的实力、管理方面的实力、信誉方面的实力。通常在市场经济条件下，只有具备了上述4方面的实力，承包商才能够在市场竞争中脱颖而出，取得施工项目。

按照生产主要形式的不同，承包商可分为勘察、设计单位，建筑安装企业，混凝土预制构件、非标准件制作等生产厂商，商品混凝土材料供应站，建筑机械租赁单位，以及专门提供劳务的企业等。按其所从事的专业可分为土建、水利、道路、桥梁、铁路、市政工程等专业公司。

3. 工程（咨询、监理）服务机构

工程（咨询、监理）服务机构是指具有一定注册资金，一定数量的工程技术、经济管理人员，取得建设咨询资质和营业执照，能为工程建设提供估算测量、管理咨询、建设监理等智力型服务并获取相应报酬的企业。

咨询单位因其独特的职业特点和在项目实施中所处的地位，需要承担来自业主、承包商和自身职业责任3方面的风险。

除了咨询、监理外，还有以下几种工程服务机构：

(1) 协调和约束市场主体行为的自律性组织，主要是建筑业协会及其下属的专业分会，包括工程质量监督协会，工程安全协会，大型机械管理及租赁协会，深基础施工协会，建筑防水、防潮协会，建筑材料协会，建筑企业经营管理专业委员会和建筑施工技术开发专业委员会等。

(2) 保证公平交易、公平竞争的公证机构，例如各种专业事务所、资产评估和资信评估机构、专业公证机构、合同纠纷的仲裁机构等。

(3) 检查认证机构，是监督建筑市场活动，维护市场正常秩序的检查认证机构，例如

建筑产品质量量检测、鉴定机构，ISO9000 认证机构等。

(4) 公益机构，包括为保证社会公平、市场竞争秩序正常的以社会福利为目的的专项基金会、专项保险机构等。

1.1.3 建筑市场的客体

建筑市场的客体为建筑市场交易的对象，分为建筑产品和建筑生产要素两大类。

1. 建筑产品

建筑产品是具有各种不同用途的建筑物和构筑物，具有固定性、多样性、整体性、价值大等特点。

2. 建筑生产要素

建筑生产要素包括人力、物资、资金、技术和信息。人力包括建筑管理人员与技术人员，以及施工作业人员。物资包括各类建筑材料和各类建筑机械设备。资金分短期资金和长期资金：短期资金主要用于弥补企业流动资金和周转资金的不足；长期资金主要用于企业的扩大再生产。技术包括各种形式的工业产权、专业技术和技术服务等，可分为建筑管理技术和建筑施工技术：前者包括一切可以改进管理的技术；后者包括一切可以改进施工工艺、施工生产资料性能的技术。信息是指有关建筑市场需求供给状况、价格变动、用户意向、竞争态势等方面的情报、指令、报表、数据以及图纸资料等。

1.2 建筑市场的资质管理

建筑活动的专业性及技术性都很强，而且建设工程的投资大、周期长，一旦发生问题将给社会和人民的财产安全造成极大损失。因此，为保证建设工程的质量和安全，对从事建设活动的单位和专业技术人员必须实行从业资格管理，即资质管理制度。

建筑市场中的资质管理包括两类：一类是对从业企业的资质管理；另一类是对专业人士的资格管理。

1.2.1 建筑业企业资质管理

根据中华人民共和国（建设部令〔第 159 号〕）《建筑业企业资质管理规定》，建筑企业资质管理主要有建筑企业的资质序列、类别、等级管理和资质许可管理。建筑企业包括 3 大类 85 种资质，其中，总承包 12 类、专业承包 60 类、劳务分包 13 类。

1. 工程勘察设计企业资质管理

我国建设工程勘察设计企业资质分为工程勘察资质和工程设计资质。建设工程勘察、设计企业应当按照其拥有的注册资本、专业技术人员、技术装备和业绩等条件申请资质，经审查合格，取得建设工程勘察、设计资质证书后，方可在资质等级许可的范围内从事建设工程勘察设计活动。我国勘察设计企业的业务范围参见表 1.1 的有关规定。国务院建设行政主管部门及各地建设行政主管部门负责工程勘察、设计企业资质的审批、晋升和处罚。

表 1.1　　　　　　　　　　我国勘察设计企业的业务范围

企业类别	资质分类	等级	承 担 业 务 范 围
勘察企业	综合资质	甲级	承担工程勘察业务的范围和地区不受限制
	专业资质（分专业设立）	甲级	承担本专业工程勘察业务的范围和地区不受限制
		乙级	可承担本专业工程勘察中、小型工程项目，承担工程勘察业务的地区不受限制
		丙级	可承担本专业工程勘察小型工程项目，承担工程勘察业务限定在省（自治区、直辖市）所辖行政区范围内
	劳务资质	不分级	承担岩石工程治理、工程钻探、凿井等工程勘察劳务工作，承担工程勘察劳务工作的地区不受限制
设计企业	综合资质	不分级	承担工程设计业务的范围和地区不受限制
	行业资质（分行业设立）	甲级	承担相应行业建设项目的工程设计的范围和地区不受限制
		乙级	承担相应行业的中、小型建设项目的工程设计任务，地区不受限制
		丙级	承担相应行业的小型建设项目的工程设计任务，地区限定在省（自治区、直辖市）所辖行政区范围内
	劳务资质（分行业设立）	甲级	承担大、中、小型专项工程设计的项目，地区不受限制
		乙级	承担中、小型专项工程设计的项目，地区不受限制

2. 建筑业企业（承包商）资质管理

建筑业企业（承包商）是指从事土木工程、建筑工程、线路管道及设备安装工程、装修工程等的新建、扩建和改建活动的企业。我国建筑业企业承包工程范围见表 1.2。工程施工总承包企业资质等级分为特、一、二、三级；施工专业承包企业资质等级分为一、二、三级；劳务分包企业资质等级分为一、二级。这三类企业的资质等级标准，由建设部统一组织制定和发布。工程施工总承包企业和施工专业承包企业的资质实行分级审批。特级和一级资质由建设部审批；二级及以下资质由企业注册所在地省（自治区、直辖市）人民政府建设主管部门审批；劳务分包系列企业资质由企业所在地省（自治区、直辖市）人民政府建设主管部门审批。经审查合格的企业，由资质管理部门颁发相应等级的建筑业企业（施工企业）资质证书。建筑业企业资质证书由国务院建设行政主管部门统一印制，分为正本和副本，正本和副本具有同等法律效力，资质证书有效期为 5 年。任何单位和个人不得涂改、伪造、出借、转让资质证书，复印的资质证书无效。

特别注意：在 2015 年 10 月 9 日，住建部出台了《住房城乡建设部关于建筑业企业资质管理有关问题的通知》，部分原文如下。

为充分发挥市场配置资源的决定性作用，进一步简政放权，促进建筑业发展，现就建筑业企业资质有关问题通知如下：

（1）取消《施工总承包企业特级资质标准》（建市〔2007〕72 号）中关于国家级工法、专利、国家级科技进步奖项、工程建设国家或行业标准等考核指标要求。对于申请施工总承包特级资质的企业，不再考核上述指标。

表 1.2　　建筑业企业承包工程范围

	企业类别	等级	承 包 工 程 范 围
建筑业企业	施工总承包企业（按工程性质分为房屋、公路、铁路、港口、水利、电力、矿山、冶金、化工石油、市政公用、通信、机电等 12 类）	特级	（以房屋建筑工程为例）可承担各类房屋建筑工程的施工
		一级	（以房屋建筑工程为例）可承担单项建安合同额不超过企业注册资本金 5 倍的下列房屋建筑工程的施工：(1) 40 层及以下，各类跨度的房屋建筑工程；(2) 高度 240m 及以下的构筑物；(3) 建筑面积 20 万 m^2 及以下的住宅小区或建筑群体
		二级	（以房屋建筑工程为例）可承担单项建安合同额不超过企业注册资本金 5 倍的下列房屋建筑工程的施工：(1) 28 层及以下、单距跨度 36m 以下的房屋建筑工程；(2) 高度 120m 及以下的构筑物；(3) 建筑面积 12 万 m^2 及以下的住宅小区或建筑群体
		三级	（以房屋建筑工程为例）可承担单项建安合同额不超过企业注册资本金 5 倍的下列房屋建筑工程的施工：(1) 14 层及以下、单距跨度 24m 以下的房屋建筑工程；(2) 高度 70m 及以下的构筑物；(3) 建筑面积 6 万 m^2 及以下的住宅小区或建筑群体
	专业承包企业（根据工程性质和技术特点分为 60 类）	一级	（以土石方工程为例）可承担各类土石方工程的施工
		二级	（以土石方工程为例）可承担单项合同额不超过企业注册资本金 5 倍且 60 万 m^3 及以下的石方工程的施工
		三级	（以土石方工程为例）可承担单项合同额不超过企业注册资本金 5 倍且 15 万 m^3 及以下的石方工程的施工
	劳务分包企业（按技术特点分为 13 类）	一级	（以木工作业为例）企业具有相关专业技术员或本专业高级工以上的技术负责人，可承担各类工程木工作业分包业务，但单项合同额不超过企业注册资本金的 5 倍，企业近 3 年最高年完成劳务分包合同额 100 万元以上
		二级	（以木工作业为例）企业具有本专业高级工以上的技术负责人，可承担各类工程木工作业分包业务，但单项合同额不超过企业注册资本金的 5 倍

(2) 取消《建筑业企业资质标准》（建市〔2014〕159 号）中建筑工程施工总承包一级资质企业可承担单项合同额 3000 万元以上建筑工程的限制。取消《建筑业企业资质管理规定和资质标准实施意见》（建市〔2015〕20 号）特级资质企业限承担施工单项合同额 6000 万元以上建筑工程的限制以及《施工总承包企业特级资质标准》（建市〔2007〕72 号）特级资质企业限承担施工单项合同额 3000 万元以上房屋建筑工程的限制。

(3) 将《建筑业企业资质标准》（建市〔2014〕159 号）中钢结构工程专业承包一级资质承包工程范围修改为：可承担各类钢结构工程的施工。

(4) 将《建筑业企业资质管理规定和资质标准实施意见》（建市〔2015〕20 号）规定的资质换证调整为简单换证，资质许可机关取消对企业资产、主要人员、技术装备指标的考核，企业按照《建筑业企业资质管理规定》（住房城乡建设部令第 22 号）确定的审批权限以及建市〔2015〕20号文件规定的对应换证类别和等级要求，持旧版建筑业企业资质证书到资质许可机关直接申请换发新版建筑业企业资质证书（具体换证要求另行通知）。将过渡期调整至2016年6月30日，2016年7月1日起，旧版建筑业企业资质证书失效。

（5）取消《建筑业企业资质管理规定和资质标准实施意见》（建市〔2015〕20号）第二十八条“企业申请资质升级（含一级升特级）、资质增项的，资质许可机关应对其既有全部建筑业企业资质要求的资产和主要人员是否满足标准要求进行检查”的规定；取消第四十二条关于“企业最多只能选择5个类别的专业承包资质换证，超过5个类别的其他专业承包资质按资质增项要求提出申请”的规定。

（6）劳务分包（脚手架作业分包和模板作业分包除外）企业资质暂不换证。

3. 工程咨询单位资质管理

我国对工程咨询单位也实行资质管理。目前，已有明确资质等级评定条件的有工程监理、招标代理和工程造价等咨询机构。

工程监理企业资质按照等级划分为综合资质、专业资质和事务所资质。其中专业资质按照工程性质和技术特点划分为14个工程类别，综合资质、事务所资质不设类别。专业资质分为甲级和乙级，其中，房屋建筑、水利水电、公路和市政公用专业资质可设立丙级。工程咨询单位资质管理情况见表1.3。

表1.3　工程咨询单位资质管理一览表

企业类别	资质分类	等级	承担业务范围
工程监理	综合资质		承担所有专业工程类别建设工程项目的工程监理业务
	专业资质	甲级	可以监理相应专业类别的所有工程
		乙级	只能监理相应专业类别的二、三级工程
		丙级	只能监理相应专业类别的三级工程
	事务所资质		承担三级建设工程项目的监理业务，但国家规定必须实行监理的工程除外
工程招标代理机构		甲级	承担工程的范围和地区不受限制
		乙级	只能承担工程投资额（不含征地费、大市政配套费与拆迁补偿费）3000万元以下的工程招标代理业务，地区不受限制
工程造价咨询机构		甲级	承担工程的范围和地区不受限制
		乙级	在本省（自治区、直辖市）所辖行政区域范围内承接中、小型建设项目的工程造价咨询业务

工程咨询单位的资质评定条件包括注册资金、专业技术人员和业绩三方面的内容，不同资质等级的标准均有具体规定。

特别注意：为了依法推进简政放权、放管结合、优化服务改革，国务院公布了《国务院关于修改和废止部分行政法规的决定》，自2018年4月4日起施行。其中，通过修改《招标投标法实施条例》，取消了中央投资项目招标代理机构资格认定等行政审批项目。2018年3月住房城乡建设部发布的《住房城乡建设部关于废止〈工程建设项目招标代理机构资格认定办法〉的决定》更是已经明确了招标代理资格取消的事实。

企业申请建筑业企业资质，应当提交以下材料：

（1）建筑业企业资质申请表及相应的电子文档。

（2）企业营业执照正副本复印件。

（3）企业章程复印件。

（4）企业资产证明文件复印件。

（5）企业主要人员证明文件复印件。

（6）企业资质标准要求的技术装备的相应证明文件复印件。

（7）企业安全生产条件有关材料复印件。

（8）按照国家有关规定应提交的其他材料。

1.2.2　专业技术人员执业资格许可

《中华人民共和国建筑法》（简称《建筑法》）规定，从事建筑活动的专业技术人员，应当依法取得相应的执业资格证书，并在执业资格证书许可的范围内从事建筑活动。这是因为，建设工程的技术要求比较复杂，建设工程的质量和安全生产直接关系到人身安全及公共财产安全，责任极为重大。因此，对才从事建设工程活动的专业技术人员，应当建立起必要的个人执业资格制度；只有依法取得相应执业资格证书的专业技术人员，方可在其执业资格证书许可的范围内从事建设工程活动。没有取得个人执业资格的人员，不能执行相应的建设工程业务。

我国对从事建设工程活动的单位实行资质管理制度比较早，但对建设工程专业技术人员（即在勘察、设计、施工、监理等专业技术岗位上工作的人员）实施个人执业资格制度则起步较晚，出现了一些高资质的单位承接建设工程，却由低水平人员甚至非专业技术人员来完成的现象，不仅影响了建设工程质量和安全，还影响到投资效益的发挥。因此，建立健全专业技术人员的执业资格制度，严格执行建设工程相关活动的人员准入与清出，有利于避免上述问题的发生，明确专业技术人员的责、权、利，保证建设工程的质量安全和顺利实施。

世界上发达国家大多对从事涉及公众利益和公共安全的建设工程活动的专业技术人员，实行了严格的执业资格制度，如美国、英国、日本、加拿大等。建造师执业资格制度于1834年起源于英国，迄今已有180年的历史。许多发达国家不仅早已建立这项制度，1997年还成立了建造师的国际组织——国际建造师协会。我国在工程建设领域实行专业技术人员的执业资格制度，有利于促进与国际接轨，适应对外开放的需要，并可以同有关国家谈判执业资格对等互认，使我国的专业技术人员更好地进入国际建设市场。

我国工程建设领域最早建立的执业资格制度是注册建筑师制度，1995年9月国务院颁布了《中华人民共和国注册建筑师条例》；之后，相继建立了注册监理工程师、结构工程师、造价工程师等制度。2002年12月原人事部（即现在的人力资源和社会保障部，下同）、建设部（即现在的住房和城乡建设部，下同）联合颁发了《建造师执业资格制度暂行规定》，标志着我国建造师制度的建立和建造师工作的正式启动。

执业资格许可制度是指对具备一定专业学历，从事建筑活动的专业技术人员，通过考试和注册确定其执业的技术资格，获得相应建筑工程文件签字权的一种制度。《建筑法》第十四条规定："从事建筑活动的专业技术人员，应当依法取得相应的执业资格证书，并在执业资格证书许可的范围内从事建筑活动。"我国已建立起13种执业资格制度，包括注

册城市规划师、注册建筑师、注册结构工程师、注册建造师、注册土木工程师（岩土）、注册土木工程师（港口与航道工程）、注册监理工程师、注册造价工程师、注册房地产估价师、注册安全工程师、注册公用设备工程师、注册电气工程师、注册化工工程师的执业资格制度。下面重点介绍注册造价工程师、注册建造师、执业资格制度。

1.2.2.1 注册造价工程师执业资格制度

注册造价工程师，是指通过全国造价工程师执业资格统一考试或者资格认定、资格互认，取得中华人民共和国造价工程师执业资格（以下简称执业资格），并按照相关规定注册，取得中华人民共和国造价工程师注册执业证书（以下简称注册证书）和执业印章，从事工程造价活动的专业人员。

未取得注册证书和执业印章的人员，不得以注册造价工程师的名义从事工程造价活动。

国务院住房城乡建设主管部门对全国注册造价工程师的注册、执业活动实施统一监督管理；国务院铁路、交通、水利、信息产业等有关部门按照国务院规定的职责分工，对有关专业注册造价工程师的注册、执业活动实施监督管理。省（自治区、直辖市）人民政府住房城乡建设主管部门对本行政区域内注册造价工程师的注册、执业活动实施监督管理。

1. 造价工程师的注册

取得执业资格的人员，经过注册方能以注册造价工程师的名义执业。注册造价工程师的注册条件为：①取得执业资格；②受聘于一个工程造价咨询企业或者工程建设领域的建设、勘察设计、施工、招标代理、工程监理、工程造价管理等单位。

取得执业资格的人员申请注册的，可以向聘用单位工商注册所在地的省（自治区、直辖市）人民政府住房城乡建设主管部门或者国务院有关专业部门提交申请材料。国务院住房城乡建设主管部门在收到申请材料后，应当依法作出是否受理的决定，并出具凭证；申请材料不齐全或者不符合法定形式的，应当在5日内一次性告知申请人需要补正的全部内容。逾期不告知的，自收到申请材料之日起即为受理。对申请初始注册的，省（自治区、直辖市）人民政府住房城乡建设主管部门或者国务院有关专业部门收到申请材料后，应当在5日内将全部申请材料报国务院住房城乡建设主管部门（以下简称注册机关），注册机关应当自受理之日起20日内作出决定。对申请变更注册、延续注册的，省（自治区、直辖市）人民政府住房城乡建设主管部门或者国务院有关专业部门收到申请材料后，应当在5日内将全部申请材料报注册机关，注册机关应当自受理之日起10日内作出决定。

注册造价工程师的初始、变更、延续注册，逐步实行网上申报、受理和审批。

取得资格证书的人员，可自资格证书签发之日起1年内申请初始注册。逾期未申请者，须符合继续教育的要求后方可申请初始注册。初始注册的有效期为4年。

注册造价工程师注册有效期满需继续执业的，应当在注册有效期满30日前，按照规定的程序申请延续注册。延续注册的有效期为4年。

有下列情形之一的，不予注册：

(1) 不具有完全民事行为能力的。

(2) 申请在两个或者两个以上单位注册的。

(3) 未达到造价工程师继续教育合格标准的。

（4）前一个注册期内工作业绩达不到规定标准或未办理暂停执业手续而脱离工程造价业务岗位的。

（5）受刑事处罚，刑事处罚尚未执行完毕的。

（6）因工程造价业务活动受刑事处罚，自刑事处罚执行完毕之日起至申请注册之日止不满5年的。

（7）因前项规定以外原因受刑事处罚，自处罚决定之日起至申请注册之日止不满3年的。

（8）被吊销注册证书，自被处罚决定之日起至申请注册之日止不满3年的。

（9）以欺骗、贿赂等不正当手段获准注册被撤销，自被撤销注册之日起至申请注册之日止不满3年的。

（10）法律、法规规定不予注册的其他情形。

2. 注册造价工程师的执业范围

（1）建设项目建议书、可行性研究投资估算的编制和审核，项目经济评价，工程概、预、结算，竣工结（决）算的编制和审核。

（2）工程量清单、标底（或者控制价）、投标报价的编制和审核，工程合同价款的签订及变更、调整、工程款支付与工程索赔费用的计算。

（3）建设项目管理过程中设计方案的优化、限额设计等工程造价分析与控制，工程保险理赔的核查。

（4）工程经济纠纷的鉴定。

3. 注册造价工程师享有的权利

（1）使用注册造价工程师名称。

（2）依法独立执行工程造价业务。

（3）在本人执业活动中形成的工程造价成果文件上签字并加盖执业印章。

（4）发起设立工程造价咨询企业。

（5）保管和使用本人的注册证书和执业印章。

（6）参加继续教育。

4. 注册造价工程师应当履行的义务

（1）遵守法律、法规、有关管理规定，恪守职业道德。

（2）保证执业活动成果的质量。

（3）接受继续教育，提高执业水平。

（4）执行工程造价计价标准和计价方法。

（5）与当事人有利害关系的，应当主动回避。

（6）保守在执业中知悉的国家秘密和他人的商业、技术秘密。

5. 法律责任

隐瞒有关情况或者提供虚假材料申请造价工程师注册的，不予受理或者不予注册，并给予警告，申请人在1年内不得再次申请造价工程师注册。

聘用单位为申请人提供虚假注册材料的，由县级以上地方人民政府建设主管部门或者其他有关部门给予警告，并可处以1万元以上3万元以下的罚款。

以欺骗、贿赂等不正当手段取得造价工程师注册的，由注册机关撤销其注册，3年内不得再次申请注册，并由县级以上地方人民政府建设主管部门处以罚款。其中，没有违法所得的，处以1万元以下罚款；有违法所得的，处以违法所得3倍以下且不超过3万元的罚款。

1.2.2.2 注册建造师执业资格制度

注册建造师，是指通过考核认定或考试合格取得中华人民共和国建造师资格证书（以下简称资格证书），并按照本规定注册，取得中华人民共和国建造师注册证书（以下简称注册证书）和执业印章，担任施工单位项目负责人及从事相关活动的专业技术人员。

《建造师执业资格制度暂行规定》中规定，建造师分为一级建造师和二级建造师。经国务院有关部门同意，获准在中华人民共和国境内从事建设工程项目施工管理的外籍及港、澳、台地区的专业人员，符合本规定要求的，也可报名参加建造师执业资格考试以及申请注册。

1. 建造师的受聘单位

《注册建造师管理规定》规定，取得资格证书的人员应当受聘于一个具有建设工程勘察、设计、施工、监理、招标代理、造价咨询等一项或者多项资质的单位，经注册后方可从事相应的执业活动。担任施工单位项目负责人的，应当受聘并注册于一个具有施工资质的企业。

据此，建造师可以受聘在施工单位从事施工活动的管理工作，也可以在勘察、设计、监理、招标代理、造价咨询等单位或具有多项上述资质的单位执业。但是，如果担任施工单位的项目负责人即项目经理，其所受聘的单位必须具有相应的施工企业资质，而不能是仅具有勘察、设计、监理等资质的其他企业。

2. 建造师的执业范围

《建造师执业资格制度暂行规定》中规定，建造师的执业范围包括：

（1）担任建设工程项目施工的项目经理。

（2）从事其他施工活动的管理工作。

（3）法律、行政法规或国务院建设行政主管部门规定的其他业务。

注册建造师担任施工项目负责人期间原则上不得更换。如发生下列情形之一的，应当办理书面交接手续后更换施工项目负责人：①发包方与注册建造师受聘企业已解除承包合同的；②发包方同意更换项目负责人的；③因不可抗力等特殊情况必须更换项目负责人的。

注册建造师担任施工项目负责人，在其承建的建设工程项目竣工验收或移交项目手续办结前，除以上规定的情形外，不得变更注册至另一企业。建设工程合同履行期间变更项目负责人的，企业应当于项目负责人变更5个工作日内报建设行政主管部门和有关部门及时进行网上变更。

此外，注册建造师还可以从事建设工程项目总承包管理或施工管理，建设工程项目管理服务，建设工程技术经济咨询，以及法律、行政法规和国务院建设主管部门规定的其他业务。

3. 建造师的基本权利

《注册建造师管理规定》进一步规定，注册建造师享有下列权利：

（1）使用注册建造师名称。

（2）在规定范围内从事执业活动。

（3）在本人执业活动中形成的文件上签字并加盖执业印章。

（4）保管和使用本人注册证书、执业印章。

（5）对本人执业活动进行解释和辩护。

（6）接受继续教育。

（7）获得相应的劳动报酬。

（8）对侵犯本人权利的行为进行申述。

4. 建造师的基本义务

《建造师执业资格制度暂行规定》中规定，建造师在工作中，必须严格遵守法律、法规和行业管理的各项规定，恪守职业道德。建造师必须接受继续教育，更新知识，不断提高业务水平。

《注册建造师管理规定》进一步规定，注册建造师应当履行下列义务：①遵守法律、法规和有关管理规定，恪守职业道德；②执行技术标准、规范和规程；③保证执业成果的质量，并承担相应责任；④接受继续教育，努力提高执业水准；⑤保守在执业中知悉的国家秘密和他人的商业、技术等秘密；⑥与当事人有利害关系的，应当主动回避；⑦协助注册管理机关完成相关工作。

《注册建造师执业管理办法（试行）》还规定，注册建造师不得有下列行为：①不按设计图纸施工；②使用不合格建筑材料；③使用不合格设备、建筑构配件；④违反工程质量、安全、环保和用工方面的规定；⑤在执业过程中，索贿、行贿、受贿或者谋取合同约定费用外的其他不法利益；⑥签署弄虚作假或在不合格文件上签章的；⑦以他人名义或允许他人以自己的名义从事执业活动；⑧同时在两个或者两个以上企业受聘并执业；⑨超出执业范围和聘用企业业务范围从事执业活动；⑩未变更注册单位，而在另一家企业从事执业活动；⑪所负责工程未办理竣工验收或移交手续前，变更注册到另一企业；⑫伪造、涂改、倒卖、出租、出借或以其他形式非法转让资格证书、注册证书和执业印章；⑬不履行注册建造师义务和法律、法规、规章禁止的其他行为。

担任建设工程施工项目负责人的注册建造师在执业过程中，应当及时、独立完成建设工程施工管理文件签章，无正当理由不得拒绝在文件上签字并加盖执业印章。担任施工项目负责人的注册建造师应当按照国家法律法规、工程建设强制性标准组织施工，保证工程施工符合国家有关质量、安全、环保、节能等有关规定。担任施工项目负责人的注册建造师，应当按照国家劳动用工有关规定，规范项目劳动用工管理，切实保障劳务人员合法权益。担任建设工程施工项目负责人的注册建造师对其签署的工程管理文件承担相应责任。

建设工程发生质量、安全、环境事故时，担任该施工项目负责人的注册建造师应当按照有关法律法规规定的事故处理程序及时向企业报告，并保护事故现场，不得隐瞒。

1.3 建设工程招投标

建设工程招投标是在市场经济条件下，通过公平竞争机制，进行建设工程项目发包与

承包时所采用的一种交易方式。采用这种交易方式必须具备两个基本条件：一是要有开展竞争的市场经济运行机制，二是必须存在招投标项目的买方市场，能够形成多家竞争的局面。

通过招投标，招标单位可以对符合条件的各投标竞争者进行综合比较，从中选择报价合理、质量可靠的承包商作为中标者签订承包合同，有利于保证工程质量和工期、降低工程造价、提高投资信誉。在建筑市场交易中，广泛采用招投标制。招投标作为市场交易方式的最优选择，为规范市场、建立统一的市场规则与秩序提供了范例。招投标的首要作用就是规范市场行为，促进市场体系的发展与完善，以组织化、固定化和规范化的操作程序，保证市场在价值规律作用下有效地调节供需关系，影响并指导产业结构、技术结构的调整，从而间接地影响宏观经济政策。通过价格机制，使市场核心功能发挥作用而达到合理的资源配置，进而调节社会资源的流向。

1.3.1 招投标制度产生的原因

招投标制度真正形成于18世纪末和19世纪初的西方资本主义国家，随着政府采购制度的产生而产生。在市场经济后期，随着社会工业化的深入，政府采购逐渐出现，采购范围和数量也在不断加大。由于政府采购使用的是纳税人的钱，不是采购人自己掏腰包，因此经常出现浪费现象。更为严重的是，采购过程中的贪污腐败现象也时有发生。腐败现象的产生必然会引起政府的注意，并对其进行限制，从而产生了政府采购制度。因为政府采购的规模往往比较大，需要比普通交易更为规范和严密的方式，同时需要给供应商提供平等的竞争机会，也需要对其进行监督，招投标制度应运而生。招标人也只有在这些较大规模的投资项目或大宗货品交易中，才会感到采用招投标方式能节省成本。因此，法治国家一般都要求通过招投标的方式进行政府采购，在政府采购制度中也往往规定了招投标的程序。

1.3.2 招投标制度在国外的发展

1782年，英国政府首先设立文具公用局，负责采购政府各部门所需的办公用品。该局在设立之初就规定了招投标的程序，文具公用局后来发展为物资供应部，负责采购政府各部门的所需物资。1803年，英国政府公布法令，推行招标承包制。英国从设立文具公用局到公布招投标法令，经历了21年。后来，其他国家纷纷效仿，并在政府机构和私人企业购买批量较大的货物以及兴办较大的工程项目时，常常采用招投标方法。

美国联邦政府民用部门的招投标采购历史可以追溯到1792年，当时有关政府采购的第一部法律将为联邦政府采购供应品的责任赋予美国首任财政部长亚历山大·汉密尔顿。1861年，美国又出台了一项联邦法案，规定超过一定金额的联邦政府采购，都必须采取公开招标的方式，并要求每一项采购至少要有3个投标人。1868年，美国国会通过立法确立公开开标和公开授予合同的程序。

经过两个世纪的实践，作为一种交易方式，招投标已经得到广泛应用，日趋成熟，影响力也在不断扩大。随着招投标制度的逐步规范化和法制化，招投标被大量应用在建筑工程中，逐步发展成为工程承包的一种最常用的方式。当工程项目主办国需要吸引外国承包者前来参加竞争时，国内招投标就扩展为国际范围的招投标。

为了适应不同类型、不同合同的国际工程招投标活动的需求，国际上一些著名的行业学会，如国际咨询工程师联合会（FIDIC）、英国土木工程师学会（ICE）、美国建筑师学会（AIA）等都编制了多种版本的合同条件，如《FIDIC土木工程施工合同条件》、《ICE合同条件》和《AIA系列合同条件》等，这些合同条件被世界上许多国家和地区广泛应用。

此外，联合国有关机构和一些国际组织对于应用招投标方式进行采购也做出了明确规定，如联合国贸易法委员会的《关于货物、工程和服务采购示范法》、世界贸易组织（WTO）的《政府采购协议》、世界银行的《国际复兴开发银行贷款和国际开发协会信贷采购指南》等。

最近二三十年来，发展中国家也日益重视并采用招投标方式进行工程、服务和货物的采购。许多国家相继制定和颁布了有关招投标的法律、法规，如埃及的《公共招标法》、科威特的《公共招标法》等。

1.3.3 招投标制度在我国的发展

清朝末期，我国已经有了关于招投标活动的文字记载。1902年，张之洞创办湖北制革厂，当时共有5家营造商参加开价比价，结果张同升以1270.1两白银的开价中标，并签订了以质量保证、施工工期、付款办法为主要内容的承包合同。这是目前可查的我国最早的招投标活动。民国时期，1918年，汉口《新闻报》刊登了汉阳铁厂的两项扩建工程的招标公告。1929年，武汉市采办委员会曾公布招标规则，规定公有建筑或一次采购物料在3000元以上者，均须通过招标决定承办厂商。这些都是我国招投标活动的雏形，也是对招投标制度的最初探索。

20世纪80年代初，作为建筑业和基本建设管理体制改革的突破口，我国率先在工程建设领域推行招投标制，拉开了我国招投标制度全面推广和发展的序幕。从1980年开始，上海、广东、福建、吉林等省（直辖市）开始试行工程招投标。1984年，国务院决定改革单纯用行政手段分配建设任务的老办法，开始实行招投标制，并制定和颁布了相应法规，随后在全国进一步推广。随着改革开放的逐渐深入，招投标已逐步成为我国工程采购、服务采购和货物采购的主要方式。在这一时期，我国的工程建设领域也逐渐与世界接轨，既有土木建筑企业参与国际市场竞争，以投标方式在中东、亚洲、非洲开展国际承包工程业务；又有借贷国外资金来修建国内的大型工程，积累了一些国际工程招投标的经验。

在借贷外资时，由于提供贷款方主要有世界银行、亚洲开发银行和一些外国政府等，他们大多要求采用国际通用合同条件，实行国际公开招投标，所以这些项目的投标人不仅是中国的土木建筑企业，还有一些国外大承包商。

从这一工程开始，全国大小施工工程开始全面试行招投标制与合同制管理。此后，随着招投标制度在我国的逐渐深入，有关部委又先后发布多项相关法规，推行和规范招投标活动。1999年8月30日，第九届全国人民代表大会常务委员会第十一次会议通过了《中华人民共和国招标投标法》（以下简称《招标投标法》），并于2000年1月1日起施行。2002年6月29日，第九届全国人民代表大会常务委员会第二十八次会议通过了《中华人民共和国政府采购法》，确定招投标方式为政府采购的主要方式，标志着我国招投标活动从此走上法制化的轨道，我国招投标制度进入了全面实施的新阶段。

1.3.4　建设工程招标的原则

建设工程招标的原则也就是建设工程招投标活动所应遵循的原则：公开、公平、公正和诚实信用。公开，就是必须具有极高的透明度，招标信息、招标程序、开标过程、中标结果都必须公开，使每一个投标人获得同等的信息。公平，就是要求给予所有投标人以平等机会，使他们享有的权利和履行的义务都是同等的，不得歧视任何一方。公正，就是要求按事先公布的标准进行评标，要公正对待每一个投标人。诚实信用，是所有民事活动都应遵循的基本原则之一。它要求当事人应以诚实、守信的态度行使权利、履行义务，保证彼此都能得到自己应得的利益，同时不得损害第三人和社会的利益，不得规避招标、串通投标、泄露标底、骗取中标等。

1.3.5　招标投标法的概念

招标投标法是国家用来规范招标投标活动、调整在招标投标过程中产生的各种关系的法律规范的总称。

该法是国家用来规范招标投标活动、调整在招标投标过程中产生的各种关系的法律。

此后，依行业的不同，相关监管部门及各地方又陆续出台了一系列配套规定。按照法律效力不同，有关招标投标法律规范分为三个层次：

第一层次是由全国人大及其常委会颁发的招标投标法律，主要有《招标投标法》。

第二层次是有立法权的地方人大颁发的地方性招标投标法规。例如《北京市招标投标条例》等。

第三层次是由国务院有关部门颁发的有关招标投标的部门规章以及有立法权的地方人民政府颁发的地方性招标投标规章。主要包括《工程建设项目施工招标投标办法》《工程建设项目勘察设计招标投标办法》《工程建设项目货物招标投标办法》《工程建设项目招标范围和规模标准规定》等。

采用招标投标方式进行交易活动的最显著特征，是将竞争机制引入了交易过程，与采用供求双方“一对一”直接交易等非竞争性的采购方式相比，具有明显的优越性，主要表现在：

（1）招标方通过各投标竞争者的报价和其他条件进行综合比较，从中选择报价低、技术力量强、质量保障体系可靠、具有良好信誉的供应商、承包商作为中标者，与其签订采购合同，这显然有利于节省和合理使用采购资金，保证采购项目的质量。

（2）招标投标活动要求依照法定程序公开进行，有利于堵住采购活动中行贿受贿等腐败和不正当竞争行为的“黑洞”。

（3）有利于创造公平竞争的市场环境，促进企业间的公平竞争，采用招标投标的交易方式，对于供应商、承包商来说，只能通过在质量、价格、售后服务等方面展开竞争，以尽可能充分满足招标方的要求，取得商业机会，体现了在商机面前人人平等的原则。当然，招标采购与直接采购方式比较，也有其固有的缺陷，主要是招标投标程序复杂，费时较多，费用也较高。因此，有些采购标的物价值较低或采购时间紧迫的采购，不适宜采用招标投标方式。

1.3.6 招标投标法规定的招标方式

招标投标法将招标分为公开招标和邀请招标。

公开招标，是指招标人以招标公告的方式邀请不特定的法人或者其他组织投标。招标人在指定的报刊、电子网络或其他媒体上发布招标公告，吸引众多的企业单位参加投标竞争，招标人从中择优选择中标单位。

邀请招标，也称选择性招标，是指招标人以投标邀请书的方式邀请特定的法人或者其他组织投标。招标人根据供应商、承包资信和业绩，选择一定数目的法人或其他组织（一般不能少于三家），向其发出投标邀请书，邀请他们参加投标竞争。

两种招标方式的主要区别在于：

（1）发布信息的方式不同。公开招标采用公告的形式发布，邀请招标采用投标邀请书的形式发布。

（2）选择的范围不同。公开招标因使用招标公告的形式，针对的是一切潜在的对招标项目感兴趣的法人或其他组织，招标人事先不知道投标人的数量；邀请招标针对已经了解的法人或其他组织，而且事先已经知道投标人的数量。

（3）竞争的范围不同。由于公开招标使所有符合条件的法人或其他组织都有机会参加投标，竞争的范围较广，竞争性体现得也比较充分，招标人拥有绝对的选择余地，容易获得最佳招标效果；邀请招标中投标人的数目有限，竞争的范围有限，招标人拥有的选择余地相对较小，有可能提高中标的合同价，也有可能中标合同价较低，也有可能将某些在技术上或报价上更有竞争力的供应商或承包商遗漏。

（4）公开的程度不同。公开招标中，所有的活动都必须严格按照预先指定并为大家所知道的民主程序标准公开进行，大大减少了作弊的可能；相比而言，邀请招标的公开程度逊色一些，产生不法行为的机会也就多一些。

（5）时间和费用不同。由于邀请招标不发公告，招标文件只送几家，使整个招投标的时间大大缩短，招标费用也相应减少。公开招标的程序比较复杂，从发布公告，投标人作出反应，评标，到签订合同，有许多时间上的要求，要准备许多文件，因而耗时较长，费用也比较高。

1.3.7 禁止串通投标和其他不正当竞争行为的规定

1993年9月颁布的《中华人民共和国反不正当竞争法》（简称《反不正当竞争法》）规定，本法所称的不正当竞争，是指经营者违反本法规定，损害其他经营者的合法权益，扰乱社会经济秩序的行为。

在建设工程招标投标活动中，投标人的不正当竞争行为主要是：投标人相互串通投标、招标人与投标人串通投标、投标人以行贿手段谋取中标、投标人以低于成本的报价竞标、投标人以他人名义投标或者以其他方式弄虚作假骗取中标。

1.3.7.1 禁止投标人相互串通投标

《反不正当竞争法》规定，投标者不得串通投标，抬高标价或者压低标价。《招标投标法》也规定，投标人不得相互串通投标报价，不得排挤其他投标人的公平竞争，损害招标人或者其他投标人的合法权益。

《中华人民共和国招标投标法实施条例》（简称《招标投标法实施条例》）进一步规定，禁止投标人相互串通投标。有下列情形之一的，属于投标人相互串通投标：①投标人之间协商投标报价等投标文件的实质性内容；②投标人之间约定中标人；③投标人之间约定部分投标人放弃投标或者中标；④属于同一集团、协会、商会等组织成员的投标人按照该组织要求协同投标；⑤投标人之间为谋取中标或者排斥特定投标人而采取的其他联合行动。

有下列情形之一的，也视为投标人相互串通投标：①不同投标人的投标文件由同一单位或者个人编制；②不同投标人委托同一单位或者个人办理投标事宜；③不同投标人的投标文件载明的项目管理成员为同一人；④不同投标人的投标文件异常一致或者投标报价呈规律性差异；⑤不同投标人的投标文件相互混装；⑥不同投标人的投标保证金从同一单位或者个人的账户转出。

1.3.7.2　禁止招标人与投标人串通投标

《反不正当竞争法》规定，投标者和招标者不得相互勾结，以排挤竞争对手的公平竞争。《招标投标法》也规定，投标人不得与招标人串通投标，损害国家利益、社会公共利益或者他人的合法权益。

《招标投标法实施条例》进一步规定，禁止招标人与投标人串通投标。有下列情形之一的，属于招标人与投标人串通投标：①招标人在开标前开启投标文件并将有关信息泄露给其他投标人；②招标人直接或者间接向投标人泄露标底、评标委员会成员等信息；③招标人明示或者暗示投标人压低或者抬高投标报价；④招标人授意投标人撤换、修改投标文件；⑤招标人明示或者暗示投标人为特定投标人中标提供方便；⑥招标人与投标人为谋求特定投标人中标而采取的其他串通行为。

1.3.7.3　禁止投标人以行贿手段谋取中标

《反不正当竞争法》规定，经营者不得采用财物或者其他手段进行贿赂以销售或者购买商品。在账外暗中给予对方单位或者个人回扣的，以行贿论处；对方单位或者个人在账外暗中收受回扣的，以受贿论处。《招标投标法》也规定，禁止投标人以向招标人或者评标委员会成员行贿的手段谋取中标。

投标人以行贿手段谋取中标是一种严重的违法行为，其法律后果是中标无效，有关责任人和单位要承担相应的行政责任或刑事责任，给他人造成损失的还应承担民事赔偿责任。

1.3.7.4　禁止投标人以低于成本的报价竞标

低于成本的报价竞标不仅属不正当竞争行为，还易导致中标后的偷工减料，影响建设工程质量。《反不正当竞争法》规定，经营者不得以排挤竞争对手为目的，以低于成本的价格销售商品。《招标投标法》则规定，投标人不得以低于成本的报价竞标。

1.3.7.5　禁止投标人以他人名义投标或以其他方式弄虚作假骗取中标

《反不正当竞争法》规定，经营者不得采用下列不正当手段从事市场交易，损害竞争对手：①假冒他人的注册商标；②擅自使用知名商品特有的名称、包装、装潢，或者使用与知名商品近似的名称、包装、装潢，造成和他人的知名商品相混淆，使购买者误认为是该知名商品；③擅自使用他人的企业名称或者姓名，引人误认为是他人的商品；④在商品上伪造或者冒用认证标志、名优标志等质量标志，伪造产地，对商品质量作引人误解的虚

假表示。

《招标投标法》规定，投标人“不得以他人名义投标或者以其他方式弄虚作假，骗取中标”。《招标投标法实施条例》进一步规定，使用通过受让或者租借等方式获取的资格、资质证书投标的，属于《招标投标法》第三十三条规定的以他人名义投标。投标人有下列情形之一的，属于《招标投标法》第三十三条规定的以其他方式弄虚作假的行为：①使用伪造、变造的许可证件；②提供虚假的财务状况或者业绩；③提供虚假的项目负责人或者主要技术人员简历、劳动关系证明；④提供虚假的信用状况；⑤其他弄虚作假的行为。

【案例 1.1】

1. 背景

柴某与姜某是老乡，两人在外打拼了多年，一直想承揽一项大的建筑装饰业务。某市一商业大厦的装饰工程公开招标，当时柴某、姜某均没有符合承揽该工程的资质等级证书。为了得到该装饰工程，柴某、姜某以缴纳高额管理费和其他优厚条件，分别借用了A装饰公司、B装饰公司的资质证书并以其名义报名投标。这两家装饰公司均通过了资格预审。之后，柴某与姜某商议，由柴某负责与招标方协调，姜某负责联系另外一家入围装饰公司的法定代表人张某，与张某串通投标价格，约定事成之后利益共享，并签订利益共享协议。为了增加中标的可能性，他们故意让入围的一家资质等级较低的装饰公司在投标时报高价，而柴某借用的资质等级高的A装饰公司则报较低价格。就这样，柴某终以借用的A装饰公司名义成功中标，拿下了该项装饰工程。

2. 问题

(1) 柴某与姜某有哪些违法行为?

(2) 该违法行为应当受到何种处罚?

3. 分析

(1) 柴某与姜某有两项违法行为：一是弄虚作假，以他人名义投标。《招标投标法》第三十三条规定：“投标人不得以低于成本的报价竞标，也不得以他人名义投标或者以其他方式弄虚作假，骗取中标。”《中华人民共和国招标投标法实施条例》(简称《招标投标法实施条例》) 第四十二条进一步规定：“使用通过受让或者租借等方式获取的资格、资质证书投标的，属于《招标投标法》第三十三条规定的以他人名义投标。”二是串通投标。《招标投标法》第三十二条规定：“投标人不得相互串通投标报价，不得排挤其他投标人的公平竞争，损害招标人或者其他投标人的合法权益。投标人不得与招标人串通投标，损害国家利益、社会公共利益或者他人的合法权益。”《招标投标法实施条例》第三十九条进一步规定：“有下列情形之一的，属于投标人相互串通投标：①投标人之间协商投标报价等投标文件的实质性内容；②投标人之间约定中标人；③投标人之间约定部分投标人放弃投标或者中标；④属于同一集团、协会、商会等组织成员的投标人按照该组织要求协同投标；⑤投标人之间为谋取中标或者排斥特定投标人而采取的其他联合行动。”

(2) 对于以他人名义投标的违法行为，《招标投标法》第五十四条规定：“投标人以他人名义投标或者以其他方式弄虚作假，骗取中标的，中标无效，给招标人造成损失的，依法承担赔偿责任；构成犯罪的，依法追究刑事责任。依法必须进行招标的项目的投标人有前款所列行为尚未构成犯罪的，处中标项目金额5‰以上10‰以下的罚款，对单位直接负责的主管人员和其他直接责任人员处单位罚款数额5%以上10%以下的罚款；有违法所得的，并处没收违法所得；情节严重的，取消其1年至3年内参加依法必须进行招标的项目的投标资格并予以公告，直至由工商行政管理机关吊销营业执照。”《招标投标法实施条例》第六十八条进一步规定：“投标人有下列行为之一的，属于招标投标法第54条规定的情节严重行为，由有关行政监督部门取消其1年至3年内参加依法必须进行招标的项目的投标资格。①伪造、变造资格、资质证书或者其他许可证件骗取中标；②3年内2次以上使用他人名义投标；③弄虚作假骗取中标给招标人造成直接经济损失30万元以上；④其他弄虚作假骗取中标情节严重的行为。投标人自本条第2款规定的处罚执行期限届满之日起3年内又有该款所列违法行为之一的，或者弄虚作假骗取中标情节特别严重的，由工商行政管理机关吊销营业执照。”此外，对出让或者出租资质证书供他人投标的，《中华人民共和国招标投标法实施条例》第六十九条规定：“出让或者出租资格、资质证书供他人投标的，依照法律、行政法规的规定给予行政处罚；构成犯罪的，依法追究刑事责任。”

对于串通投标的违法行为，《招标投标法》第五十三条规定：“投标人相互串通投标或者与招标人串通投标的，中标无效，处中标项目金额5‰以上10‰以下的罚款，对单位直接负责的主管人员和其他直接责任人员处单位罚款数额5%以上10%以下的罚款；有违法所得的，并处没收违法所得；情节严重的，取消其1年至2年内参加依法必须进行招标的项目的投标资格并予以公告，直至由工商行政管理机关吊销营业执照；构成犯罪的，依法追究刑事责任。给他人造成损失的，依法承担赔偿责任。”《招标投标法实施条例》第六十七条进一步规定：“投标人有下列行为之一的，属于招标投标法第53条规定的情节严重行为，由有关行政监督部门取消其1年至2年内参加依法必须进行招标的项目的投标资格：①以行贿谋取中标；②3年内2次以上串通投标；③串通投标行为损害招标人、其他投标人或者国家、集体、公民的合法利益，造成直接经济损失30万元以上；④其他串通投标情节严重的行为。投标人自本条第2款规定的处罚执行期限届满之日起3年内又有该款所列违法行为之一的，或者串通投标、以行贿谋取中标情节特别严重的，由工商行政管理机关吊销营业执照。”

对于构成犯罪的，《刑法》第223条规定：“投标人相互串通投标报价，损害招标人或者其他投标人利益，情节严重的，处3年以下有期徒刑或者拘役，并处或者单处罚金。投标人与招标人串通投标，损害国家、集体、公民的合法利益的，依照前款的规定处罚。”

1.4　建设工程的发包与承包概念

建设工程的发包与承包是指建设单位或总承包单位作为发包人将拟建工程的勘察设计、施工安装、发包代理、监理等工作的全部或一部分，委托给承包人即勘察设计、监理、施工等单位，并按双方商定条件支付报酬，通过合同方式明确各方当事人权利义务的一种商业交易上的法律行为。在建设工程的发包、承包中，当事人双方围绕的拟建工程形成了一种商业交易行为，发包人将建造工程所应完成的相应建设任务交给承包人，承包人必须按设定的交易条件完成建设任务、提供工作成果，发包人必须按设定交易条件支付工作报酬。这种承包发包行为本质上是一种商业交易行为，但在交易方式上不同于一般交易

行为，这是由交易客体的特殊性决定的，因此发包、承包的交易规则也不同于一般商业上的买卖行为的规则。在法律上，建设工程的发包、承包关系的形成不同于一般商品买卖的法律关系，如其享有的权利和应承担的义务规范也有较大区别。纳入建设工程发包、承包范围的工作任务有：工程项目的可行性研究、勘察设计、工程发包代理、委托材料与设备的采购、施工安装工程监理、劳务工程项目管理。但由于中国建设市场还处于不发达的初期阶段，故常见的发包范围主要有勘察设计、监理和施工安装以及材料与设备的采购等。

建筑工程总承包制度包括了总承包、共同承包、分包等制度。

1.4.1 建设工程发包、承包方式

1.4.1.1 建设工程发包

建设工程发包方式可以分为以下两大类：

1. 直接发包

直接发包就是对特殊建设工程或法律规定应招标发包范围以外的工程，发包方直接与承包方签订承包合同，委托给承包方承建的一种交易行为。特殊建设工程是指保密工程、军事设施工程等，法律规定的招标发包范围以外的工程主要是指未超过规定的总投资额或建筑面积的建设工程。前者是不适应于公开进行招标发包，后者一般是规模较小、限额标准以下的工程，如进行招标发包额外增加招标成本，从经济上看缺乏利益性。另外，《招标投标法》规定了涉及国家安全秘密、抢险、救灾或属于利用扶贫资金实行以工代贩、需要使用农民工等特殊情况，不适宜进行招标的工程项目。在以上列举的强制招标例外的工程以外，还应包括一些特殊专业工程或施工条件特殊的工程，虽在限额标准以上，但应属不适宜进行招标发包的，因此在经济生活中，法律是承认存在直接发包的空间，当然应严格限制。直接发包是局限于特殊难以展开公开竞争的一种补充发包方式。

2. 招标发包

招标发包是指由建设单位设定标的并编制其反映建设内容与要求的招标文件，吸引投标人参与承包竞争，按照法定程序择优选定投标人达成交易并订立承包合同，确定双方权利义务关系的交易方式。建设工程的发包承包采用招标投标交易方式，可以充分利用价值规律、供求关系和竞争机制减少发包人的拟建工程风险，有效控制工程工期，促使承包人提高工程项目经营管理水平，采用先进技术保证工程质量，降低投资成本，取得合理的经济效益。

《建筑法》规定，建筑工程实行招标发包的，发包单位应当将建筑工程发包给依法中标的承包单位。建筑工程实行直接发包的，发包单位应当将建筑工程发包给具有相应资质条件的承包单位。

按照合同约定，建筑材料、建筑构配件和设备由工程承包单位采购的，发包单位不得指定承包单位购入用于工程的建筑材料、建筑构配件和设备或者指定生产厂、供应商。

2016 年 1 月颁发的《国务院办公厅关于全面治理拖欠农民工工资问题的意见》中规定，在工程建设领域推行工程款支付担保制度，采用经济手段约束建设单位履约行为，预防工程款拖欠。加强对政府投资工程项目的管理，对建设资金来源不落实的政府技资工程项目不予批准。政府投资项目一律不得以施工企业带资承包的方式进行建设，并严禁将带资承包有关内容写入工程承包合同及补充条款。

规范工程款支付和结算行为。全面推行施工过程结算，建设单位应按合同约定的计量周期或工程进度结算并支付工程款。工程竣工验收后，对建设单位未完成竣工结算或未按合同支付工程款且未明确剩余工程款支付计划的，探索建立建设项目抵押偿付制度，有效解决拖欠工程款问题。对长期拖欠工程款结算或拖欠工程款的建设单位，有关部门不得批准其新项目开工建设。

【案例 1.2】

1. 背景

某建筑工程公司法定代表人李某与个体经营者张某是老乡。张某要求能以该公司的名义承接一些工程施工业务，双方便签订了一份承包合同，约定张某可使用该公司的资质证书、营业执照等承接工程，每年上交承包费 20 万元，如不能按时如数上交承包费，该公司有权解除合同。合同签订后，张某利用该公司的资质证书、营业执照等多次承揽工程施工业务，但年底只向该公司上交了 8 万元的承包费。为此，该公司与张某发生激烈争执，并诉至法院。

2. 问题

(1) 该建筑工程公司与张某是否存在着违法行为?

(2) 该建筑工程公司的违法行为应当受到什么处罚?

3. 分析

(1) 本案中该建筑工程公司将资质证书、营业执照等出借给张某，允许以其名义对外承揽工程，属于违法行为。《建筑法》第二十六条明确规定："禁止建筑施工企业以任何形式允许其他单位或者个人使用本企业的资质证书、营业执照，以本企业的名义承揽工程。"

(2)《建筑法》第六十六条规定："建筑施工企业转让、出借资质证书或者以其他方式允许他人以本企业的名义承揽工程的，责令改正，没收违法所得，并处罚款。"《建设工程质量管理条例》第61条进一步规定："违反本条例规定，勘察、设计、施工、工程监理单位允许其他单位或者个人以本单位名义承揽工程的，责令改正，没收违法所得，……；对施工单位处工程合同价款 2%以上 4%以下的罚款；可以责令停业整顿，降低资质等级；情节严重的，吊销资质证书。"据此，该建筑工程公司将被责令改正，没收违法所得，处工程合同价款 2%以上 4%以下的罚款；根据情节，还可能被责令停业整顿，降低资质等级，甚至吊销资质证书。

1.4.1.2 建设工程总承包

1. 总承包分类

《建筑法》规定，建筑工程的发包单位可以将建筑工程的勘察、设计、施工、设备采购一并发包给一个工程总承包单位，也可以将建筑工程勘察、设计、施工、设备采购的一项或者多项发包给一个工程总承包单位。

总承包通常分为工程总承包和施工总承包两大类。工程总承包是指从事工程总承包的企业受建设单位的委托，按照工程总承包合同的约定，对工程项目的勘察、设计、采购、施工、试运行（竣工验收）等实行全过程或若干阶段的承包。施工总承包是指发包人将全部施工任务发包给具有施工总承包资质的建筑业企业，由施工总承包企业按照合同的约定

向建设单位负责，承包完成施工任务。

工程总承包是国际通行的工程建设项目组织实施方式，有利于发挥具有较强技术力量和组织管理能力的大承包商的专业优势，综合协调工程建设中的各种关系，强化统一指挥和组织管理，保证工程质量和进度，提高投资效益。

按照2003年2月建设部发布的《关于培育发展工程总承包和工程项目管理企业的指导意见》，工程总承包主要有下列方式：

(1) 设计采购施工（EPC）/交钥匙总承包。设计采购施工总承包是指工程总承包企业按照合同约定，承担工程项目的设计、采购、施工、试运行服务等工作，并对承包工程的质量、安全、工期、造价全面负责。

交钥匙总承包是设计采购施工总承包业务和责任的延伸，最终是向建设单位提交一个满足使用功能、具备使用条件的工程项目。

(2) 设计—施工总承包（D-B）。设计—施工总承包是指工程总承包企业按照合同约定，承担工程项目设计和施工，并对承包工程的设计和施工的质量、安全、工期、造价负责。

(3) 设计—采购总承包（E-P）。设计—采购总承包是指工程总承包企业按照合同约定，承担工程项目设计和采购工作，并对工程项目设计和采购的质量、进度等负责。

(4) 采购—施工总承包（P-C）。采购—施工总承包是指工程总承包企业按照合同约定，承担工程项目的采购和施工，并对承包工程的采购和施工的质量、安全、工期、造价负责。

2. 带头采用工程总承包的工程及主要模式

《国务院办公厅关于促进建筑业持续健康发展的意见》中规定，装配式建筑原则上应采用工程总承包模式。政府投资工程应完善建设管理模式，带头推行工程总承包。

住房城乡建设部《关于进一步推进工程总承包发展的若干意见》（建市〔2016〕93号）规定，工程总承包一般采用设计—采购—施工总承包或者设计—施工总承包模式。建设单位也可以根据项目特点和实际需要，按照风险合理分担原则和承包工作内容采用其他工程总承包模式。

3. 建设单位的项目管理

建设单位可以根据项目特点，在可行性研究、方案设计或者初步设计完成后，按照确定的建设规模、建设标准、投资限额、工程质量和进度要求等进行工程总承包项目发包。

建设单位根据自身资源和能力，可以自行对工程总承包项目进行管理，也可以委托项目管理单位，依照合同对工程总承包项目进行管理。项目管理单位可以是本项目的可行性研究、方案设计或者初步设计单位，也可以是其他工程设计、施工或者监理等单位，但项目管理单位不得与工程总承包企业具有利害关系。

建设单位可以依法采用招标或者直接发包的方式选择工程总承包企业。工程总承包评标可以采用综合评估法，评审的主要因素包括工程总承包报价、项目管理组织方案、设计方案、设备采购方案、施工计划、工程业绩等。工程总承包项目可以采用总价合同或者成本加酬金合同。

4. 工程总承包企业的基本要求

工程总承包企业应当具有与工程规模相适应的工程设计资质或者施工资质，相应的财

务、风险承担能力，同时具有相应的组织机构、项目管理体系、项目管理专业人员和工程业绩。

工程总承包项目经理应当取得工程建设类注册执业资格或者高级专业技术职称，担任过工程总承包项目经理、设计项目负责人或者施工项目经理，熟悉工程建设相关法律法规和标准，同时具有相应工程业绩。

工程总承包企业可以在其资质证书许可的工程项目范围内自行实施设计和施工，也可以根据合同约定或者经建设单位同意，直接将工程项目的设计或者施工业务择优分包给具有相应资质的企业。仅具有设计资质的企业承接工程总承包项目时，应当将工程总承包项目中的施工业务依法分包给具有相应施工资质的企业。仅具有施工资质的企业承接工程总承包项目时，应当将工程总承包项目中的设计业务依法分包给具有相应设计资质的企业。

工程总承包企业应当加强对分包的管理，不得将工程总承包项目转包，也不得将工程总承包项目中设计和施工业务一并或者分别分包给其他单位。工程总承包企业自行实施设计的，不得将工程总承包项目工程主体部分的设计业务分包给其他单位。工程总承包企业自行实施施工的，不得将工程总承包项目工程主体结构的施工业务分包给其他单位。

5. 工程总承包企业的责任及风险管理

《建筑法》规定，建筑工程总承包单位按照总承包合同的约定对建设单位负责；分包单位按照分包合同的约定对总承包单位负责。总承包单位和分包单位就分包工程对建设单位承担连带责任。

《建设工程质量管理条例》进一步规定，建设工程实行总承包的，总承包单位应当对全部建设工程质量负责；建设工程勘察、设计、施工、设备采购的一项或者多项实行总承包的，总承包单位应当对一起承包的建设工程或者采购的设备质量负责。

《国务院办公厅关于促进建筑业持续健康发展的意见》中规定，按照总承包负总责的原则，落实工程总承包单位在工程质量安全、进度控制、成本管理等方面的责任。除以暂估价形式包括在工程总承包范围内且依法必须进行招标的项目外，工程总承包单位可以直接发包总承包合同中涵盖的其他专业业务。

《住房城乡建设部关于进一步推进工程总承包发展的若干意见》进一步规定，工程总承包企业对工程总承包项目的质量和安全全面负责。工程分包不能免除工程总承包企业的合同义务和法律责任，工程总承包企业和分包企业就分包工程对建设单位承担连带责任。工程总承包企业按照合同约定向建设单位出具履约担保，建设单位向工程总承包企业出具支付担保。工程总承包企业自行实施工程总承包项目施工的，应当依法取得安全生产许可证；将工程总承包项目中的施工业务依法分包给具有相应资质的施工企业完成的，施工企业应当依法取得安全生产许可证。工程总承包企业应当组织分包企业配合建设单位完成工程竣工验收，签署工程质量保修书。

1.4.1.3 建设工程共同承包

共同承包是指由两个以上具备承包资格的单位共同组成非法人的联合体，以共同的名义对工程进行承包的行为。

1. 共同承包的适用范围

《建筑法》规定，大型建筑工程或者结构复杂的建筑工程，可以由两个以上的承包单

位联合共同承包。

作为大型的建筑工程或结构复杂的建筑工程，一般是投资额大、技术要求复杂和建设周期长，潜在风险较大，如果采取联合共同承包的方式，有利于更好发挥各承包单位在资金、技术、管理等方面优势，增强抗风险能力，保证工程质量和工期，提高投资效益。至于中小型或结构不复杂的工程，则无需采用共同承包方式，完全可由一家承包单位独立完成。

2. 共同承包的资质要求

《建筑法》规定，两个以上不同资质等级的单位实行联合共同承包的，应当按照资质等级低的单位的业务许可范围承揽工程。

这主要是为防止以联合共同承包为名而进行“资质挂靠”的不规范行为。

3. 共同承包的责任

《招标投标法》规定，联合体中标的，联合体各方应当共同与招标人签订合同，就中标项目向招标人承担连带责任。《建筑法》也规定，共同承包的各方对承包合同的履行承担连带责任。

共同承包各方应签订联合承包协议，明确约定各方的权利、义务以及相互合作、违约责任承担等条款。各承包方就承包合同的履行对建设单位承担连带责任。如果出现赔偿责任，建设单位有权向共同承包的任何一方请求赔偿，而被请求方不得拒绝，在其支付赔偿后可依据联合承包协议及有关各方过错大小，有权对超过自己应赔偿的那部分份额向其他方进行追偿。

1.4.1.4 建设工程分包

建设工程施工分包可分为专业工程分包与劳务作业分包：①专业工程分包，是指施工总承包企业将其所承包工程中的专业工程发包给具有相应资质的其他建筑业企业完成的活动。②劳务作业分包，是指施工总承包企业或者专业承包企业将其承包工程中的劳务作业发包给劳务分包企业完成的活动（专业分包需约定或经同意，劳务可直接分包，但需总包到建设部备案）。

1. 分包工程的范围

《建筑法》规定，建筑工程总承包单位可以将承包工程中的部分工程发包给具有相应资质条件的分包单位。禁止承包单位将其承包的全部建筑工程转包给他人，禁止承包单位将其承包的全部建筑工程肢解以后以分包的名义分别转包给他人。施工总承包的，建筑工程主体结构的施工必须由总承包单位自行完成。

《招标投标法》也规定，中标人按照合同约定或者经招标人同意，可以将中标项目的部分非主体、非关键性工作分包给他人完成。中标人不得向他人转让中标项目，也不得将中标项目肢解后分别向他人转让。《招标投标法实施条例》进一步规定，中标人不得向他人转让中标项目，也不得将中标项目肢解后分别向他人转让。中标人按照合同约定或者经招标人同意，可以将中标项目的部分非主体、非关键性工作分包给他人完成。接受分包的人应当具备相应的资格条件，并不得再次分包。中标人应当就分包项目向招标人负责，接受分包的人就分包项目承担连带责任。

据此，总承包单位承包工程后可以全部自行完成，也可以将其中的部分工程分包给其

他承包单位完成，但依法只能分包部分工程，并且是非主体、非关键性工作；如果是施工总承包，其主体结构的施工则须由总承包单位自行完成。这主要是防止以分包为名而发生转包行为。

2014年8月住房及城乡建设部经修改后发布的《房屋建筑和市政基础设施工程施工分包管理办法》还规定，分包工程发包人可以就分包合同的履行，要求分包工程承包人提供分包工程履约担保；分包工程承包人在提供担保后，要求分包工程发包人同时提供分包工程付款担保的，分包工程发包人应当提供。

2. 分包单位的条件与认可

《建筑法》规定，建筑工程总承包单位可以将承包工程中的部分工程发包给具有相应资质条件的分包单位；但是，除总承包合同中约定的分包外，必须经建设单位认可。禁止总承包单位将工程分包给不具备相应资质条件的单位。《招标投标法》也规定，接受分包的人应当具备相应的资格条件。

承包工程的单位须持有依法取得的资质证书，并在资质等级许可的业务范围内承揽工程。这一规定同样适用于工程分包单位。不具备资质条件的单位不允许承包建设工程，也不得承接分包工程。《房屋建筑和市政基础设施工程施工分包管理办法》还规定，严禁个人承揽分包工程业务。

总承包单位如果要将所承包的工程再分包给他人，应当依法告知建设单位并取得认可。这种认可应当依法通过两种方式：①在总承包合同中规定分包的内容；②在总承包合同中没有规定分包内容的，应当事先征得建设单位的同意。需要说明的是，分包工程须经建设单位认可，并不等于建设单位可以直接指定分包人。《房屋建筑和市政基础设施工程施工分包管理办法》中明确规定，“建设单位不得直接指定分包工程承包人。”对于建设单位推荐的分包单位，总承包单位有权作出拒绝或者采用的选择。

3. 分包单位不得再分包

《建筑法》规定，禁止分包单位将其承包的工程再分包。《招标投标法》也规定，接受分包的人不得再次分包。

这主要是防止层层分包，“层层剥皮”，难以保障工程质量安全和工期等。为此，《房屋建筑和市政基础设施工程施工分包管理办法》中规定，除专业承包企业可以将其承包工程中的劳务作业发包给劳务分包企业外，专业分包工程承包人和劳务作业承包人都必须自行完成所承包的任务。

4. 转包和违法分包的界定

按照我国法律的规定，转包是必须禁止的，而依法实施的工程分包则是允许的。因此，违法分包同样是在法律的禁止之列。

《建设工程质量管理条例》规定，违法分包，是指下列行为：①总承包单位将建设工程分包给不具备相应资质条件的单位的；②建设工程总承包合同中未有约定，又未经建设单位认可，承包单位将其承包的部分建设工程交由其他单位完成的；③施工总承包单位将建设工程主体结构的施工分包给其他单位的；④分包单位将其承包的建设工程再分包的。

转包，是指承包单位承包建设工程后，不履行合同约定的责任和义务，将其承包的全部建设工程转给他人或者将其承包的全部建设工程肢解以后以分包的名义分别转给其他单

位承包的行为。

《建筑工程施工转包违法分包等违法行为认定查处管理办法（试行）》规定，存在下列情形之一的，属于转包：（1）施工单位将其承包的全部工程转给其他单位或个人施工的；（2）施工总承包单位或专业承包单位将其承包的全部工程肢解以后，以分包的名义分别转给其他单位或个人施工的；（3）施工总承包单位或专业承包单位未在施工现场设立项目管理机构或未派驻项目负责人、技术负责人、质量管理负责人、安全管理负责人等主要管理人员，不履行管理义务，未对该工程的施工活动进行组织管理的；（4）施工总承包单位或专业承包单位不履行管理义务，只向实际施工单位收取费用，主要建筑材料、构配件及工程设备的采购由其他单位或个人实施的；（5）劳务分包单位承包的范围是施工总承包单位或专业承包单位承包的全部工程，劳务分包单位计取的是除上缴给施工总承包单位或专业承包单位"管理费"之外的全部工程价款的；（6）施工总承包单位或专业承包单位通过采取合作、联营、个人承包等形式或名义，直接或变相地将其承包的全部工程转给其他单位或个人施工的；（7）法律法规规定的其他转包行为。

存在下列情形之一的，属于违法分包：（1）施工单位将工程分包给个人的；（2）施工单位将工程分包给不具备相应资质或安全生产许可的单位的；（3）施工合同中没有约定，又未经建设单位认可，施工单位将其承包的部分工程交由其他单位施工的；（4）施工总承包单位将房屋建筑工程的主体结构的施工分包给其他单位的，钢结构工程除外；（5）专业分包单位将其承包的专业工程中非劳务作业部分再分包的；（6）劳务分包单位将其承包的劳务再分包的；（7）劳务分包单位除计取劳务作业费用外，还计取主要建筑材料款、周转材料款和大中型施工机械设备费用的；（8）法律法规规定的其他违法分包行为。

存在下列情形之一的，属于挂靠：（1）没有资质的单位或个人借用其他施工单位的资质承揽工程的；（2）有资质的施工单位相互借用资质承揽工程的，包括资质等级低的借用资质等级高的，资质等级高的借用资质等级低的，相同资质等级相互借用的；（3）专业分包的发包单位不是该工程的施工总承包或专业承包单位的，但建设单位依约作为发包单位的除外；（4）劳务分包的发包单位不是该工程的施工总承包、专业承包单位或专业分包单位的；（5）施工单位在施工现场派驻的项目负责人、技术负责人、质量管理负责人、安全管理负责人中一人以上与施工单位没有订立劳动合同，或没有建立劳动工资或社会养老保险关系的；（6）实际施工总承包单位或专业承包单位与建设单位之间没有工程款收付关系，或者工程款支付凭证上载明的单位与施工合同中载明的承包单位不一致，又不能进行合理解释并提供材料证明的；（7）合同约定由施工总承包单位或专业承包单位负责采购或租赁的主要建筑材料、构配件及工程设备或租赁的施工机械设备，由其他单位或个人采购、租赁，或者施工单位不能提供有关采购、租赁合同及发票等证明，又不能进行合理解释并提供材料证明的；（8）法律法规规定的其他挂靠行为。

【案例 1.3】

1. 背景

A 施工公司中标了某大型建设项目的桩基工程施工任务，但该公司拿到桩基工程后，由于施工力量不足，就将该工程全部转交给了具有桩基施工资质的 B 公司。双方还签订了《桩基工程施工合同》，就合同单价、暂定总价、工期、质量、付款方式、结算方式以及违

约责任等作了约定。在合同签订后，B公司组织实施并完成了该桩基工程施工任务。建设单位在组织竣工验收时，发现有部分桩基工程质量不符合规定的质量标准，便要求A公司负责返工、修理，并赔偿因此造成的损失。但A公司以该桩基工程已交由B公司施工为由，拒不承担任何的赔偿责任。

2. 问题

(1) A公司在该桩基工程的承包活动中有何违法行为？

(2) A公司是否应对该桩基工程的质量问题承担赔偿责任？

3. 分析

(1) 本案中A公司存在着严重违法的转包行为。《建筑法》第二十八条规定："禁止承包单位将其承包的全部建筑工程转包给他人，禁止承包单位将其承包的全部建筑工程肢解以后以分包的名义分别转包给他人。"《建设工程质量管理条例》第七十八条进一步明确规定："本条例所称转包，是指承包单位承包建设工程后，不履行合同约定的责任和义务，将其承包的全部建设工程转给他人或者将其承包的全部建设工程肢解以后以分包的名义分别转给其他单位承包的行为。"

(2) A公司不仅应对该桩基工程的质量问题依法承担连带赔偿责任，还应当接受相应的行政处罚。《建筑法》第六十七条规定："承包单位将承包的工程转包的，……责令改正，没收违法所得，并处罚款，可以责令停业整顿，降低资质等级；情节严重的，吊销资质证书。承包单位有以上规定的违法行为的，对因转包工程或者违法分包的工程不符合规定的质量标准造成的损失，与接受转包或者分包的单位承担连带赔偿责任。"《建设工程质量管理条例》第六十二条进一步规定："违反本条例规定，承包单位将承包的工程转包或者违法分包的，责令改正，没收违法所得，……对施工单位处工程合同价款0.5%以上1%以下的罚款；可以责令停业整顿，降低资质等级；情节严重的，吊销资质证书。"

1.4.2 建设工程发包管理的基本原则

国内外的建设和现实都告诉我们，建设工程的发包与承包是对拟建工程的最佳的交易方式，这不同于一般有形商品的交易方式，因此建设工程发包和一般商品的买卖交易的规则有不同的方面，但都必须遵守大市场交易的一些共同规则。

1. 订立书面合同明确发包、承包各方权利义务原则

对拟建工程的交易实行发包方式：必须采用书面形式，将发包、承包的内容固定下来，便于日后履行，这是国际通行的规则。建设工程的承包合同是一个总概念，它包括建设工程的勘察合同、设计合同、施工安装合同、监理合同等，建设工程承包合同可以由建设单位与总承包单位订立总承包合同，然后由总承包单位与各分包单位分别订立分包合同，也可以由建设单位分别与勘察设计单位、施工或监理单位订立承包合同。由于建设工程承包合同条款内容复杂，客观情况变化较大，履行期限较长，承包合同的内容条款，补充修改都必须用白纸黑字明确发包承包各方的权利和义务，便于约束各方的履行行为。

2. 承包合同必须全面履行，否则应当承担违约责任原则

建设工程承包合同依法成立并产生法律效力，按照双方协商制定了拟建工程的承包范围、质量标准、合同工期、合同价款与预付方式、材料供应或采购、竣工验收、质量保

修、勘察设计文件交付、修改等方面的权利义务条款。建设工程的勘察设计、施工、监理合同都有示范文本，制定相对是容易的，履行义务是要付出代价、利益的，因而是艰难的。而一方不履行义务的，一般情况下享有的权利也是不会轻易放弃的，另一方权利则无法实现，合同利益的实现只能依靠义务履行。因此，承包合同的关键点是必须全面履行义务，只要发生不履行合同义务的行为，就应当按照合同法的原则实行严格责任，不论有无过错，都应承担违约责任。除支付违约金、赔偿损失外，在建设工程的违约责任的补救方式中，一般采取修理、重作、返工等责任形式。法律采取惩罚和救济措施来保障当事人在承包合同中的权利是有效的、积极的。决不能把承包合同条文当作一纸空文。应当明确在承包合同条文的背后，就有国家法律强制力的保障，因此合同条文的履行是决不能含糊的。

1.4.3　违法行为应承担的法律责任

除建设工程招标投标活动中违法行为应承担的法律责任外，建设工程承包活动中其他违法行为应承担的主要法律责任如下：

1. 发包单位违法行为应承担的法律责任

《建筑法》规定，发包单位将工程发包给不具有相应资质条件的承包单位的，或者违反本法规定将建筑工程肢解发包的，责令改正，处以罚款。

《建设工程质量管理条例》规定，建设单位将建设工程发包给不具有相应资质等级的勘察、设计、施工单位或者委托给不具有相应资质等级的工程监理单位的，责令改正，处50万元以上100万元以下的罚款。

建设单位将建设工程肢解发包的，责令改正，处工程合同价款0.5%以上1%以下的罚款；对全部或者部分使用国有资金的项目，并可以暂停项目执行或者暂停资金拨付。

《建筑工程施工转包违法分包等违法行为认定查处管理办法（试行）》进一步规定，建设单位违法发包，拒不整改或者整改仍达不到要求的，致使施工合同无效的，不予办理质量监督、施工许可等手续。对全部或部分使用国有资金的项目，同时将建设单位违法发包的行为告知其上级主管部门及纪检监察部门，并建议对建设单位直接负责的主管人员和其他直接责任人员给予相应的行政处分。

2. 承包单位违法行为应承担的法律责任

《建筑法》规定，超越本单位资质等级承揽工程的，责令停止违法行为，处以罚款，可以责令停业整顿，降低资质等级；情节严重的，吊销资质证书；有违法所得的，予以没收。未取得资质证书承揽工程的，予以取缔，并处罚款；有违法所得的，予以没收。

建筑施工企业转让、出借资质证书或者以其他方式允许他人以本企业的名义承揽工程的，责令改正，没收违法所得，并处罚款，可以责令停业整顿，降低资质等级；情节严重的，吊销资质证书。对因该项承揽工程不符合规定的质量标准造成的损失，建筑施工企业与使用本企业名义的单位或者个人承担连带赔偿责任。

承包单位将承包的工程转包的，或者违反本法规定进行分包的，责令改正，没收违法所得，并处罚款，可以责令停业整顿，降低资质等级；情节严重的，吊销资质证书。承包单位有以上规定的违法行为的，对因转包工程或者违法分包的工程不符合规定的质量标准造成的损失，与接受转包或者分包的单位承担连带赔偿责任。

《建设工程质量管理条例》规定，勘察、设计、施工、工程监理单位超越本单位资质等级承揽工程的，责令停止违法行为，对勘察、设计单位或者工程监理单位处合同约定的勘察费、设计费或者监理酬金1倍以上2倍以下的罚款；对施工单位处工程合同价款2%以上4%以下的罚款，可以责令停业整顿，降低资质等级；情节严重的，吊销资质证书；有违法所得的，予以没收。未取得资质证书承揽工程的，予以取缔，依照以上规定处以罚款，有违法所得的，予以没收。

勘察、设计、施工、工程监理单位允许其他单位或者个人以本单位名义承揽工程的，责令改正，没收违法所得，对勘察、设计单位和工程监理单位处合同约定的勘察费、设计费和监理酬金1倍以上2倍以下的罚款；对施工单位处工程合同价款2%以上4%以下的罚款；可以责令停业整顿，降低资质等级；情节严重的，吊销资质证书。

《建筑工程施工转包违法分包等违法行为认定查处管理办法（试行）》进一步规定，对认定有转包、违法分包、挂靠、转让出借资质证书或者以其他方式允许他人以本单位的名义承揽工程等违法行为的施工单位，可依法限制其在3个月内不得参加违法行为发生地的招标投标活动、承揽新的工程项目，并对其企业资质是否满足资质标准条件进行核查，对达不到资质标准要求的限期整改，整改仍达不到要求的，资质审批机关撤回其资质证书。

对2年内发生2次转包、违法分包、挂靠、转让出借资质证书或者以其他方式允许他人以本单位的名义承揽工程的施工单位，责令其停业整顿6个月以上，停业整顿期间，不得承揽新的工程项目。

对2年内发生3次以上转包、违法分包、挂靠、转让出借资质证书或者以其他方式允许他人以本单位的名义承揽工程的施工单位，资质审批机关降低其资质等级。

3. 其他法律责任

《建筑法》规定，在工程发包与承包中索贿、受贿、行贿，构成犯罪的，依法追究刑事责任；不构成犯罪的，分别处以罚款，没收贿赂的财物，对直接负责的主管人员和其他直接责任人员给予处分。对在工程承包中行贿的承包单位，除依照以上规定处罚外，可以责令停业整顿，降低资质等级或者吊销资质证书。

1.5 建筑市场信用体系建设

2014年6月国务院印发的《社会信用体系建设规划纲要（2014—2020年）》指出，推进工程建设市场信用体系建设。建立企业和从业人员信用评价结果与资质审批、执业资格注册、资质资格取消等审批审核事项的关联管理机制。建立科学、有效的建设领域从业人员信用评价机制和失信责任追溯制度，将肢解发包、转包、违法分包、拖欠工程款和农民工工资等列入失信责任追究范围。

《招标投标法实施条例》规定，国家建立招标投标信用制度。有关行政监督部门应当依法公告对招标人、招标代理机构、投标人、评标委员会成员等当事人违法行为的行政处理决定。

2016年1月颁发的《国务院办公厅关于全面治理拖欠农民工工资问题的意见》中规定，完善企业守法诚信管理制度。将劳动用工、工资支付情况作为企业诚信评价的重要依

据，实行分类分级动态监管。建立拖欠工资企业“黑名单”制度，定期向社会公开有关信息。人力资源社会保障部门要建立企业拖欠工资等违法信息的归集、交换和更新机制，将查处的企业拖欠工资情况纳入人民银行企业征信系统、工商部门企业信用信息公示系统、住房城乡建设等行业主管部门诚信信息平台或政府公共信用信息服务平台。推进相关信用信息系统互联互通，实现对企业信用信息互认共享。

2015 年 1 月住房和城乡建设部经修改后发布的《建筑业企业资质管理规定》中规定，资质许可机关应当建立、健全建筑业企业信用档案管理制度。建筑业企业信用档案应当包括企业基本情况、资质、业绩、工程质量和安全、合同履约、社会投诉和违法行为等情况。企业的信用档案信息按照有关规定向社会公开。取得建筑业企业资质的企业应当按照有关规定，向资质许可机关提供真实、准确、完整的企业信用档案信息。

《注册建造师管理规定》也规定，注册建造师及其聘用单位应当按照要求，向注册机关提供真实、准确、完整的注册建造师信用档案信息。注册建造师信用档案应当包括注册建造师的基本情况、业绩、良好行为、不良行为等内容。违法违规行为、被投诉举报处理、行政处罚等情况应当作为注册建造师的不良行为记入其信用档案。注册建造师信用档案信息按照有关规定向社会公示。《中共中央办公厅国务院办公厅印发关于加快推进失信被执行人信用监督、警示和惩戒机制建设的意见的通知》（中办发〔2016〕64 号）中规定，将房地产、建筑企业不依法履行生效法律文书确定的义务情况，记入房地产和建筑市场信用档案，向社会披露有关信息，对其企业资质作出限制。公安、检察机关和人民法院对拒不执行生效判决、裁定失信被执行人全部履行了生效法律文书确定的义务，或与申请执行人达成执行和解协议并经申请执行人确认履行完毕，或案件依法终结执行等，人民法院要在 3 日内屏蔽或撤销其失信名单信息。屏蔽、撤销信息要及时向社会公开并通报给已推送单位。失信名单被依法屏蔽、撤销的，各信用监督、警示和惩戒单位要及时解除对被执行人的惩戒措施。确需继续保留对被执行人信用监督、警示和惩戒的，必须严格按照法律法规的有关规定实施，并明确继续保留的期限。

1.5.1 建筑市场诚信行为信息的分类

2007 年 1 月建设部发布的《建筑市场诚信行为信息管理办法》中规定，建筑市场诚信行为信息分为良好行为记录和不良行为记录两大类。

良好行为记录是指建筑市场主体在工程建设过程中严格遵守有关工程建设的法律、法规、规章或强制性标准，行为规范，诚信经营，自觉维护建筑市场秩序，受到各级建设行政主管部门和相关专业部门的奖励和表彰所形成的良好行为记录。

不良行为记录是指建筑市场主体在工程建设过程中违反有关工程建设的法律、法规、规章或强制性标准和执业行为规范，经县级以上建设行政主管部门或者委托的执法监督机构查实和行政处罚所形成的不良行为记录。

1.5.2 建筑市场施工单位不良行为记录认定标准

2007 年 1 月建设部发布的《全国建筑市场各方主体不良行为记录认定标准》中，对涉及建筑市场最主要的责任主体，即建设单位、勘察、设计、施工、监理、工程检测、招标代理、造价咨询、施工图审查等单位的不良行为，制定了具体的认定标准。特别是强化了对社会反映强烈的建设单位行为的规范问题，突出了建筑许可、市场准入、招标投标、发承包交易、质量管理、安全生产、拖欠工程款和农民工工资、治理商业贿赂等相关内容。此外，《注册建造师执业管理办法（试行）》中，对注册建造师的不良行为也制定了具体认定标准。

施工单位的不良行为记录认定标准分为如下5大类共计41条。

1. 资质不良行为认定标准

（1）未取得资质证书承揽工程的，或超越本单位资质等级承揽工程的。

（2）以欺骗手段取得资质证书承揽工程的。

（3）允许其他单位或个人以本单位名义承揽工程的。

（4）未在规定期限内办理资质变更手续的。

（5）涂改、伪造、出借、转让《建筑业企业资质证书》的。

（6）按照国家规定需要持证上岗的技术工种的作业人员未经培训、考核，未取得证书上岗，情节严重的。

2. 承揽业务不良行为认定标准

（1）利用向发包单位及其工作人员行贿、提供回扣或者给予其他好处等不正当手段承揽业务的。

（2）相互串通投标或与招标人串通投标的，以向招标人或评标委员会成员行贿的手段谋取中标的。

（3）以他人名义投标或以其他方式弄虚作假，骗取中标的。

（4）不按照与招标人订立的合同履行义务，情节严重的。

（5）将承包的工程转包或违法分包的。

3. 工程质量不良行为认定标准

（1）在施工中偷工减料的，使用不合格建筑材料、建筑构配件和设备的，或者有不按照工程设计图纸或施工技术标准施工的其他行为的。

（2）未按照节能设计进行施工的。

（3）未对建筑材料、建筑构配件、设备和商品混凝土进行检测，或未对涉及结构安全的试块、试件以及有关材料取样检测的。

（4）工程竣工验收后，不向建设单位出具质量保修书的，或质量保修的内容、期限违反规定的。

（5）不履行保修义务或者拖延履行保修义务的。

4. 工程安全不良行为认定标准

（1）在本单位发生重大生产安全事故时，主要负责人不立即组织抢救或在事故调查处理期间擅离职守或逃匿的，主要负责人对生产安全事故隐瞒不报、谎报或拖延不报的。

（2）对建筑安全事故隐患不采取措施予以消除的。

（3）不设立安全生产管理机构、配备专职安全生产管理人员或分部分项工程施工时无专职安全生产管理人员现场监督的。

（4）主要负责人、项目负责人、专职安全生产管理人员、作业人员或特种作业人员，未经安全教育培训或经考核不合格即从事相关工作的。

(5) 未在施工现场的危险部位设置明显的安全警示标志，或未按照国家有关规定在施工现场设置消防通道、消防水源、配备消防设施和灭火器材的。

(6) 未向作业人员提供安全防护用具和安全防护服装的。

(7) 未按照规定在施工起重机械和整体提升脚手架、模板等自升式架设设施验收合格后登记的。

(8) 使用国家明令淘汰、禁止使用的危及施工安全的工艺、设备、材料的。

(9) 违法挪用列入建设工程概算的安全生产作业环境及安全施工措施所需费用的。

(10) 施工前未对有关安全施工的技术要求作出详细说明的。

(11) 未根据不同施工阶段和周围环境及季节、气候的变化，在施工现场采取相应的安全施工措施，或在城市市区内的建设工程的施工现场未实行封闭围挡的。

(12) 在尚未竣工的建筑物内设置员工集体宿舍的。

(13) 施工现场临时搭建的建筑物不符合安全使用要求的。

(14) 未对因建设工程施工可能造成损害的毗邻建筑物、构筑物和地下管线等采取专项防护措施的。

(15) 安全防护用具、机械设备、施工机具及配件在进入施工现场前未经查验或查验不合格即投入使用的。

(16) 使用未经验收或验收不合格的施工起重机械和整体提升脚手架、模板等自升式架设设施的。

(17) 委托不具有相应资质的单位承担施工现场安装、拆卸施工起重机械和整体提升脚手架、模板等自升式架设设施的。

(18) 在施工组织设计中未编制安全技术措施、施工现场临时用电方案或专项施工方案的。

(19) 主要负责人、项目负责人未履行安全生产管理职责的，或不服管理、违反规章制度和操作规程冒险作业的。

(20) 施工单位取得资质证书后，降低安全生产条件的，或经整改仍未达到与其资质等级相适应的安全生产条件的。

(21) 取得安全生产许可证发生重大安全事故的。

(22) 未取得安全生产许可证擅自进行生产的。

(23) 安全生产许可证有效期满未办理延期手续，继续进行生产的，或逾期不办理延期手续，继续进行生产的。

(24) 转让安全生产许可证的，接受转让的，冒用或使用伪造的安全生产许可证的。

5. 拖欠工程款或工人工资不良行为认定标准

恶意拖欠或克扣劳动者工资的。

1.5.3 建筑市场诚信行为的公布和奖惩机制

1.5.3.1 建筑市场诚信行为的公布

1. 公布的时限

《建筑市场诚信行为信息管理办法》规定，建筑市场诚信行为记录信息的公布时间为行政处罚决定做出后7日内，公布期限一般为6个月至3年；良好行为记录信息公布期限

一般为3年。公布内容应与建筑市场监管信息系统中的企业、人员和项目管理数据库相结合，形成信用档案，内部长期保留。

省（自治区、直辖市）建设行政主管部门负责审查整改结果，对整改确有实效的，由企业提出申请，经批准，可缩短其不良行为记录信息公布期限，但公布期限最短不得少于3个月，同时将整改结果列于相应不良行为记录后，供有关部门和社会公众查询；对于拒不整改或整改不力的单位，信息发布部门可延长其不良行为记录信息公布期限。

《招标投标违法行为记录公告暂行办法》规定，国务院有关行政主管部门和省级人民政府有关行政主管部门应自招标投标违法行为行政处理决定作出之日起20个工作日内对外进行记录公告。违法行为记录公告期限为6个月。依法限制招标投标当事人资质（资格）等方面的行政处理决定，所认定的限制期限长于6个月的，公告期限从其决定。

2. 公布的内容和范围

《建筑市场诚信行为信息管理办法》规定，属于《全国建筑市场各方主体不良行为记录认定标准》范围的不良行为记录除在当地发布外，还将由建设部统一在全国公布，公布期限与地方确定的公布期限相同。通过与工商、税务、纪检、监察、司法、银行等部门建立的信息共享机制，获取的有关建筑市场各方主体不良行为记录的信息，省（自治区、直辖市）建设行政主管部门也应在本地区统一公布。各地建筑市场综合监管信息系统，要逐步与全国建筑市场诚信信息平台实现网络互联、信息共享和实时发布。

《招标投标违法行为记录公告暂行办法》规定，对招标投标违法行为所作出的以下行政处理决定应给予公告：①警告；②罚款；③没收违法所得；④暂停或者取消招标代理资格；⑤取消在一定时期内参加依法必须进行招标的项目的投标资格；⑥取消担任评标委员会成员的资格；⑦暂停项目执行或追回已拨付资金；⑧暂停安排国家建设资金；⑨暂停建设项目的审查批准；⑩行政主管部门依法作出的其他行政处理决定。公告部门可将招标投标违法行为行政处理决定书直接进行公告。

招标投标违法行为记录公告不得公开涉及国家秘密、商业秘密、个人隐私的记录。但是，经权利人同意公开或者行政机关认为不公开可能对公共利益造成重大影响的涉及商业秘密、个人隐私的违法行为记录，可以公开。

3. 公告的变更

《建筑市场诚信行为信息管理办法》规定，对发布有误的信息，由发布该信息的省（自治区、直辖市）建设行政主管部门进行修正，根据被曝光单位对不良行为的整改情况，调整其信息公布期限，保证信息的准确和有效。

行政处罚决定经行政复议、行政诉讼以及行政执法监督被变更或被撤销，应及时变更或删除该不良记录，并在相应诚信信息平台上予以公布，同时应依法妥善处理相关事宜。

《招标投标违法行为记录公告暂行办法》规定，被公告的招标投标当事人认为公告记录与行政处理决定的相关内容不符的，可向公告部门提出书面更正申请，并提供相关证据。公告部门接到书面申请后，应在5个工作日内进行核对。公告的记录与行政处理决定的相关内容不一致的，应当给予更正并告知申请人；公告的记录与行政处理决定的相关内容一致的，应当告知申请人。公告部门在作出答复前不停止对违法行为记录的公告。

行政处理决定在被行政复议或行政诉讼期间，公告部门依法不停止对违法行为记录的

公告，但行政处理决定被依法停止执行的除外。原行政处理决定被依法变更或撤销的，公告部门应当及时对公告记录予以变更或撤销，并在公告平台上予以声明。

1.5.3.2 建筑市场诚信行为的奖惩机制

《建筑市场诚信行为信息管理办法》和2005年8月建设部发布的《关于加快推进建筑市场信用体系建设工作的意见》中规定，应当依据国家有关法律、法规和规章，按照诚信激励和失信惩戒的原则，逐步建立诚信奖惩机制，在行政许可、市场准入、招标投标、资质管理、工程担保和保险、表彰评优等工作中，充分利用已公布的建筑市场各方主体的诚信行为信息，依法对守信行为给予激励，对失信行为进行惩处。

对于一般失信行为，要对相关单位和人员进行诚信法制教育，促使其知法、懂法、守法；对有严重失信行为的企业和人员，要会同有关部门，采取行政、经济、法律和社会舆论等综合惩治措施，对其依法公布、曝光或予以行政处罚、经济制裁；行为特别恶劣的，要坚决追究失信者的法律责任，提高失信成本，使失信者得不偿失。

《招标投标违法行为记录公告暂行办法》中规定，公告的招标投标违法行为记录应当作为招标代理机构资格认定，依法必须招标项目资质审查、招标代理机构选择、中标人推荐和确定、评标委员会成员确定和评标专家考核等活动的重要参考。

《建筑业企业资质管理规定》中规定，建筑业企业未按照本规定要求提供建筑业企业信用档案信息的，由县级以上地方人民政府建设主管部门或者其他有关部门给予警告，责令限期改正；逾期未改正的，可处以1000元以上1万元以下的罚款。

《注册建造师管理规定》中规定，注册建造师或者其聘用单位未按照要求提供注册建造师信用档案信息的，由县级以上地方人民政府建设主管部门或者其他有关部门责令限期改正；逾期未改正的，可处以1000元以上1万元以下的罚款。

1.5.3.3 建筑市场主体诚信评价的基本规定

建设部《关于加快推进建筑市场信用体系建设工作的意见》中提出，同步推进政府对市场主体的守法诚信评价和社会中介信用机构开展的综合信用评价。

1. 政府对市场主体的守法诚信评价

政府对市场主体的守法诚信评价是政府主导，以守法为基础，根据违法违规行为的行政处罚记录，对市场主体进行诚信评价。评价内容包括对市场主体违反各类行政法律规定强制义务的行政处罚记录以及其他不良失信行为记录。评价标准内容以建筑市场有关的法律责任为主要依据，对社会关注的焦点、热点问题可有所侧重，如拖欠工程款和农民工工资、转包、违法分包、挂靠、招标投标弄虚作假、质量安全问题、违反法定基本建设程序等。

2. 社会中介信用机构的综合信用评价

社会中介信用机构的综合信用评价是市场主导，以守法、守信（主要指经济信用，包括市场交易信用和合同履行信用）、守德（主要指道德、伦理信用）、综合实力（主要包括经营、资本、管理、技术等）为基础进行综合评价。综合评价中有关建筑市场各方责任主体的优良和不良行为记录等信息要以建筑市场信用信息平台的记录为基础。

行业协会要协助政府部门做好诚信行为记录、信息发布和信用评价等工作，推进建筑市场动态监管；要完善行业内部监督和协调机制，建立以会员单位为基础的自律维权信息

平台，加强行业自律，提高企业及其从业人员的诚信意识。

习 题

一、单项选择题

1. 建设工程的发包主体通常为（ ）。

A. 建设单位 B. 总承包单位 C. 分包单位 D. 设计单位

2. 关于建筑市场诚信行为公布的说法，正确的是（ ）。

A. 不良行为应当在当地公布，社会影响恶劣的，还应当在全国公布

B. 诚信行为信息包括良好行为记录和不良行为记录，两种信息记录都应当公布

C. 省（自治区、直辖市）建设行政主管部门负责审查整改结果，对整改确有实效的，可以取消

D. 不良行为记录在地方的公布期限应当长于全国公布期限

3. 关于一级建造师注册的说法，正确的是（ ）。

A. 取得一级建造师执业资格证书后即可申请注册

B. 取得资格证书的人员，经过注册才能以注册建造师的名义执业

C. 初始注册者，可自资格证书签发之日起 3 年内提出申请；未按期申请的，不予注册

D. 注册申请应当向省（自治区、直辖市）人民政府的人事部门提出

4. 关于留置的说法，正确的是（ ）。

A. 留置权属于债权 B. 债权人不负责保管留置物

C. 建设工程合同可以适用留置权 D. 留置权基于法定而产生

5. 注册建造师的下列行为中，可以记入注册建造师执业信用档案不良行为的是（ ）。

A. 泄露商业秘密的 B. 对设计变更有异议的

C. 经常外出参会的 D. 拒绝执行监理工程师指令的

二、多项选择题

1. 房屋建筑施工总承包企业资质分为（ ）。

A. 特级 B. 一级 C. 二级 D. 三级

E. 四级

2. 关于质量保证责任的说法，正确的有（ ）。

A. 因建设单位错误管理造成的质量缺陷，由施工企业负责维修和承担费用

B. 质量保修有保修期限和保修范围的双重约束

C. 因地震、台风、洪水等原因造成的永久工程损坏，由施工企业负责维修，其费用由建设单位承担

D. 建设工程质量保证金是从建设单位应付的工程款中预留的资金

E. 缺陷责任期内预留质量保证金的，施工企业履行合同约定的责任，到期后施工企业可以向建设单位申请返还质量保证金

3. 法的形式的含义包括（ ）。

A. 创制机关的性质及级别　　B. 法律规范的地域效力

C. 法律规范的内涵　　D. 法律规范的期间效力

E. 法律规范的效力等级

4. 关于地役权的说法，正确的有（　　）。

A. 需役地上的用益物权转让时，受让人同时享有地役权

B. 地役权的设立是为了提高供役地的使用效率

C. 地役权未经登记不得对抗需役地人

D. 地役权由需役地人单方设立

E. 地役权属于用益物权

三、简答题

1. 简述建筑市场、建筑市场主体的概念。

2. 建筑工程发包的方式有哪些?

3. 建筑工程招投标应遵守的原则是什么?

4. 建筑市场诚信行为的公布时限是多久?

第2章　建设工程招标

【学习目标】　通过本章教学，使学生明确有关的工程招标的基本概念、招标范围及强制招标的条件、招标程序、招标文件的编制原则、招标文件的编制等内容。

建设工程发包，是建设工程的建设单位（或总承包单位）将建设工程任务通过招标发包或直接发包的方式，交付给具有法定从业资格的单位完成，并按照合同约定支付报酬的行为。建设工程承包，则是具有法定从业资格的单位依法直接或投标承揽建设工程任务，通过签订合同确立双方的权利与义务，按照合同约定取得相应报酬，并完成建设工程任务的行为。建设工程招标投标，是建设单位对拟建的建设工程项目通过法定的程序和方式吸引承包单位进行公平竞争，并从中选择条件优越者来完成建设工程任务的行为。这是在市场经济条件下常用的一种建设工程项目交易方式。

所以我们平时所说的建设工程承发包就包括了建设工程招投标，概念范围是大于招标投标的。

2.1　建设工程招标概述

建设工程招标是指业主或招标人在发包建设项目之前，通过发布招标公告或者投标邀请，邀请有意提供承建某项工程建设服务的承包人就该标的做出报价，从中选择最符合自己条件的投标人订立合同的意思表示。由于工程建设招标只提出招标条件和要求，并不包括合同的全部内容，标底不能公开，因而，从法律性质上看，工程建设招标不具有要约的性质，而是要约邀请。

一般而言，招标人没有必须接受投标人投标的义务，因此，在建设工程承包活动中，招标人在招标文件中往往声明不确保报价最低者中标。但是，并不是说招标对招标人就没有法律约束力。建设工程招标的法律约束力是指招标人在发布招标公告或发送招标邀请书后的招标有效期限内，是否有权修改招标文件的内容或撤回招标文件。依我国法律及有关交易习惯，建设工程招标具有一定程度的法律约束力，具体体现在：招标人不得擅自改变已发出的招标文件；如果招标人擅自改变已发出的招标文件，应赔偿由此而给投标人造成的损失。

工程建设招标除应当遵循工程发包和承包所要求的公开、公平、公正原则外，还应当遵循诚实信用的原则。诚实信用是民事活动的基本原则，它要求招标投标的双方都要诚实守信，不得有欺骗、背信的行为。招标人不得搞内定承包人的虚假招标，也不能在招标中设圈套损害承包人利益，投标人不能用虚假资质、虚假标书投标，投标文件中所有各项都

要真实。合同签订后，任何一方都要严格、认真地履行。

2.2 建设工程招标主体

2.2.1 建设工程招标人

建设工程招标主体就是指的招标人，而招标人就是指依法提出招标项目、进行招标的法人或者其他组织。其必须具备以下两个条件：

1. 招标人必须是法人或者其他组织

所谓法人是指具有民事权利能力和民事行为能力，并依法享有民事权利和承担民事义务的组织，包括企业法人、机关法人和社会团体法人。

作为法人必须具备以下条件。

(1) 必须依法成立。一是其设立必须合法，设立目的和宗旨要符合国家和社会公共利益的要求，组织机构、设立方式、经营范围等要符合法律的要求；二是法人成立的审核和登记程序必须合乎法律的要求，即法人的设立程序必须合法。

(2) 必须具有必要的财产（企业法人）或经费（机关、社会团体、事业单位法人）。这是作为法人的社会组织能够独立参加经济活动，享有民事权利和承担民事义务的物质基础，也是其承担民事责任的物质保障。

(3) 有自己的名称、组织机构和场所。

(4) 能够独立承担民事责任。在经济活动中发生纠纷或争议时，法人能以自己的名义起诉或应诉，并以自己的财产作为自己债务的担保手段。

其他组织，指不具备法人条件的组织。主要包括：法人的分支机构；企业之间或企业、事业单位之间联营，不具备法人条件的组织；合伙组织；个体工商户等。

2. 招标人必须提出招标项目并进行招标

提出招标项目即根据实际情况和《招标投标法》的有关规定，提出和确定拟招标的项目，办理有关审批手续，落实项目的资金来源等；进行招标撰写或决定招标方式，编制招标文件，发布招标公告，审查潜在投标人资格，主持开标，组建评标委员会，确定中标人，订立合同等。

2.2.2 招标人应具备的条件

《招标投标法》规定，招标人具有编制招标文件和组织评标能力的，可以自行办理招标事宜。任何单位和个人不得强制其委托招标代理机构办理招标事宜。依法必须进行招标的项目，招标人自行办理招标事宜的，应当向有关行政监督部门备案。

《招标投标法实施条例》进一步规定，招标人具有编制招标文件和组织评标能力，是指招标人具有与招标项目规模和复杂程度相适应的技术、经济等方面的专业人员。

所以建设单位作为招标人办理招标时，应具备下列条件：①是法人，依法成立的其他组织；②有与招标工程相适应的经济、技术管理人员；③有组织编制招标文件的能力；④有审查投标单位资质的能力；⑤有组织开标、评标、定标的能力。

因为各个地方还会出台相应的具体的实施细则，所以在各省（自治区、直辖市）还会

对招标人条件有更具体的规定，例如在《××省招投标管理条例》中就具体规定了：依法必须进行招标的项目，招标人符合下列条件的，可以自行办理招标事宜：①具有独立承担民事责任能力；②具有与招标项目规模和复杂程度相适应的专业技术力量；③设有专门的招标机构或者有三名以上专职招标业务人员；④熟悉和掌握有关招标投标的法律、法规和规章。

同时各省（自治区、直辖市）还规定招标人应遵循的基本要求（以福建省为例）。

（1）同一招标项目按规定需要两种及以上不同专业资质条件要求的，应当允许投标人组成联合体投标，招标人不得歧视或者排斥联合体投标。

（2）招标文件中不得同时设置总承包资质和其承包工程范围中已涵盖的专业承包资质要求，不得提出与招标项目具体特点和实际需要不相适应的资质资格要求。

（3）类似工程业绩的设置应当符合福建省住房和城乡建设厅的相关规定。

（4）不组织现场踏勘，但应在招标文件中明确告知招标工程的具体位置和周边环境，并在现场设置足以识别的相应标识。潜在投标人需要了解现场情况的，可自行到现场踏勘。

（5）不集中组织答疑。潜在投标人对招标事项有疑问的，以不署名、不盖章的形式通过电子交易平台发送给招标人，招标人通过电子交易平台进行答复。

（6）国家和福建省对工期有规定的，招标工程的工期应符合其规定。招标人不得任意压缩合理工期。

（7）应当允许投标人以现金（电汇或者转账）、银行保函或年度投标保证金方式递交投标保证金。鼓励招标人允许投标人使用担保保函、投标保证保险。

（8）招标工程应明确主要材料、设备规格、型号、标准，可推荐不少于3个品牌或生产供货商供投标人报价时参考，不得指定或者变相指定品牌。

（9）工程施工招标项目实行资格后审。

（10）采用综合评估法的招标项目方可进行技术文件评审。招标人应当委托该项目设计单位针对工程实际提出具体技术重点、难点以及是否提供建筑信息模型（BIM）的要求，作为招标文件中技术文件评审的内容，此外不得再提出其他评审内容。如有要求投标人提供BIM技术的，应在招标文件中明确投标人除做相应承诺外，须在技术文件中体现本项目应用BIM技术的相关措施作为评审内容。

（11）中标候选人数量（不超过3个）由招标人在招标文件中自行确定。

（12）国有资金投资的项目，招标文件中应当明确如果政府审计部门要求对中标人收取的工程款资金流向进行延伸审计的，投标人应当承诺接受延伸审计。

（13）不得将应当由招标人承担的义务或者费用转嫁给中标人。

2.2.3 招标代理机构

招标代理机构是依法设立、从事招标代理业务并提供相关服务的社会中介组织。《招标投标法》第13条规定，招标人有权自行选择招标代理机构，委托其办理招标事宜。招标代理机构应当具备下列条件：①有从事招标代理业务的营业场所和相应资金；②有能够编制招标文件和组织评标的相应专业力量。

按照《招标投标法实施条例》的规定，招标代理机构在其资格许可和招标人委托的范

围内开展招标代理业务，任何单位和个人不得非法干涉。招标代理机构不得在所代理的招标项目中投标或者代理投标，也不得为所代理的招标项目的投标人提供咨询。

2017年的修改删除了《招标投标法》中第十三条第二款第三项，即招标代理机构应当具备“有符合本法第三十七条第三款规定条件、可以作为评标委员会成员人选的技术、经济等方面的专家库”的内容。取消了招标代理机构的自建评标专家库要求，这是继一系列取消招标代理资质后的又一个对招标代理机构的要求释放，从法律层面将招标代理机构进一步市场化发展，同时也避免了招标代理机构抽取专家时的不透明行为。未来招标代理机构将共享各地发改委、财政部门建立的专家库，将专家资源整合，并通过公共服务平台将专家库信息共享。

同时删去第十四条第一款。即删除了“从事工程建设项目招标代理业务的招标代理机构，其资格由国务院或者省、自治区、直辖市人民政府的建设行政主管部门认定。具体办法由国务院建设行政主管部门会同国务院有关部门制定。从事其他招标代理业务的招标代理机构，其资格认定的主管部门由国务院规定。”

这一条修改主要是来源于之前的《住房城乡建设部办公厅关于取消工程建设项目招标代理机构资格认定加强事中事后监管的通知》这一份通知文件的规定。

为贯彻落实《全国人民代表大会常务委员会关于修改〈中华人民共和国招标投标法〉〈中华人民共和国计量法〉的决定》，深入推进工程建设领域“放管服”改革，加强工程建设项目招标代理机构（以下简称招标代理机构）事中事后监管，规范工程招标代理行为，维护建筑市场秩序，其具体规定如下：

1. 停止招标代理机构资格申请受理和审批

自2017年12月28日起，各级住房城乡建设部门不再受理招标代理机构资格认定申请，停止招标代理机构资格审批。

2. 建立信息报送和公开制度

招标代理机构可按照自愿原则向工商注册所在地省级建筑市场监管一体化工作平台报送基本信息。信息内容包括：营业执照相关信息、注册执业人员、具有工程建设类职称的专职人员、近3年代表性业绩、联系方式。上述信息统一在住房城乡建设部全国建筑市场监管公共服务平台（以下简称公共服务平台）对外公开，供招标人根据工程项目实际情况选择参考。

招标代理机构对报送信息的真实性和准确性负责，并及时核实其在公共服务平台的信息内容。信息内容发生变化的，应当及时更新。任何单位和个人如发现招标代理机构报送虚假信息，可向招标代理机构工商注册所在地省级住房城乡建设主管部门举报。工商注册所在地省级住房城乡建设主管部门应当及时组织核实，对涉及非本省市工程业绩的，可商请工程所在地省级住房城乡建设主管部门协助核查，工程所在地省级住房城乡建设主管部门应当给予配合。对存在报送虚假信息行为的招标代理机构，工商注册所在地省级住房城乡建设主管部门应当将其弄虚作假行为信息推送至公共服务平台对外公布。

3. 规范工程招标代理行为

招标代理机构应当与招标人签订工程招标代理书面委托合同，并在合同约定的范围内依法开展工程招标代理活动。招标代理机构及其从业人员应当严格按照招标投标法、招标投标法实施条例等相关法律法规开展工程招标代理活动，并对工程招标代理业务承担相应责任。

4. 强化工程招投标活动监管

各级住房城乡建设主管部门要加大房屋建筑和市政基础设施招标投标活动监管力度，推进电子招投标，加强招标代理机构行为监管，严格依法查处招标代理机构违法违规行为，及时归集相关处罚信息并向社会公开，切实维护建筑市场秩序。

5. 加强信用体系建设

加快推进省级建筑市场监管一体化工作平台建设，规范招标代理机构信用信息采集、报送机制，加大信息公开力度，强化信用信息应用，推进部门之间信用信息共享共用。加快建立失信联合惩戒机制，强化信用对招标代理机构的约束作用，构建"一处失信、处处受制"的市场环境。

6. 加大投诉举报查处力度

各级住房城乡建设主管部门要建立健全公平、高效的投诉举报处理机制，严格按照《工程建设项目招标投标活动投诉处理办法》，及时受理并依法处理房屋建筑和市政基础设施领域的招投标投诉举报，保护招标投标活动当事人的合法权益，维护招标投标活动的正常市场秩序。

7. 推进行业自律

充分发挥行业协会对促进工程建设项目招标代理行业规范发展的重要作用。支持行业协会研究制定从业机构和从业人员行为规范，发布行业自律公约，加强对招标代理机构和从业人员行为的约束和管理。鼓励行业协会开展招标代理机构资信评价和从业人员培训工作，提升招标代理服务能力。

由此各个省份规定了详细的实施细则，如《××省房屋建筑和市政基础设施工程施工招标投标若干规则（试行）》中就规定：委托招标的工程，招标人应当按照"谁委托、谁付费"原则，与招标代理机构签订书面委托代理合同。招标代理机构应当在委托代理合同签订后成立不少于3人的项目组。项目组成员由项目负责人、招标文件编制人和其他成员组成，并应当为本单位人员且符合下列要求：

（1）项目组成员应当熟悉工程招标投标相关法律法规和规定、招标投标流程及相关业务知识。

（2）项目负责人应当具有工程建设类中级及以上技术职称或注册执业资格，且从事工程招标代理业务时间不少于3年。

（3）招标文件编制人应当具有工程建设类中级及以上技术职称或注册执业资格，且从事工程招标代理业务时间不少于1年。

（4）其他成员应当具有大专及以上学历，且从事工程招标代理业务时间不少于1年。

（5）项目组成员的相关信息应当在××省建设行业信息公开平台、省公共服务平台可查询得到。

当然作为招标代理机构办理招标事宜，也应当同时遵守法律法规中有关招标人的规定。

2.3 建设工程法定招标的范围、招标方式和交易场所

2.3.1 法定招标的范围与规模

现在一般性的建设工程都必须进行招标，这是在《招标投标法》中明确规定的。在2017年12月修订的《招标投标法》中就明确规定了：在中华人民共和国境内进行下列工程建设项目包括项目的勘察、设计、施工、监理以及与工程建设有关的重要设备、材料等的采购，必须进行招标：①大型基础设施、公用事业等关系社会公共利益、公众安全的项目；②全部或者部分使用国有资金投资或者国家融资的项目；③使用国际组织或者外国政府贷款、援助资金的项目。

由于《招标投标法》的规定还是太粗略，所以由国家发改委在发布的2018年第16号令《必须招标的工程项目规定》（自2018年6月1日起施行）对建设工程招标的具体范围进行了详细的规范，具体如下。

（1）全部或者部分使用国有资金投资或者国家融资的项目包括：①使用预算资金200万元人民币以上，并且该资金占投资额10%以上的项目；②使用国有企业事业单位资金，并且该资金占控股或者主导地位的项目。

（2）使用国际组织或者外国政府贷款、援助资金的项目包括：①使用世界银行、亚洲开发银行等国际组织贷款、援助资金的项目；②使用外国政府及其机构贷款、援助资金的项目。

（3）不属于前款规定情形的大型基础设施、公用事业等关系社会公共利益、公众安全的项目，必须招标的具体范围由国务院发展改革部门会同国务院有关部门按照确有必要、严格限定的原则制订，报国务院批准。

（4）本规定前款规定范围内的项目，其勘察、设计、施工、监理以及与工程建设有关的重要设备、材料等的采购达到下列标准之一的，必须招标：①施工单项合同估算价在400万元人民币以上；②重要设备、材料等货物的采购，单项合同估算价在200万元人民币以上；③勘察、设计、监理等服务的采购，单项合同估算价在100万元人民币以上；④同一项目中可以合并进行的勘察、设计、施工、监理以及与工程建设有关的重要设备、材料等的采购，合同估算价合计达到前款规定标准的，必须招标。

为了保证招标的公平、公正、公开的原则，《招标投标法》还规定，依法必须进行招标的项目，其招标投标活动不受地区或者部门的限制。任何单位和个人不得违法限制或者排斥本地区、本系统以外的法人或者其他组织参加投标，不得以任何方式非法干涉招标投标活动。

为了避免对《招标投标法》的理解出现歧义，在2017年修改后公布的《中华人民共和国招标投标法实施条例》，（以下简称《招标投标法实施条例》）中明确指出招标投标法第3条所称工程建设项目，是指工程以及与工程建设有关的货物、服务。工程，是指建设工程，包括建筑物和构筑物的新建、改建、扩建及其相关的装修、拆除、修缮等；所称与工程建设有关的货物，是指构成工程不可分割的组成部分，且为实现工程基本功能所必需的设备、材料等；所称与工程建设有关的服务，是指为完成工程所需的勘察、设计、监理等服务。

为了明确建设工程必须招标的规定中的项目范围，一直沿用了2000年5月经国务院批准、国家发展计划委员会发布的《工程建设项目招标范围和规模标准规定》的规定。

1. 关系社会公共利益、公众安全的基础设施项目的范围

(1) 煤炭、石油、天然气、电力、新能源等能源项目。

(2) 铁路、公路、管道、水运、航空以及其他交通运输业等交通运输项目。

(3) 邮政、电信枢纽、通信、信息网络等邮电通信项目。

(4) 防洪、灌溉、排涝、引（供）水、滩涂治理、水土保持、水利枢纽等水利项目。

(5) 道路、桥梁、地铁和轻轨交通、污水排放及处理、垃圾处理、地下管道、公共停车场等城市设施项目。

(6) 生态环境保护项目。

(7) 其他基础设施项目。

2. 关系社会公共利益、公众安全的公用事业项目的范围

(1) 供水、供电、供气、供热等市政工程项目。

(2) 科技、教育、文化等项目。

(3) 体育、旅游等项目。

(4) 卫生、社会福利等项目。

(5) 商品住宅，包括经济适用住房。

(6) 其他公用事业项目。

3. 使用国有资金投资项目的范围

(1) 使用各级财政预算资金的项目。

(2) 使用纳入财政管理的各种政府性专项建设基金的项目。

(3) 使用国有企业事业单位自有资金，并且国有资产投资者实际拥有控制权的项目。

4. 国家融资项目的范围

(1) 使用国家发行债券所筹资金的项目。

(2) 使用国家对外借款或者担保所筹资金的项目。

(3) 使用国家政策性贷款的项目。

(4) 国家授权投资主体融资的项目。

5. 使用国际组织或者外国政府贷款、援助资金的项目

(1) 使用世界银行、亚洲开发银行等国际组织贷款资金的项目。

(2) 使用外国政府及其机构贷款资金的项目。

(3) 使用国际组织或者外国政府援助资金的项目。

2.3.2 可以不进行招标的建设工程项目

虽然大部分工程都需要招标，但是有一些特殊的工程并不适宜进行公开的招标，所以在《招标投标法》规定了，涉及国家安全、国家秘密、抢险救灾或者属于利用扶贫资金实行以工代赈需要使用农民工等特殊情况，不适宜进行招标的项目，按照国家有关规定可以不进行招标。

在《招标投标法实施条例》中还进一步规定，除《招标投标法》规定可以不进行招标

的特殊情况外，有下列情形之一的，可以不进行招标：

（1）需要采用不可替代的专利或者专有技术。

（2）采购人依法能够自行建设、生产或者提供。

（3）已通过招标方式选定的特许经营项目投资人依法能够自行建设、生产或者提供。

（4）需要向原中标人采购工程、货物或者服务，否则将影响施工或者功能配套要求。

（5）国家规定的其他特殊情形。

当然这些规定是适用于所有的项目，并不单单指的建设工程。所以原国家发展计划委员会会同建设部、铁道部、交通部、信息产业部、水利部、中国民用航空总局根据《中华人民共和国招标投标法》《中华人民共和国招标投标法实施条例》和国务院有关部门的职责分工制定了适用与建设工程的《工程建设项目施工招标投标办法》（七部委 30 号令）（2013 年 4 月修订）。其中规定了依法必须进行施工招标的工程建设项目有下列情形之一的，可以不进行施工招标：

（1）涉及国家安全、国家秘密、抢险救灾或者属于利用扶贫资金实行以工代赈需要使用农民工等特殊情况，不适宜进行招标。

（2）施工主要技术采用不可替代的专利或者专有技术。

（3）已通过招标方式选定的特许经营项目投资人依法能够自行建设。

（4）采购人依法能够自行建设。

（5）在建工程追加的附属小型工程或者主体加层工程，原中标人仍具备承包能力，并且其他人承担将影响施工或者功能配套要求。

（6）国家规定的其他情形。

由于很多的建设项目属于政府投资项目，很多人对于需要招标的工程归不归属于《政府采购法》管理存在疑惑，所以在 2014 年 8 月经修改后公布的《中华人民共和国政府采购法》规定，政府采购工程进行招标投标的，适用招标投标法。2015 年 1 月颁布的《中华人民共和国政府采购法实施条例》进一步规定，政府采购工程依法不进行招标的，应当依照政府采购法和本条例规定的竞争性谈判或者单一来源采购方式采购。

2017 年的时候为了加快经济发展，推出了《国务院办公厅关于促进建筑业持续健康发展的意见》（国办发〔2017〕19 号）中规定了：加快修订《工程建设项目招标范围和规模标准规定》，缩小并严格界定必须进行招标的工程建设项目范围，放宽有关规模标准，防止工程建设项目实行招标“一刀切”。在民间投资的房屋建筑工程中，探索由建设单位自主决定发包方式。将依法必须招标的工程建设项目纳入统一的公共资源交易平台，遵循公平、公正、公开和诚信的原则，规范招标投标行为。进一步简化招标投标程序，尽快实现招标投标交易全过程电子化，推行网上异地评标。对依法通过竞争性谈判或单一来源方式确定供应商的政府采购工程建设项目，符合相应条件的应当颁发施工许可证。

2.3.3 建设工程招标条件与方式

通过前文可知哪些工程需要招标，但这些必须招标的工程项目仍不可直接可以开始招标。在《工程建设项目施工招标投标办法》（七部委 30 号令）（2013 年 4 月修订）中规定了依法必须招标的工程建设项目，应当具备下列条件才能进行施工招标：①招标人已经依法成立；②初步设计及概算应当履行审批手续的，已经批准；③有相应资金或资金来源已经落实；④有招标所需的设计图纸及技术资料。

满足招标条件之后即可开始招标，招标的方式按照工程与分类方式的不同可以有以下两种分类。

1. 公开招标和邀请招标

《招标投标法》规定，招标分为公开招标和邀请招标。

公开招标，是指招标人以招标公告的方式邀请不特定的法人或者其他组织投标。依法必须进行招标的项目的招标公告，应当通过国家指定的报刊、信息网络或者其他媒介发布。《招标投标法实施条例》明确规定，国有资金占控股或者主导地位的依法必须进行招标的项目，应当公开招标。

邀请招标，是指招标人以投标邀请书的方式邀请特定的法人或者其他组织投标。《招标投标法》规定，招标人采用邀请招标方式的，应当向3个以上具备承担招标项目的能力、资信良好的特定的法人或者其他组织发出投标邀请书。国务院发展计划部门确定的国家重点项目和省（自治区、直辖市）人民政府确定的地方重点项目不适宜公开招标的，经国务院发展计划部门或者省（自治区、直辖市）人民政府批准，可以进行邀请招标。

《招标投标法实施条例》进一步规定，国有资金占控股或者主导地位的依法必须进行招标的项目，应当公开招标；但有下列情形之一的，可以邀请招标：①技术复杂、有特殊要求或者受自然环境限制，只有少量潜在投标人可供选择；②采用公开招标方式的费用占项目合同金额的比例过大。

在《工程建设项目施工招标投标办法》（七部委30号令）（2013年4月修订）中进一步细化规定了建设工程中依法必须进行公开招标的项目，有下列情形之一的，可以邀请招标：①项目技术复杂或有特殊要求，或者受自然地域环境限制，只有少量潜在投标人可供选择；②涉及国家安全、国家秘密或者抢险救灾，适宜招标但不宜公开招标；③采用公开招标方式的费用占项目合同金额的比例过大。

2. 总承包招标和两阶段招标

当然并不是所有招标项目内容都那么明确，有一些项目在招标前很多的指标是不明确的，所以根据项目是否明确或者招标的阶段可以分为总承包招标和两阶段招标，在《招标投标法实施条例》规定，招标人可以依法对工程以及与工程建设有关的货物、服务全部或者部分实行总承包招标。以暂估价形式包括在总承包范围内的工程、货物、服务属于依法必须进行招标的项目范围且达到国家规定规模标准的，应当依法进行招标。以上所称暂估价，是指总承包招标时不能确定价格而由招标人在招标文件中暂时估定的工程、货物、服务的金额。

对技术复杂或者无法精确拟定技术规格的项目，招标人可以分两阶段进行招标。第一阶段，投标人按照招标公告或者投标邀请书的要求提交不带报价的技术建议，招标人根据投标人提交的技术建议确定技术标准和要求，编制招标文件。第二阶段，招标人向在第一阶段提交技术建议的投标人提供招标文件，投标人按照招标文件的要求提交包括最终技术方案和投标报价的投标文件。

2.3.4 建设工程招标投标交易场所

招标需要一个活动场所，一般而言都是在国家政府规定的场所内进行。近些年随着网

络技术的发展，招标越来越有往网上发展的趋势，所以在近些年修改的《招标投标法实施条例》规定，设区的市级以上地方人民政府可以根据实际需要，建立统一规范的招标投标交易场所，为招标投标活动提供服务。招标投标交易场所不得与行政监督部门存在隶属关系，不得以营利为目的。国家鼓励利用信息网络进行电子招标投标。

前文所述《国务院办公厅关于促进建筑业持续健康发展的意见》中就有一条：进一步简化招标投标程序，尽快实现招标投标交易全过程电子化，推行网上异地评标。

2013 年 2 月国家发展和改革委员会、工业和信息化部、监察部、住房和城乡建设部、交通运输部、铁道部、水利部、商务部联合发布的《电子招标投标办法》规定，电子招标投标活动是指以数据电文形式，依托电子招标投标系统完成的全部或者部分招标投标交易、公共服务和行政监督活动。数据电文形式与纸质形式的招标投标活动具有同等法律效力。国家鼓励电子招标投标交易平台平等竞争。电子招标投标交易平台运营机构不得以任何手段限制或者排斥潜在投标人，不得泄露依法应当保密的信息，不得弄虚作假、串通投标或者为弄虚作假、串通投标提供便利。

招标人或者其委托的招标代理机构应当在资格预审公告、招标公告或者投标邀请书中载明潜在投标人访问电子招标投标交易平台的网络地址和方法。依法必须进行公开招标项目的上述相关公告应当在电子招标投标交易平台和国家指定的招标公告媒介同步发布。

投标人应当在投标截止时间前完成投标文件的传输递交，并可以补充、修改或者撤回投标文件。投标截止时间前未完成投标文件传输的，视为撤回投标文件。投标截止时间后送达的投标文件，电子招标投标交易平台应当拒收。

电子招标投标活动及相关主体应当自觉接受行政监督部门、监察机关依法实施的监督、监察。投标人或者其他利害关系人认为电子招标投标活动不符合有关规定的，通过相关行政监督平台进行投诉。

而具体到各个省（自治区、直辖市），为了紧跟中央的政策，纷纷在近几年出台了一系列的相关规定，如大多数省份都类似规定了：

（1）工程施工招标项目实行电子招标投标。招标投标参与各方应当按照《电子招标投标办法》《电子招标投标系统检测认证管理办法（试行）》《公共资源交易平台系统数据规范》《××省公共资源交易系统数据规范》等有关规定，通过××省公共资源交易电子行政监督平台（以下简称“省行政监督平台”，网址：www.××××.gov.cn）、××省公共资源交易电子公共服务平台（以下简称“省公共服务平台”，网址：www.××××.gov.cn）、招标文件规定的公共资源电子交易平台（以下简称“电子交易平台”）开展相关招标投标活动。

（2）电子交易平台应当依照《中华人民共和国认证认可条例》等有关规定进行检测、认证，通过检测、认证后方可使用，且应满足住房城乡建设行政主管部门（以下简称“监督机关”）的监管需要。

（3）采用综合评估法且对技术文件进行量化评审的招标工程，推行远程异地评标。

2.4 招标基本程序

《招标投标法》规定，招标投标活动应当遵循公开、公平、公正和诚实信用的原则。

那么招标程序整个流程必然体现了这些原则，每一条的规定都是这些原则的具体化。

2.4.1 基本程序

建设工程招标的基本程序主要包括：履行项目审批手续、委托招标代理机构、编制招标文件及招标控制价、发布招标公告或投标邀请书、资格审查、开标、评标、中标和签订合同，以及终止招标等。

1. 履行项目审批手续

不管是不是招标项目，第一步都是需要进行项目的审批，只不过审批手续不同而已。《招标投标法》规定，招标项目按照国家有关规定需要履行项目审批手续的，应当先履行审批手续，取得批准。招标人应当有进行招标项目的相应资金或者资金来源已经落实，并应当在招标文件中如实载明。具体的招标申请条件见前一节的招标条件。

《招标投标法实施条例》进一步规定，按照国家有关规定需要履行项目审批、核准手续的依法必须进行招标的项目，其招标范围、招标方式、招标组织形式应当报项目审批、核准部门审批、核准。项目审批、核准部门应当及时将审批、核准确定的招标范围、招标方式、招标组织形式通报有关行政监督部门。

2. 委托招标代理机构

招标代理机构的规定参照前文所述。在具体的建设工程招标中招标代理机构应当在招标人委托的范围内承担招标事宜。招标代理机构可以在其资格等级范围内承担下列招标事宜。

(1) 拟订招标方案，编制和出售招标文件、资格预审文件。

(2) 审查投标人资格。

(3) 编制标底。

(4) 组织投标人踏勘现场。

(5) 组织开标、评标，协助招标人定标。

(6) 草拟合同。

(7) 招标人委托的其他事项。

招标代理机构不得无权代理、越权代理，不得明知委托事项违法而进行代理。

招标代理机构不得在所代理的招标项目中投标或者代理投标，也不得为所代理的招标项目的投标人提供咨询；未经招标人同意，不得转让招标代理业务。

3. 编制招标文件及招标控制价

招标申请完成之后，自然就要开始准备招标了。按照《招标投标法》第十九条规定，招标人应当根据招标项目的特点和需要编制招标文件。招标文件应当包括招标项目的技术要求、对投标人资格审查的标准、投标报价要求和评标标准等所有实质性要求和条件以及拟签订合同的主要条款。国家对招标项目的技术、标准有规定的，招标人应当按照其规定在招标文件中提出相应要求。根据这条规定可以对招标文件的编制及主要内容作如下要求。

(1) 招标人应当根据招标项目的特点和需要编制招标文件。

(2) 招标文件应写明招标人对投标人的所有实质性要求和条件，这些要求和条件应主要包括在投标须知中。

(3) 招标文件中应当包括招标人就招标项目拟签订合同的主要条款。合同的内容根据合同类型的不同会有很大的差异。

(4) 某一招标项目如有国家强制性标准的，招标文件中应就这一标准对招标项目提出具体技术标准的要求。比如在涉及劳动安全和保护方面、环境保护方面等，都应注明应达到的国家标准。

(5) 一些招标项目特别是大型、复杂的建设工程项目通常需要划分不同的标段，由不同的承包商进行承包，根据本条款的规定，招标人应当合理地划分标段、确定工期，即划分标段必须符合项目施工的科学流程，以节约资金、保证质量为基本前提条件；确定工期要符合实际情况，确保招标项目按期按质完成。招标人决定划分标段招标的，对标段的划分及工期的确定应在招标文件中载明，告知投标人。

《招标投标法》第二十条、第二十三条规定，招标文件不得要求或者标明特定的生产供应者以及含有倾向或者排斥潜在投标人的其他内容。招标人对已发出的招标文件进行必要的澄清或者修改的，应当在招标文件要求提交投标文件截止时间至少十五日前，以书面形式通知所有招标文件收受人。该澄清或者修改的内容为招标文件的组成部分。

这一条规定是关于招标人对于招标文件进行澄清和修改的规定。根据其意思可以对招标人作如下要求。

招标人在编制招标文件时，应当尽可能考虑到招标项目的各项要求，并在招标文件中作出相应的规定，力求使所编制的招标文件做到内容准确、完整，含义明确。

(1) 招标人对于已经发出的招标文件可以进行必要的澄清或者修改。这里讲的“澄清”，是指对于招标文件中内容不清楚、含义不明确的地方作出书面解释，使招标文件的收受人能够准确理解招标文件有关内容的含义。招标人可以根据投标人的要求，对招标文件作出澄清；也可以对自己认为需要澄清的内容主动加以澄清。对招标文件的修改，是指招标人对于招标文件的有关内容根据需要进行必要的修正和改变。

(2) 招标人如需对招标文件进行必要的澄清或者修改的，应当在招标文件要求提交投标文件截止时间至少十五日前将澄清和修改内容通知招标文件收受人。

(3) 招标人对已发出的招标文件进行必要的澄清或者修改的，应当以书面形式通知所有招标文件收受人。所谓书面形式，包括信件、电报、电传、传真、电子数据交换和电子邮件等形式。招标人只能以上述书面形式发出修改或者澄清招标文件的通知，而不能以电话等口头形式通知。

(4) 招标人对于已发出的招标文件所进行的澄清或者修改的内容视为招标文件的组成部分，与已发出的招标文件具有同等的效力。

《招标投标法》第二十四条规定，招标人应当确定投标人编制投标文件所需要的合理时间；但是，依法必须进行招标的项目，自招标文件开始发出之日起至投标人提交投标文件截止之日止，最短不得少于二十日。

这一条是关于投标人编制投标文件期限的规定。

所谓的招标人应当确定投标人编制投标文件所需要的合理时间是指投标人编制投标文件需要一定的时间。由于投标人编制投标文件所需的合理时间不同，法律不可能做出具体的统一规定。需要由招标人根据其招标项目的具体情况在招标文件中作出合理规定。从保证法定强制招标项目投标竞争的广泛性出发，法律对各类法定强制招标项目的投标人编制投标文件的最短时间作了规定，即自招标文件开始发出之日起至投标人提交投标文件截止之日止，最短不得少于二十日。招标人在招标文件中规定的此项时间，可以超过二十日，但不得少于二十日。这里还需要注意的是，这段时间是从第一份招标文件开始发出之日起开始计算，而不是从向每一个投标人发出招标文件之日起开始。

当然这一条规定的由招标人确定的投标人编制投标文件的最短时间，只适用于依法必须进行招标的项目。不属于法定强制招标的项目，而是由采购人自愿选择招标采购方式的，则不受本条规定的限制。招标人确定的投标人编制投标文件的时间，既可以多于二十日，也可以少于二十日。

《招标投标法实施条例》进一步规定，招标人可以对已发出的资格预审文件或者招标文件进行必要的澄清或者修改。澄清或者修改的内容可能影响资格预审申请文件或者投标文件编制的，招标人应当在提交资格预审申请文件截止时间至少3日前，或者投标截止时间至少15日前，以书面形式通知所有获取资格预审文件或者招标文件的潜在投标人；不足3日或者15日的，招标人应当顺延提交资格预审申请文件或者投标文件的截止时间。

招标人对招标项目划分标段的，应当遵守招标投标法的有关规定，不得利用划分标段限制或者排斥潜在投标人。依法必须进行招标的项目的招标人不得利用划分标段规避招标。招标人应当在招标文件中载明投标有效期。投标有效期从提交投标文件的截止之日起算。

潜在投标人或者其他利害关系人对招标文件有异议的，应当在投标截止时间10日前提出。招标人应当自收到异议之日起3日内作出答复；作出答复前，应当暂停招标投标活动。招标人编制招标文件的内容违反法律、行政法规的强制性规定，违反公开、公平、公正和诚实信用原则，影响潜在投标人投标的，依法必须进行招标的项目的招标人应当在修改招标文件后重新招标。

依据《招标投标法实施条例》第二十七条的规定：招标人可以自行决定是否编制标底。一个招标项目只能有一个标底。标底必须保密。接受委托编制标底的中介机构不得参加受托编制标底项目的投标，也不得为该项目的投标人编制投标文件或者提供咨询。招标人设有最高投标限价的，应当在招标文件中明确最高投标限价或者最高投标限价的计算方法。招标人不得规定最低投标限价。

标底即招标项目的底价，是招标人购买工程、货物、服务的预算。强调对标底的保密，一是为维护投标人公平竞争的环境，二是保证投标价格的客观性。招标人履行保密义务应当从标底的编制开始，编制人员应在保密的环境中编制标底，完成之后需送审的，应将其密封送审。标底经审定后应及时封存，直至开标。在整个招标活动过程中所有接触过标底的人员都有对其保密的义务。

当然现在建设工程招标一般不设置标底，现在一般设置招标控制价。招标控制价是指招标人根据国家或省级、行业建设主管部门颁发的有关计价依据和办法，以及拟定的招标文件和招标工程量清单，结合工程具体情况编制的招标工程的最高投标限价。国有资金投资的工程建设项目应实行工程量清单招标，并应编制招标控制价。

住房和城乡建设部2013年12月发布的《建筑工程施工发包与承包计价管理办法》中

规定，国有资金投资的建筑工程招标的，应当设有最高投标限价；非国有资金投资的建筑工程招标的，可以设有最高投标限价或者招标标底。最高投标限价应当依据工程量清单、工程计价有关规定和市场价格信息等编制。招标人设有最高投标限价的，应当在招标时公布最高投标限价的总价，以及各单位工程的分部分项工程费、措施项目费、其他项目费、规费和税金。招标标底应当依据工程计价有关规定和市场价格信息等编制。

全部使用国有资金投资或者以国有资金投资为主的建筑工程，应当采用工程量清单计价；非国有资金投资的建筑工程，鼓励采用工程量清单计价。工程量清单应当依据国家制定的工程量清单计价规范、工程量计算规范等编制。工程量清单应当作为招标文件的组成部分。

4. 发布招标公告或投标邀请书

《招标投标法》规定，招标人采用公开招标方式的，应当发布招标公告。招标公告应当载明招标人的名称和地址、招标项目的性质、数量、实施地点和时间以及获取招标文件的办法等事项。

招标人采用邀请招标方式的，应当向三个以上具备承担招标项目的能力、资信良好的特定的法人或者其他组织发出投标邀请书。投标邀请书也应当载明招标人的名称和地址、招标项目的性质、数量、实施地点和时间以及获取招标文件的办法等事项。

招标人可以根据招标项目本身的要求，在招标公告或者投标邀请书中，要求潜在投标人提供有关资质证明文件和业绩情况，并对潜在投标人进行资格审查。招标人不得以不合理的条件限制或者排斥潜在投标人，不得对潜在投标人实行歧视待遇。

招标人不得向他人透露已获取招标文件的潜在投标人的名称、数量以及可能影响公平竞争的有关招标投标的其他情况。招标人设有标底的，标底必须保密。招标人根据招标项目的具体情况，可以组织潜在投标人踏勘项目现场。其中“招标人”包括招标单位、招标代理机构和参与招标工作的所有知情人员；“他人”指任何人；“潜在投标人”是指已获招标文件，尚未投标的人。这一条规定是招标人的法定义务，招标人不得违反。

对招标的工程建设项目进行现场踏勘是投标人准备投标报价前的重要准备工作。踏勘，即实地勘察。《招标投标法》所规定的现场踏勘包括亲临现场勘测及市场调查两个方面。

《招标投标法实施条例》进一步规定，招标人应当按照资格预审公告、招标公告或者投标邀请书规定的时间、地点发售资格预审文件或者招标文件。资格预审文件或者招标文件的发售期不得少于5日。招标人发售资格预审文件、招标文件收取的费用应当限于补偿印刷、邮寄的成本支出，不得以营利为目的。

5. 资格审查

资格审查应主要审查潜在投标人或者投标人是否符合下列条件。

（1）具有独立订立合同的权利。

（2）具有履行合同的能力，包括专业、技术资格和能力，资金、设备和其他物质设施状况，管理能力，经验、信誉和相应的从业人员。

（3）没有处于被责令停业，投标资格被取消，财产被接管、冻结，破产状态。

（4）在最近三年内没有骗取中标和严重违约及重大工程质量问题。

(5) 国家规定的其他资格条件。

资格审查时，招标人不得以不合理的条件限制、排斥潜在投标人或者投标人，不得对潜在投标人或者投标人实行歧视待遇。任何单位和个人不得以行政手段或者其他不合理方式限制投标人的数量。

资格审查根据审查的时间分为资格预审和资格后审。

(1) 资格预审，是指在投标前对潜在投标人进行的资格审查。

(2) 资格后审，是指在开标后对投标人进行的资格审查。

进行资格预审的，一般不再进行资格后审，但招标文件另有规定的除外。

采取资格预审的，招标人应当发布资格预审公告。资格预审公告适用《工程建设项目施工招标投标办法》第十三条、第十四条有关招标公告的规定。

采取资格预审的，招标人应当在资格预审文件中载明资格预审的条件、标准和方法；采取资格后审的，招标人应当在招标文件中载明对投标人资格要求的条件、标准和方法。

招标人不得改变载明的资格条件或者以没有载明的资格条件对潜在投标人或者投标人进行资格审查。

经资格预审后，招标人应当向资格预审合格的潜在投标人发出资格预审合格通知书，告知获取招标文件的时间、地点和方法，并同时向资格预审不合格的潜在投标人告知资格预审结果。资格预审不合格的潜在投标人不得参加投标。

经资格后审不合格的投标人的投标应予否决。

《招标投标法实施条例》规定，招标人采用资格预审办法对潜在投标人进行资格审查的，应当发布资格预审公告、编制资格预审文件。招标人应当合理确定提交资格预审申请文件的时间。依法必须进行招标的项目提交资格预审申请文件的时间，自资格预审文件停止发售之日起不得少于5日。

资格预审应当按照资格预审文件载明的标准和方法进行。国有资金占控股或者主导地位的依法必须进行招标的项目，招标人应当组建资格审查委员会审查资格预审申请文件。资格审查委员会及其成员应当遵守招标投标法和本条例有关评标委员会及其成员的规定。资格预审结束后，招标人应当及时向资格预审申请人发出资格预审结果通知书。未通过资格预审的申请人不具有投标资格。通过资格预审的申请人少于3个的，应当重新招标。

潜在投标人或者其他利害关系人对资格预审文件有异议的，应当在提交资格预审申请文件截止时间2日前提出。招标人应当自收到异议之日起3日内作出答复；作出答复前，应当暂停招标投标活动。招标人编制资格预审文件的内容违反法律、行政法规的强制性规定，违反公开、公平、公正和诚实信用原则，影响资格预审结果的，依法必须进行招标的项目的招标人应当在修改资格预审文件后重新招标。

招标人采用资格后审办法对投标人进行资格审查的，应当在开标后由评标委员会按照招标文件规定的标准和方法对投标人的资格进行审查。

6. 开标

《招标投标法》规定，开标应当在招标文件确定的提交投标文件截止时间的同一时间公开进行；开标地点应当为招标文件中预先确定的地点。

开标由招标人主持，邀请所有投标人参加。开标时，由投标人或者其推选的代表检查

投标文件的密封情况，也可以由招标人委托的公证机构检查并公证；经确认无误后，由工作人员当众拆封，宣读投标人名称、投标价格和投标文件的其他主要内容。招标人在招标文件要求提交投标文件的截止时间前收到的所有投标文件，开标时都应当当众予以拆封、宣读。开标过程应当记录，并存档备查。

《招标投标法实施条例》进一步规定，招标人应当按照招标文件规定的时间、地点开标。投标人少于3个的，不得开标；招标人应当重新招标。投标人对开标有异议的，应当在开标现场提出，招标人应当当场作出答复，并制作记录。

投标文件有下列情形之一的，招标人应当拒收：①逾期送达；②未按招标文件要求密封。

有下列情形之一的，评标委员会应当否决其投标。

（1）投标文件未经投标单位盖章和单位负责人签字。

（2）投标联合体没有提交共同投标协议。

（3）投标人不符合国家或者招标文件规定的资格条件。

（4）同一投标人提交两个以上不同的投标文件或者投标报价，但招标文件要求提交备选投标的除外。

（5）投标报价低于成本或者高于招标文件设定的最高投标限价。

（6）投标文件没有对招标文件的实质性要求和条件作出响应。

（7）投标人有串通投标、弄虚作假、行贿等违法行为。

7. 评标

《招标投标法》规定，评标由招标人依法组建的评标委员会负责。招标人应当采取必要的措施，保证评标在严格保密的情况下进行。任何单位和个人不得非法干预、影响评标的过程和结果。

依法必须进行招标的项目，其评标委员会由招标人的代表和有关技术、经济等方面的专家组成，成员人数为五人以上单数，其中技术、经济等方面的专家不得少于成员总数的三分之二。与投标人有利害关系的人不得进入相关项目的评标委员会；已经进入的应当更换。评标委员会成员的名单在中标结果确定前应当保密。

评标委员会可以要求投标人对投标文件中含义不明确的内容作必要的澄清或者说明，但是澄清或者说明不得超出投标文件的范围或者改变投标文件的实质性内容。

在《工程建设项目施工招标投标办法》中更细化地规定了评标委员会可以书面方式要求投标人对投标文件中含义不明确、对同类问题表述不一致或者有明显文字和计算错误的内容作必要的澄清、说明或补正。评标委员会不得向投标人提出带有暗示性或诱导性的问题，或向其明确投标文件中的遗漏和错误。

投标文件不响应招标文件的实质性要求和条件的，评标委员会不得允许投标人通过修正或撤销其不符合要求的差异或保留，使之成为具有响应性的投标。

评标委员会在对实质上响应招标文件要求的投标进行报价评估时，除招标文件另有约定外，应当按下述原则进行修正：①用数字表示的数额与用文字表示的数额不一致时，以文字数额为准；②单价与工程量的乘积与总价之间不一致时，以单价为准。若单价有明显的小数点错位，应以总价为准，并修改单价。

按前款规定调整后的报价经投标人确认后产生约束力。

投标文件中没有列入的价格和优惠条件在评标时不予考虑。

对于投标人提交的优越于招标文件中技术标准的备选投标方案所产生的附加收益，不得考虑进评标价中。符合招标文件的基本技术要求且评标价最低或综合评分最高的投标人，其所提交的备选方案方可予以考虑。

评标委员会应当按照招标文件确定的评标标准和方法，对投标文件进行评审和比较；设有标底的，应当参考标底。评标委员会完成评标后，应当向招标人提出书面评标报告，并推荐合格的中标候选人。评标委员会经评审，认为所有投标都不符合招标文件要求的，可以否决所有投标。依法必须进行招标的项目的所有投标被否决的，招标人应当依法重新招标。

《招标投标法实施条例》进一步规定，评标委员会成员应当依照招标投标法和本条例的规定，按照招标文件规定的评标标准和方法，客观、公正地对投标文件提出评审意见。招标文件没有规定的评标标准和方法不得作为评标的依据。评标委员会成员不得私下接触投标人，不得收受投标人给予的财物或者其他好处，不得向招标人征询确定中标人的意向，不得接受任何单位或者个人明示或者暗示提出的倾向或者排斥特定投标人的要求，不得有其他不客观、不公正履行职务的行为。

招标项目设有标底的，招标人应当在开标时公布。标底只能作为评标的参考，不得以投标报价是否接近标底作为中标条件，也不得以投标报价超过标底上下浮动范围作为否决投标的条件。有下列情形之一的，评标委员会应当否决其投标。

(1) 投标文件未经投标单位盖章和单位负责人签字。

(2) 投标联合体没有提交共同投标协议。

(3) 投标人不符合国家或者招标文件规定的资格条件。

(4) 同一投标人提交两个以上不同的投标文件或者投标报价，但招标文件要求提交备选投标的除外。

(5) 投标报价低于成本或者高于招标文件设定的最高投标限价。

(6) 投标文件没有对招标文件的实质性要求和条件作出响应。

(7) 投标人有串通投标、弄虚作假、行贿等违法行为。

投标文件中有含义不明确的内容、明显文字或者计算错误，评标委员会认为需要投标人作出必要澄清、说明的，应当书面通知该投标人。投标人的澄清、说明应当采用书面形式，并不得超出投标文件的范围或者改变投标文件的实质性内容。评标委员会不得暗示或者诱导投标人作出澄清、说明，不得接受投标人主动提出的澄清、说明。

评标完成后，评标委员会应当向招标人提交书面评标报告和中标候选人名单。中标候选人应当不超过3个，并标明排序。评标报告应当由评标委员会全体成员签字。对评标结果有不同意见的评标委员会成员应当以书面形式说明其不同意见和理由，评标报告应当注明该不同意见。评标委员会成员拒绝在评标报告上签字又不书面说明其不同意见和理由的，视为同意评标结果。

8. 中标和签订合同

《招标投标法》规定，招标人根据评标委员会提出的书面评标报告和推荐的中标候选人确定中标人。招标人也可以授权评标委员会直接确定中标人。

评标委员会推荐的中标候选人应当限定在一至三人，并标明排列顺序。招标人应当接受评标委员会推荐的中标候选人，不得在评标委员会推荐的中标候选人之外确定中标人。

国有资金占控股或者主导地位的依法必须进行招标的项目，招标人应当确定排名第一的中标候选人为中标人。排名第一的中标候选人放弃中标、因不可抗力提出不能履行合同、不按照招标文件的要求提交履约保证金，或者被查实存在影响中标结果的违法行为等情形，不符合中标条件的，招标人可以按照评标委员会提出的中标候选人名单排序依次确定其他中标候选人为中标人。依次确定其他中标候选人与招标人预期差距较大，或者对招标人明显不利的，招标人可以重新招标。

招标人可以授权评标委员会直接确定中标人。

招标人不得向中标人提出压低报价、增加工作量、缩短工期或其他违背中标人意愿的要求，以此作为发出中标通知书和签订合同的条件。

依法必须进行招标的项目，招标人应当自收到评标报告之日起三日内公示中标候选人，公示期不得少于三日。

中标通知书由招标人发出。中标通知书对招标人和中标人具有法律效力。中标通知书发出后，招标人改变中标结果的，或者中标人放弃中标项目的，应当依法承担法律责任。

依法必须进行施工招标的项目，招标人应当自发出中标通知书之日起十五日内，向有关行政监督部门提交招标投标情况的书面报告。书面报告至少应包括：①招标范围；②招标方式和发布招标公告的媒介；③招标文件中投标人须知、技术条款、评标标准和方法、合同主要条款等内容；④评标委员会的组成和评标报告；⑤中标结果。

招标人和中标人应当在投标有效期内并自中标通知书发出之日起 30 日内，按照招标文件和中标人的投标文件订立书面合同。招标人和中标人不得再行订立背离合同实质性内容的其他协议。

投标有效期是指招标文件规定的投标文件有效期，从提交投标文件截止日起计算。《工程建设项目施工招标投标办法》第二十九条规定："招标文件应该规定一个适当的投标有效期，以保证招标人有足够的时间完成评标和与中标人签订合同。投标有效期从投标人提交投标文件截止之日起计算。"也就是说投标有效期的起始时间是提交投标文件截止之日，终止时间是招标文件上规定的天数的最后一天，公布中标结果和签订合同都必须在此期限内完成。

《招标投标法实施条例》进一步规定，招标人和中标人应当依照招标投标法和本条例的规定签订书面合同，合同的标的、价款、质量、履行期限等主要条款应当与招标文件和中标人的投标文件的内容一致。

招标人要求中标人提供履约保证金或其他形式履约担保的，招标人应当同时向中标人提供工程款支付担保。

招标人不得擅自提高履约保证金，不得强制要求中标人垫付中标项目建设资金。

招标人最迟应当在与中标人签订合同后五日内，向中标人和未中标的投标人退还投标保证金及银行同期存款利息。

2004 年 10 月发布的《最高人民法院关于审理建设工程施工合同纠纷案件适用法律问

题的解释》第21条规定："当事人就同一建设工程另行订立的建设工程施工合同与经过备案的中标合同实质性内容不一致的，应当以备案的中标合同作为结算工程价款的根据。"

合同中确定的建设规模、建设标准、建设内容、合同价格应当控制在批准的初步设计及概算文件范围内；确需超出规定范围的，应当在中标合同签订前，报原项目审批部门审查同意。凡应报经审查而未报的，在初步设计及概算调整时，原项目审批部门一律不予承认。

因此，招标人与中标人另行签订合同的行为属违法行为，所签订的合同是无效合同。

9. 终止招标

《招标投标法实施条例》规定，招标人终止招标的，应当及时发布公告，或者以书面形式通知被邀请的或者已经获取资格预审文件、招标文件的潜在投标人。已经发售资格预审文件、招标文件或者已经收取投标保证金的，招标人应当及时退还所收取的资格预审文件、招标文件的费用，以及所收取的投标保证金及银行同期存款利息。

2.4.2　招标策划

前面所述只是法律法规中涉及招标程序的一些基本规定，具体到一个工程招投标来说，招标人在一开始策划其整个项目的招投标流程应该如图2.1所示。

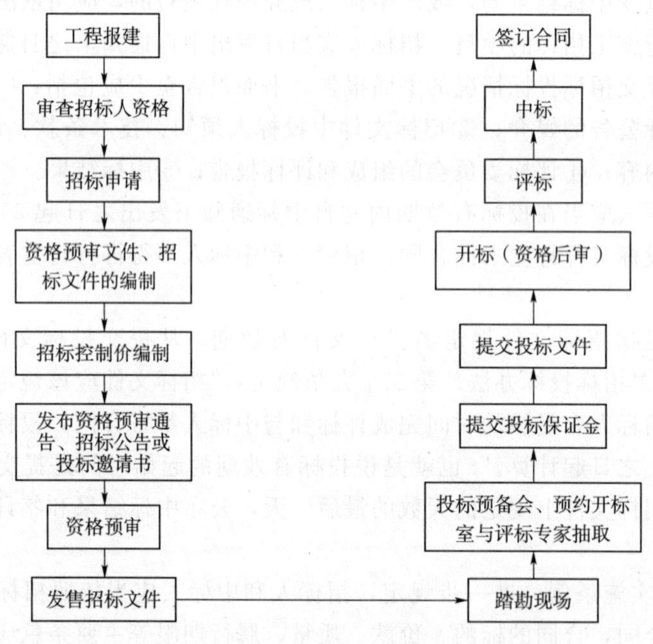

图2.1　公开招标程序

1. 工程报建

《招标投标法》中关于项目审批的规定如前文所述，但各省份一般有更细化的规定，如实行电子化程度较高的省份都类似地规定了：招标人应当按照规定通过省行政监督平台办理工程报建手续。设区市住房城乡建设主管部门已建立工程报建系统且招标人已按要求办理工程报建手续的，由设区市住房城乡建设主管部门向省行政监督平台推送相关数据，招标人无需另行填报。

2. 审查招标人资格

《招标投标法》规定：依法必须进行招标的项目，招标人自行办理招标事宜的，应当向有关行政监督部门备案。各省规定具体流程不一样，一般由县级以上建设行政主管部门办理审核，如很多省份都可以在网上办事大厅全程网上办理，一般来说申请办理要提交的材料有：

(1) 建设单位负责招标工作成员组成情况。

(2) 成员职称证书（中级以上)、造价师执业资格证书（土建、安装专业各一名，注册在本单位)。

(3) 成员以往招标业绩情况（应提供业绩证明材料，如招标公告、中标通知书)。

(4) 建设单位招标工作组成员应具有造价师执业资格证书（土建、安装专业各一名，注册在本单位)。

(5) 提交的申办材料应加盖相关单位的电子印章。

3. 招标申请

招标申请又称为招标备案，招标人在工程招标准备工作基本完毕后，应向政府建设主管部门报送招标申请文件，并由主管部门对招标人进行招标条件审查，招标人必须等待审查批准后才能进行招标。根据招投标法律法规及规章的规定，招投标监管部门应当对施工招标项目是否具备招标条件（即招标条件完整性)、招标文件是否有违反法律、法规、规章和规范性文件规定内容（即招标文件合法性）进行备案审查。

招标人应当最迟在招标文件发出的同时，将招标文件等材料按照项目管理权限，通过省行政监督平台报该项目招投标活动的监督机关备案。上传的备案材料包括：

(1) 应当履行初步设计及概算审批手续的，提供批复文件。

(2) 建设资金或资金来源已经落实的证明材料。

(3) 招标图纸以及按规定需要提供的经施工图审查机构审查合格的文件。

(4) 招标代理合同及招标代理项目组成员名单（适用委托招标的项目)。

(5) 招标文件。

(6) 招标控制价的 XML 格式文件及其计价软件版成果文件。

(7) 拟邀请投标人名单（适用邀请招标的项目)。

(8) 招标项目所在地规定需要提供的其他材料。

招标文件的澄清、修改应当在电子交易平台发布的同时，按前款规定进行备案。

现以上条规定简要说明招标备案流程（以下流程大部分可以在网上办事大厅提交电子文件完成，具体提交材料也可以询问当地建设局或网上办事大厅查询)：

(1) 备案材料上传。招标代理机构应根据当地的招标条例的规定的备案材料要求通过省行政监督平台将招标材料报招投标监管部门备案。其中，招标项目无法事先确定开评标时间及交易场所的，招标文件和招标控制价成果文件可以暂不用上传；招标项目事先已确定开评标时间及交易场所，并形成招标文件最终稿的，招标文件和招标控制价成果文件可以一并上传。

(2) 招标条件完整性审查。招投标监管部门应根据当地的招标投标行政监管办法的规定，对招标条件完整性［至少包括前述备案材料的第 (1) ～ (4)、(7)、(8) 项规定的材

料］进行审查。具备招标条件的则接受备案并由省行政监督平台出具签收单；不具备招标条件的，予以退回并一次性告知备案人须补充的材料。

通过备案的，招标代理机构通过省行政监督平台打印签收单，并以此为依据，向当地公共资源交易中心申请确定开评标时间及交易场所。未形成招标文件最终稿的，招标代理机构根据安排的开评标时间等事项，编制招标公告和招标文件最终稿，并最迟在招标文件发出的同时将招标文件和招标控制价成果文件通过省行政监督平台进行备案。

（3）招标文件合法性审查。招投标监管部门在接受招标文件最终稿备案后，发现招标文件有违反法律、法规、规章和规范性文件规定内容的，通过省行政监督平台发出责令招标人改正的通知。

招标文件内容违反法律、行政法规的强制性规定，违反公开、公平、公正和诚实信用原则，影响潜在投标人投标被招投标监管部门责令改正的，招标代理机构应当重新发布招标公告并重新备案招标文件。对于其他被责令改正的问题，招标代理机构应当发布澄清、修改并向招投标监管部门备案。

4．资格预审文件、招标文件编制

详见2.5招标文件编制。

5．招标控制价编制

招标控制价由造价单位编制，如是政府投资项目，还需提交相应管理权限的审计部门审计。

6．发布资格预审通告、招标公告或投标邀请书

采用公开招标方式的，招标人应当发布招标公告，邀请不特定的法人或者其他组织投标。依法必须进行施工招标项目的招标公告，应当在国家指定的报刊和信息网络上发布。采用邀请招标方式的，招标人应当向3家以上具备承担施工招标项目的能力、资信良好的特定的法人或者其他组织发出投标邀请书。

招标公告或者投标邀请书应当至少载明下列内容。

（1）招标人的名称和地址。

（2）招标项目的内容、规模、资金来源。

（3）招标项目的实施地点和工期。

（4）获取招标文件或者资格预审文件的地点和时间。

（5）对招标文件或者资格预审文件收取的费用。

（6）对招标人的资质等级的要求。

招标人应当按招标公告或者投标邀请书规定的时间、地点出售招标文件或资格预审文件。自招标文件或者资格预审文件出售之日起至停止出售之日止，最短不得少于五日。

招标人可以通过信息网络或者其他媒介发布招标文件，通过信息网络或者其他媒介发布的招标文件与书面招标文件具有同等法律效力，出现不一致时以书面招标文件为准，国家另有规定的除外。

对招标文件或者资格预审文件的收费应当限于补偿印刷、邮寄的成本支出，不得以营利为目的。对于所附的设计文件，招标人可以向投标人酌收押金；对于开标后投标人退还设计文件的，招标人应当向投标人退还押金。

招标文件或者资格预审文件售出后，不予退还。除不可抗力原因外，招标人在发布招标公告、发出投标邀请书后或者售出招标文件或资格预审文件后不得终止招标。

实际执行过程中各省（自治区、直辖市）都有各自的细化规定，如《××省房屋建筑和市政基础设施工程施工招标投标若干规则（试行）》文中规定：

“**第八条** 招标人应当在电子交易平台和省公共服务平台同步发布招标公告，并同时将招标文件、招标控制价的XML格式文件及其计价软件版成果文件、招标图纸和相关材料上传至电子交易平台供潜在投标人下载。潜在投标人不得为任何非法目的而使用招标图纸和相关材料。

招标人应确保工程量清单、招标控制价的XML格式文件及其计价软件版成果文件中相应的内容或数据一致。如招标控制价XML格式文件与工程量清单相应内容不一致的，以工程量清单中的内容为准；招标控制价的计价软件版成果文件与其XML格式文件中相应数据不一致的，以招标控制价的XML格式文件中的数据为准。

第十条 潜在投标人按照招标公告或投标邀请书中规定的时间期限从电子交易平台下载招标文件、招标图纸等相关材料。

潜在投标人对招标文件有疑问的，应当在招标文件规定的时限内通过电子交易平台提出，招标人应当及时通过电子交易平台接收疑问、答复或者发布招标文件的澄清、修改。

潜在投标人对招标文件有异议的，应当在规定的期限内以书面形式按照本规则第二十八条第二、三款的规定向招标人提出。

第二十八条 投标人及其他利害关系人对评标结果有异议的，应当在规定的期限内以书面形式向招标人提出。

异议应当包括下列内容：

（1）异议人的名称、地址及有效联系方式；

（2）被异议人的名称（仅适用于对评标结果的异议）；

（3）异议事项的基本事实；

（4）相关请求及主张；

（5）有效线索和相关证明材料。

异议人是法人的，异议必须由其法定代表人签字并盖公章；异议人是个人的，异议必须由异议人本人签字，并附有效身份证明复印件以及与本招标项目有利害关系的证明材料。”

这些规定是响应国家电子招标的号召，实质上同步了招标公告的发布和招标文件的发售，简化了流程。

7. 资格预审

前文已经简单说明了资格预审的规定，一般而言具体的资格预审和资格后审的主要内容是一样的，都是审查投标人的下列情况。

（1）投标人组织与机构，资质等级证书，独立订立合同的权利。

（2）近3年来的工程的情况。

（3）目前正在履行合同情况。

（4）履行合同的能力，包括专业，技术资格和能力，资金、财务、设备、和其他物质状况，管理能力，经验、信誉和相应的工作人员、劳力等情况。

(5) 受奖、罚的情况和其他有关资料，没有处于被责令停业，财产被接管或查封、扣押、冻结，破产状态，在近3年（包括其董事或主要职员）没有与骗取合同有关的犯罪或严重违法行为。投标人应向招标人提交能证明上述条件的法定证明文件和相关资料。

一般来说，资格预审工作包括了以下几个步骤：

1）售卖资格预审文件（发售期不得少于5日）。

2）投标申请人对资格预审文件质疑（在提交资格预审申请文件截止时间2日前提出）。

3）招标人对资格预审文件澄清/修改（提交资格预审申请文件截止时间至少3日前，不足3日的，顺延提交资格预审申请文件截止时间）。

4）预约资格预审评审室。

5）资格预审专家抽取（由招标人（或招标代理机构）向专家库提交申请，专家库随机抽取，专家库管理单位周末及法定节假日不进行专家抽取工作）。

6）提交资格预审申请文件（自资格预审文件停止发售之日起不得少于5日）。

7）召开资格审查会。

8）发布资格预审结果。

当然由于很多时候资格预审工作过于繁琐，对于动辄就是几百家参与投标的施工招标更是如此，因此很多省份在施工招标中取消了资格预审，统一规定使用资格后审，以降低施工招标的工作量，提高工程建设效率。

8. 发售招标文件

目前实行了电子招投标的省份均已经与发布招标公告同步。

招标人根据施工招标项目的特点和需要编制招标文件。招标文件一般包括下列内容。

(1) 招标公告或投标邀请书。

(2) 投标人须知。

(3) 合同主要条款。

(4) 投标文件格式。

(5) 采用工程量清单招标的，应当提供工程量清单。

(6) 技术条款。

(7) 设计图纸。

(8) 评标标准和方法。

(9) 投标辅助材料。

9. 踏勘现场

招标文件分发后，招标人要在招标文件规定的时间内，组织投标人踏勘现场，并对招标文件进行答疑。

招标人组织投标人进行踏勘现场，主要目的是让投标人了解工程现场和周围环境情况，获取必要的信息。如

(1) 现场是否达到招标文件规定的条件。

(2) 现场的地理位置和地形、地貌。

(3) 现场的地质、土质、地下水位、水文等情况。

(4) 现场气温、湿度、风力、年雨雪量等气候条件。

(5) 现场交通、饮水、污水排放、生活用电、通信等环境情况。

(6) 工程在现场中的位置与布置。

(7) 临时用地、临时设施搭建等。

投标人对招标文件或者在现场踏勘中如果有疑问或不清楚的问题，可以而且应当用书面的形式要求招标人予以解答。招标人收到投标人提出的疑问或不清楚的问题后，应当给予解释和答复。招标人的答疑可以根据情况采用以下方式进行。

(1) 以书面形式解答，并将解答内容同时送达所有获得招标文件的投标人。书面形式包括解答书、信件、电报、电传、传真、电子数据交换和电子函件等可以有形地表现所载内容的形式。以书面形式解答招标文件中或现场踏勘中的疑问，在将解答内容送达所有获得招标文件的投标人之前，应先经招标投标管理机构审查认定。

(2) 通过投标预备会进行解答，同时借此对图纸进行交底和解释，并以会议记录形式同时将解答内容送达所有获得招标文件的投标人。

法律中并没有具体的时间规定，开标前均可，而且很多省份现在均规定不组织现场踏勘，但应在招标文件中明确告知招标工程的具体位置和周边环境，并在现场设置足以识别的相应标识。潜在投标人需要了解现场情况的，可自行到现场踏勘。

10. 投标预备会、预约开标室与评标专家抽取

投标预备会也称答疑会、标前会议，是指招标人为澄清或解答招标文件或现场踏勘中的问题，以便投标人更好地编制投标文件而组织召开的会议。投标预备会一般安排在招标文件发出后的 7～28 日内举行。参加会议的人员包括招标人、投标人、代理人、招标文件编制单位的人员、招标投标管理机构的人员等。会议由招标人主持。因此一般规定投标申请人对招标文件质疑，在投标截止时间（即提交投标文件截止时间）10 日前提出。

(1) 投标预备会内容。

1) 介绍招标文件和现场情况，对招标文件进行交底和解释。

2) 解答投标人以书面或口头形式对招标文件和在现场踏勘中所提出的各种问题或疑问。

(2) 投标预备会程序。

1) 投标人和其他与会人员签到，以示出席。

2) 主持人宣布投标预备会开始。

3) 介绍出席会议人员。

4) 介绍解答人，宣布记录人员。

5) 解答投标人的各种问题和对招标文件进行交底。

6) 通知有关事项，如为使投标人在编制投标文件时，有足够的时间充分考虑招标人对招标文件的修改或补充内容，以及投标预备会议记录内容，招标人可根据情况决定适当延长投标书递交截止时间，并作通知等。

7) 整理解答内容，形成会议记录，并由招标人、投标人签字确认后宣布散会。会后，招标人将会议记录报招标投标管理机构核准，并将经核准后的会议记录送达所有获得招标

文件的投标人。

《招标投标法》规定了招标人对已发出的招标文件进行必要的澄清或者修改的，应当在招标文件要求提交投标文件截止时间至少十五日前，以书面形式通知所有招标文件收受人。该澄清或者修改的内容为招标文件的组成部分。

而今由于很多省份都在推进电子招投标，因而大都取消了这个步骤，一般都规定：招标人不集中组织答疑。潜在投标人对招标事项有疑问的，以不署名、不盖章的形式通过电子交易平台发送给招标人，招标人通过电子交易平台进行答复；潜在投标人对招标文件有疑问的，应当在招标文件规定的时限内通过电子交易平台提出，招标人应当及时通过电子交易平台接收疑问、答复或者发布招标文件的澄清、修改。

作为开标前的准备工作自然少不了找各地的公共资源交易中心预约开标室，一般预约开标室通常安排在招标文件和施工图纸发售停止日期之后，一般为一天。

评标专家的抽取一般按照各省（自治区、直辖市）的规定执行。在现今各地都开始实行评标专家库的规定和实行电子招投标后一般在投标文件解密完成后抽取，如规定：招标人应当按照省综合评标专家库的规定抽取评标委员会的专家成员。技术特别复杂、专业性要求特别高或者国家有特殊要求，采取随机抽取难以保证胜任评标工作或者省综合评标专家库中相应专业的评标专家数量无法满足评标需要的工程，招标人应按照相关规定直接确定评标委员会的专家成员。评标委员会的专家成员应在投标文件解密完成后抽取；直接确定评标委员会的专家成员的，招标人应当采取有效措施做好保密工作。

11. 提交投标保证金

《招标投标法实施条例》规定，招标人在招标文件中要求投标人提交投标保证金的，投标保证金不得超过招标项目估算价的2%。投标保证金有效期应当与投标有效期一致。招标人不得挪用投标保证金。

由于保证金领域的混乱情况，2016年国家为了整顿市场，发布《国务院办公厅关于清理规范工程建设领域保证金的通知》（国办发〔2016〕49号）规定：

（1）全面清理各类保证金。对建筑业企业在工程建设中需缴纳的保证金，除依法依规设立的投标保证金、履约保证金、工程质量保证金、农民工工资保证金外，其他保证金一律取消。对取消的保证金，自本通知印发之日起，一律停止收取。

（2）转变保证金缴纳方式。对保留的投标保证金、履约保证金、工程质量保证金、农民工工资保证金，推行银行保函制度，建筑业企业可以银行保函方式缴纳。

（3）按时返还保证金。对取消的保证金，各地要抓紧制定具体可行的办法，于2016年底前退还相关企业；对保留的保证金，要严格执行相关规定，确保按时返还。未按规定或合同约定返还保证金的，保证金收取方应向建筑业企业支付逾期返还违约金。

2013年经修改后发布的《工程建设项目施工招标投标办法》进一步规定，投标保证金不得超过项目估算价的2%，但最高不得超过80万元人民币。投标人应当按照招标文件要求的方式和金额，将投标保证金随投标文件提交给招标人或其委托的招标代理机构。

实行两阶段招标的，招标人要求投标人提交投标保证金的，应当在第二阶段提出。招标人终止招标，已经收取投标保证金的，招标人应当及时退还所收取的投标保证金及银行同期存款利息。投标人撤回已提交的投标文件，招标人已收取投标保证金的，应当自收到

投标人书面撤回通知之日起5日内退还。投标截止后投标人撤销投标文件的，招标人可以不退还投标保证金。

招标人最迟应当在书面合同签订后5日内向中标人和未中标的投标人退还投标保证金及银行同期存款利息。

各省均有更进一步的规定要求。

(1) 投标人应当根据招标文件规定的投标保证金提交时间和要求，提交投标保证金。投标保证金手续应当由投标人自行办理。银行、工程担保公司、保险公司等金融机构应当依法为投标人办理投标保证金业务，不得为同一单位或者个人办理同一招标项目的多家投标人的投标保证金手续，并配合有权机关做好招投标违法行为的查处。金融机构应当向招标人提供核对投标保证金真伪的验证渠道。

(2) 投标人以保函、保证保险形式提交投标保证金的，应当在投标截止时间之前按照招标文件约定的时间将保函、保险凭证的原件单独提交给招标人，否则视为未提交投标保证金。

12. 提交投标文件

《招标投标法》规定，投标人应当在招标文件要求提交投标文件的截止时间前，将投标文件送达投标地点。招标人收到投标文件后，应当签收保存，不得开启。投标人少于3个的，招标人应当依法重新招标。在招标文件要求提交投标文件的截止时间后送达的投标文件，招标人应当拒收。投标人在招标文件要求提交投标文件的截止时间前，可以补充、修改或者撤回已提交的投标文件，并书面通知招标人。补充、修改的内容为投标文件的组成部分。

《招标投标法实施条例》进一步规定，未通过资格预审的申请人提交的投标文件，以及逾期送达或者不按照招标文件要求密封的投标文件，招标人应当拒收。招标人应当如实记载投标文件的送达时间和密封情况，并存档备查。投标人撤回已提交的投标文件，应当在投标截止时间前书面通知招标人。

目前国家正在推行电子招投标，很多省份都相应出台了相关的规定。

(1) 潜在投标人应当使用招标文件中规定的投标文件制作软件，按照招标文件规定的内容和格式编制、签名、加密投标文件。

(2) 潜在投标人应当在招标文件载明的投标截止时间前，通过电子交易平台完成其投标文件的传输递交。电子交易平台在投标截止时间前收到潜在投标人送达的投标文件，应当即时向潜在投标人发出确认回执通知，并妥善保存投标文件。

13. 开标（资格后审）

投标预备会结束后，招标人就要为接受投标文件、开标作准备。接受投标工作结束，招标人要按招标文件的规定准时开标、评标。

开标应当在招标文件确定的提交投标文件截止时间的同一时间公开进行；开标地点应当为招标文件中预先确定的地点。按照国家的有关规定和各地的实践，招标文件中预先确定的开标地点，一般均应为建设工程交易中心。

参加开标会议的人员，包括招标人或其代表人、招标代理人、投标人法定代表人或其委托代理人、招标投标管理机构的监管人员和招标人自愿邀请的公证机构的人员等。评标组织成员不参加开标会议。开标会议由招标人或招标代理人组织，由招标人或招标人代表主持，并在招标投标管理机构的监督下进行。

但是现在由于推行电子招投标以及网上异地投标的需要，各省（自治区、直辖市）都出台了网上开标的规定。

（1）招标人应按照招标文件规定的时间，在公共资源交易中心通过电子交易平台在线组织开标，并在电子交易平台中如实记录开标情况。开标时，应按照招标文件规定的时间及方式对电子投标文件进行解密。

（2）因投标人原因造成投标文件未解密的，视为撤销其投标文件；因投标人之外的原因造成投标文件未解密的，视为撤回其投标文件，投标人有权要求责任方赔偿因此遭受的直接损失。部分投标文件未解密的，其他投标文件的开标可以继续进行。招标人可以在招标文件中明确投标文件解密失败的补救方案，投标文件应按照招标文件的要求作出响应。

（3）投标人对开标有异议的，应当使用本单位的CA证书当场通过电子交易平台在线提出；招标人应当通过电子交易平台当场作出答复。电子交易平台应当记录并保存异议的提出和答复情况。

资格后审是目前各地方最常用的施工招标资格审查的方式，一般在评标时进行。

14. 评标

开标会结束后，招标人要接着组织评标。评标必须在招标投标管理机构的监督下，由招标人依法组建的评标组织进行。组建评标组织是评标前的一项重要工作。

评标组织由招标人的代表和有关经济、技术等方面的专家组成。其具体形式为评标委员会或评标小组。评标组织成员的名单在中标结果确定前应当保密。成立评标组织的具体要求和注意事项，在本书第4章中论述。

评标一般采用评标会的形式进行。参加评标会的人员为招标人或其代表人、招标代理人、评标组织成员、招标投标管理机构的监管人员等。投标人不能参加评标会。评标会由招标人或其委托的代理人召集，由评标组织负责人主持。

从评标组织评议的内容来看，通常可以将评标的程序分为两段（初评和终评）三审。

初评即对投标文件进行符合性评审、技术性评审和商务性评审，从未被宣布为无效或作废的投标文件中筛选出若干具备评标资格的投标人。

终评是指对投标文件进行综合评价与比较分析，对初评筛选出的若干具备评标资格的投标人进行进一步澄清、答辩，择优确定出中标候选人。三审就是指对投标文件进行的符合性评审、技术性评审和商务性评审。

应当说明的是，终审并不是每一项评标都必须有的，如未采用单项评议法的，一般就可不进行终审。

最后的中标和签订合同的具体要求和注意事项，在本书第4、第5章中论述。

2.5 招标文件编制

2.5.1 概述

1. 概念

建设工程施工招标是指招标人通过适当的途径发出施工任务发包的信息，吸引施工

承包商投标竞争，从中选出技术能力强、管理水平高、信誉可靠且报价合理的承建商，并以签订合同的方式约束双方在施工过程中的经济活动。施工招标最明显的特点是发包工作内容明确具体，各投标人编制的投标书在评标中易于横向对比。虽然投标人是按招标文件规定的工作内容和工程量清单编制报价，但报价高低一般并不是确定中标单位的唯一条件，投标实际上是各施工单位完成该项目任务的技术、经济、管理等综合能力的竞争。

建设工程招标文件，是建设工程招标人单方面阐述自己的招标条件和具体要求的意思表示，是招标人确定、修改和解释有关招标事项的各种书面表达形式的统称。建设工程施工招标文件是由招标单位或其委托的咨询机构编制并发布的。它既是投标单位编制投标文件的依据，也是招标单位与将来中标单位签订施工合同的基础，招标文件中提出的各项要求，对整个招标工作乃至承发包双方都有约束力。由此可见，建设工程施工招标文件的编制实质上是施工合同的前期准备工作，即合同的策划工作。

从合同订立过程来分析，建设工程招标文件在性质上属于一种要约邀请，其目的在于唤起投标人的注意，希望投标人能按照招标人的要求向招标人发出要约。凡不满足招标文件要求的投标书，将被招标人拒绝。

2. 招标文件组成

我国《招标投标法》规定，招标人应当根据招标项目的特点和需要编制招标文件。招标文件应当包括招标项目的技术要求、对投标人资格审查的标准、投标报价要求和评标标准等所有实质性要求和条件以及拟签订合同的主要条款。国家对招标项目的技术、标准有规定的，招标人应当按照其规定在招标文件中提出相应要求。

为了解决各行业招标文件编制依据不同、规则不统一的问题，国家发展改革委员会同财政部、原建设部、铁道部、原交通部、原信息产业部、水利部、原民航总局和广电总局，编制了《标准施工招标资格预审文件》和《标准施工招标文件》（以下简称《标准文件（2007）》），并于2007年11月1日以九部委56号令的形式发布，第一次在全国各行业初步实现了施工招标文件编制依据和规则的统一，解决了一些施工招标文件编制过程中带有普遍性和共性的问题，促进了招投标市场的健康发展。后来2010年根据行业的实际情况编制《中华人民共和国房屋建筑和市政工程标准施工招标文件》（2010年版），进一步细化了施工招标的一些共同的规则。标准施工招标文件的组成有：①招标公告（或投标邀请书）；②投标人须知；③评标办法；④合同条款及格式；⑤工程量清单；⑥图纸；⑦技术标准和要求；⑧投标文件格式；⑨投标人须知前附表规定的其他材料。

此外，根据招标文件的规定，对招标文件所作的澄清、修改，也应视为招标文件的组成部分。

2.5.2 招标文件的编制实例

一般来说，现行工程招标文件编制基本都是按照《标准施工招标文件》为范本来进行，由于各省情况不同，在《中华人民共和国标准施工招标文件》（2007年版）、《中华人民共和国房屋建筑和市政工程标准施工招标文件》（2010年版）的基础上，各省（自治区、直辖市）根据各地的实际情况对《标准招标文件》进行了一些的细化和修改，现在这里就以福建省房屋建筑和市政基础设施工程招标文件范本为例简要说

明标准招标文件的填写（《标准施工招标文件》中以双下划线或加黑斜体字标识的内容为实质性要求）。

【例 2.1】

福建省房屋建筑和市政基础设施工程

标准施工招标文件

（2017 年版）

报建编号：（由省行政监督平台报建系统生成）

招标项目名称：________

招标项目编号：________

招标人：________（盖单位电子公章）

招标代理机构：________（盖单位电子公章）

招标代理机构项目负责人：________

招标代理机构编制人：________

招标文件编制日期：____年____月____日

使用说明

1.《通用本》和《专用本》以及招标文件的澄清、修改（如有时）的内容为对应关联关系，可相互解释、互为说明。《通用本》与《专用本》约定不一致的，以《专用本》为准；《专用本》无约定的，从《通用本》的约定；《通用本》或《专用本》与招标文件的澄清、修改约定不一致的，以后者为准；招标文件的澄清、修改不同时间对同一内容存在不同约定时，以最后约定的内容为准。**《标准施工招标文件》中以双下划线或加黑斜体字标识的内容为实质性要求；**以空格下划线标示的，由招标人编制招标文件或投标人编制投标文件时填入具体内容。下划线上的括号内容为提示性内容，招标人在编制招标文件或投标人在编制投标文件时，填入的具体内容应将其覆盖。

2. 全部使用国有资金投资或者国有资金投资占控股或者主导地位的建设工程，应当采用工程量清单招标。采用工程量清单招标的项目，工程量清单应当作为招标文件的组成部分并与招标文件同时发给各投标人，其准确性和完整性由招标人负责。招标人不得要求投标人在开标前核对工程量。

第1章 招标公告/招标邀请书

第1节 招 标 公 告

1. 招标条件

本招标项目＿＿（项目名称）已由＿＿＿＿（项目审批、核准或备案机关名称）以＿＿（批文名称及编号）批准建设，建设单位为＿＿＿＿，建设资金来源＿＿＿＿，招标人为＿＿＿＿，委托的招标代理单位为＿＿＿＿。本项目已具备招标条件，现对该项目的施工进行公开招标。

2. 项目概况和招标范围

2.1 工程建设地点：＿＿＿＿＿＿＿＿；

2.2 工程建设规模：＿＿＿＿＿＿＿＿；

2.3 招标范围和内容：

（1）工程类别：＿＿（房屋建筑工程、市政工程）；

（2）招标类型：＿＿（施工总承包、专业承包）；

（3）招标范围和内容：＿＿＿＿＿＿＿＿＿＿；

其中，用于确定企业资质及等级的相关数据：＿＿（按照《建筑业企业资质标准》的承包工程范围中相应等级规定的特征描述）；

用于确定注册建造师等级的相关数据：＿＿（按照《注册建造师执业工程规模标准（试行）》中相应规模标准规定的特征描述）；

用于确定类似工程业绩的相关数据：＿＿（按照《福建省房屋建筑和市政基础设施工程特殊性划分标准（试行）》中规定的工程特征指标描述，适用于允许设置类似工程业绩的项目）；

2.4 招标控制价（即最高投标限价，下同）：＿＿＿＿元；

2.5 工期要求：总工期为＿＿个日历天，定额工期＿＿个日历天（适用于国家或我省对工期有规定的项目）；其中各关键节点的工期要求为（如果有）＿＿＿＿＿＿＿＿＿＿；

2.6 标段划分（如果有）：＿＿＿＿＿＿＿＿；

2.7 质量要求：＿＿＿＿＿＿＿＿。

3. 投标人资格要求及审查办法

3.1 本招标项目要求投标人须具备有效的不低于＿＿级＿＿＿＿资质和《施工企业安全生产许可证》（无需资质的项目，从其规定）。

3.2 投标人拟担任本招标项目的项目负责人（即项目经理，下同）须具备有效的不低于＿＿级＿＿专业注册建造师执业资格（或建造师临时执业资格），并具备有效的安全生产考核合格证书（B证）（无需资质的项目，从其规定）。

3.3 本招标项目＿＿（接受、不接受）＿＿联合体投标。招标人接受联合体投标的，投标人应优先选用福建省建筑业龙头企业作为联合体成员，自愿组成联合体的应由＿＿为牵头人，且各方应具备其所承担招标项目承包内容的相应资质条件；承担相同承包内容的

专业单位组成联合体的，按照资质等级较低的单位确定资质等级。

3.4 本招标项目______（应用、不应用）福建省建筑施工企业信用综合评价分值。应用福建省建筑施工企业信用综合评价分值的项目，投标人的企业季度信用得分为______（房屋建筑、市政工程）类。应用福建省建筑施工企业信用综合评价分值的，投标人的企业季度信用得分不得低于60分；以联合体参与投标的，投标人的企业季度信用得分按具有______（建筑工程、市政公用工程）施工总承包资质的联合体成员中的最低企业季度信用得分确定。投标人的企业季度信用得分，可通过福建省建筑施工企业信用综合评价系统（从福建住房和城乡建设网的“福建省住房和城乡建设综合监管服务平台”登录）查询。

3.5 投标人“类似工程业绩”要求：____个；“类似工程业绩”是指：自本招标项目在法定媒介发布招标公告之日的前五年内（含本招标项目在法定媒介发布招标公告之日）完成的并经竣工验收合格的______________________。

3.6 各投标人均可就本招标项目上述标段中的______（具体数量）______个标段投标，但最多允许中标______（具体数量）______个标段（适用于分标段的招标项目）。

3.7 其他资格要求：______________________。

3.8 本招标项目采用______（资格预审、资格后审）方式对投标人的资格进行审查。

3.9 本招标项目不要求投标人在招投标期间缴纳农民工工资保证金。

4. 招标文件的获取

凡有意参加投标者，请于______年____月____日____时____分____秒至______年____月____日____时____分____秒通过______（公共资源电子交易平台名称及网址）______采取无记名方式免费下载电子招标文件等相关资料。本招标项目电子招标文件使用（电子招标文件编制工具软件名称及版本号）______打开。投标人获取招标文件后，应检查招标文件的合法有效性，合法有效的招标文件应具有招标人和招标代理机构的电子印章；招标人没有电子印章的，须附招标人对招标代理机构的授权书。

5. 评标办法

本招标项目采用的评标办法：______（经评审的最低投标价中标法/综合评估法/简易评标法）______。

6. 投标保证金的提交

6.1 投标保证金提交的时间：______________________。

6.2 投标保证金提交的金额：______________________。

6.3 投标保证金提交的方式：______________________。

7. 发布公告的媒介

本次招标公告同时在福建省公共资源交易电子公共服务平台（www.fjggfw.gov.cn）上发布。

8. 联系方式

招标人：______________________

地址：______________________，邮编：__________

电子邮箱：______________________

电话：＿＿＿＿＿＿＿＿，传真：＿＿＿＿＿＿＿＿

联系人：＿＿＿＿＿＿＿＿

招标代理机构：＿＿＿＿＿＿＿＿

地址：＿＿＿＿＿＿＿＿，邮编：＿＿＿＿＿＿＿＿

电子邮箱：＿＿＿＿＿＿＿＿

电话：＿＿＿＿＿＿＿＿，传真：＿＿＿＿＿＿＿＿

联系人：＿＿＿＿＿＿＿＿

公共资源电子交易平台名称：＿＿＿＿＿＿＿＿

网址：＿＿＿＿＿＿＿＿

联系电话：＿＿＿＿＿＿＿＿

招投标监督机构名称：＿＿＿＿＿＿＿＿

地址：＿＿＿＿＿＿＿＿

联系电话：＿＿＿＿＿＿＿＿

公共资源交易中心名称：＿＿＿＿＿＿＿＿

地址：＿＿＿＿＿＿＿＿

联系电话：＿＿＿＿＿＿＿＿

第2节　招标邀请书（适用于邀请招标）

________（被邀请参加投标的单位名称）：

1. 招标条件

本招标项目________（项目名称）已由________（项目审批、核准或备案机关名称）以________（批文名称及编号）批准建设，建设单位为________，建设资金来源________，招标人为________，委托的招标代理单位为________。本项目已具备招标条件，现邀请你单位参加本招标项目施工投标。

2. 项目概况和招标范围

2.1 工程建设地点：________；

2.2 工程建设规模：________；

2.3 招标范围和内容：

（1）工程类别：________（房屋建筑工程、市政工程）________；

（2）招标类型：________（施工总承包、专业承包）________；

（3）招标范围和内容：________；

其中，用于确定企业资质及等级的相关数据：________（按照《建筑业企业资质标准》的承包工程范围中相应等级规定的特征描述）________；

用于确定注册建造师等级的相关数据：________（按照《注册建造师执业工程规模标准（试行）》中相应规模标准规定的特征描述）________；

用于确定类似工程业绩的相关数据：________（按照《福建省房屋建筑和市政基础设施工程特殊性划分标准（试行）》中规定的工程特征指标描述，适用于允许设置类似工程业绩的项目）；

2.4 招标控制价（即最高投标限价，下同）：________元；

2.5 工期要求：总工期为________个日历天，定额工期________个日历天（适用于国家或我省对工期有规定的项目）；其中各关键节点的工期要求为（如果有）________；

2.6 标段划分（如果有）：________；

2.7 工程质量要求：________。

3. 投标人资格要求及审查办法

3.1 本招标项目要求投标人须具备有效的不低于____级________资质和《施工企业安全生产许可证》（无需要资质的项目，从其规定）。

3.2 投标人拟担任本招标项目的项目负责人（即项目经理，下同）须具备有效的不低于________级________专业注册建造师执业资格（或建造师临时执业资格），并具备有效的安全生产考核合格证书（B证）（无需要资质的项目，从其规定）。

3.3 本招标项目________（接受、不接受）________联合体投标。招标人接受联合体投标的，投标人应优先选用福建省建筑业龙头企业作为联合体成员，自愿组成联合体的应由____为牵头人，且各方应具备其所承担招标项目承包内容的相应资质条件；承担相同承包内容

的专业单位组成联合体的，按照资质等级较低的单位确定资质等级。

3.4 本招标项目________（应用、不应用）________福建省建筑施工企业信用综合评价分值。应用福建省建筑施工企业信用综合评价分值的项目，投标人的企业季度信用得分为________（房屋建筑、市政工程）____类。应用福建省建筑施工企业信用综合评价分值的，投标人的企业季度信用得分不得低于60分；以联合体参与投标的，投标人的企业季度信用得分按具有________（建筑工程、市政公用工程）________施工总承包资质的联合体成员中的最低企业季度信用得分确定投标人的企业季度信用得分，可通过福建省建筑施工企业信用综合评价系统查询，网址：xy. fjjs. gov. cn。

3.5 投标人"类似工程业绩"要求：______个；"类似工程业绩"是指：自本招标项目在法定媒介发布招标公告之日的前五年内（含本招标项目在法定媒介发布招标公告之日）完成的并经竣工验收合格的________________。

3.6 各投标人均可就本招标项目上述标段中的________（具体数量）____个标段投标，但最多允许中标________（具体数量）____个标段（适用于分标段的招标项目）。

3.7 其他资格要求：________________________________。

3.8 本招标项目采用__________（资格预审、资格后审）方式对投标人的资格进行审查。

3.9 本招标项目不要求投标人在招投标期间缴纳农民工工资保证金。

4. 招标文件的获取

凡有意参加投标者，请于______年_____月_____日_____时_____分_____秒至______年_____月_____日_____时_____分_____秒通过______（公共资源电子交易平台名称及网址）______免费下载电子招标文件等相关资料。本招标项目电子招标文件使用______（电子招标文件编制工具软件名称及版本号）______打开。投标人获取招标文件后，应检查招标文件的合法有效性，合法有效的招标文件应具有招标人和招标代理机构的电子印章；招标人没有电子印章的，须附招标人对招标代理机构的授权书。

5. 评标办法

本招标项目采用的评标办法：______（经评审的最低投标价中标法/综合评估法/简易评标法）______。

6. 投标保证金的提交

6.1 投标保证金提交的时间：________________________________；

6.2 投标保证金提交的金额：________________________________；

6.3 投标保证金提交的方式：________________________________。

7. 确认

你单位收到本投标邀请书后，请于______（具体时间）______前使用本单位CA证书通过______（公共资源电子交易平台名称）______予以确认（确认函格式见附件1-1）。超过具体时间未予以确认的，视为不参与本项目投标。

8. 联系方式

招标人：________________________________

地址：________________________，邮编：________

电子邮箱：________________________________
电话：__________________，传真：____________
联系人：______________

招标代理机构：______________________________
地址：______________________，邮编：________
电子邮箱：________________________________
电话：__________________，传真：____________
联系人：______________。

公共资源电子交易平台名称：____________________
网址：______________________________________
联系电话：__________________________________
招投标监督机构名称：________________________
地址：______________________________________
联系电话：__________________________________

公共资源交易中心名称：______________________
地址：______________________________________
联系电话：__________________________________

第2章 投 标 须 知

第1节 投标须知前附表

说明：

（1）本表各项应一一填写，除“不适用”外，不留空白。如某日期一时定不下来，可先填计划日期。

（2）如某项内容对本项目不适用，应在相应栏目中注明“不适用”。

（3）投标须知前附表是投标须知的说明和补充，如两者有矛盾之处，以前附表内容为准。

项号	条款号	条款名称	编列内容
1	1.1	招标人和招标代理机构	招标人： 地址： 联系人： 电话：＿＿＿＿，传真： 电子邮箱： 招标代理机构： 地址： 联系人： 电话：＿＿＿＿，传真： 电子邮箱：
2	1.2	本招标项目名称、报建编号、招标项目编号和标段划分（如果有）	招标项目名称： 报建编号： 招标项目编号： 标段名称（如果有）： 标段编号（如果有）： 招标人允许投标人参加投标的标段数量： 招标人最多允许投标人中标的标段数量：
3	1.3	资金来源和落实情况	资金来源： 出资比例： 资金落实情况：
4	1.4	工程建设地点	
5	1.5	工程建设规模	
6	1.6	招标范围和内容	
7	1.7/21.2	本招标项目使用的公共资源电子交易平台和公共资源交易中心	公共资源电子交易平台名称： 网址： 联系电话： 公共资源交易中心名称： 地址： 联系电话：

续表

项号	条款号	条款名称	编 列 内 容
8	1.8	电子招投标基本要求	
9	2.1	计划工期	总工期为＿＿＿＿日历天，定额工期＿＿＿＿个日历天（适用于国家或我省对工期有规定的项目）；其中各关键节点的工期要求为（如果有）＿＿＿＿
10	2.2	质量要求	
11	2.3	合同价格形式	＿＿＿＿（单价合同、总价合同、其他价格形式合同）＿＿＿＿
12	3.1	资格审查方式	本项目采用＿＿（资格预审、资格后审）＿＿方式对投标人的资格进行审查
13	4.1/4.2	合格投标人资格条件	1. 本招标项目要求投标人须具备有效的不低于＿＿＿级＿＿＿＿资质和《施工企业安全生产许可证》（无需资质的项目，从其规定）。 2. 投标人拟担任本招标项目的项目负责人须具备有效的不低于＿＿＿级＿＿＿＿专业注册建造师执业资格（或建造师临时执业资格），并具备有效的安全生产考核合格证书（B证）。拟派出项目负责人必须为独立投标人或联合体牵头人的本企业在岗人员（无需资质的项目，从其规定）。 3. 本招标项目＿＿＿（接受、不接受）联合体投标。招标人接受联合体投标的，投标人应优先选用福建省建筑业龙头企业作为联合体成员，自愿组成联合体的应由＿＿＿为牵头人。 4. 本招标项目＿＿＿（应用、不应用）＿＿福建省建筑施工企业信用综合评价分值。投标人的企业季度信用得分为＿＿＿（房屋建筑、市政工程）类。应用福建省建筑施工企业信用综合评价分值的项目，投标人的企业季度信用得分不得低于60分；以联合体参与投标的，投标人的企业季度信用得分按联合体各方中具有＿＿＿（建筑工程、市政公用工程）施工总承包资质的最低企业季度信用得分确定。 注：①在每季度首月10日后开标的招标项目，纳入招投标评分的建筑施工企业信用综合评价分值，应为投标人在上季度的企业季度信用得分。而在每季度首月10日前（含10日）开标的，则为投标人在上季度前一个季度的企业季度信用得分。 ②福建省建筑施工企业信用综合评价系统（网址：xy.fjjs.gov.cn，下称"评价系统"）每季度公布投标人的企业季度信用得分（房屋建筑、市政工程）。投标人可以通过评价系统查询本单位的企业季度信用得分。企业季度信用得分以项目截标时在评价系统已发布的数据为准。项目截标后不论何种原因变更的信用评价信息，不在变更前已截标的招投标项目中使用。 ③对评价系统没有公布企业季度信用得分的投标人，其企业季度信用得分以60分确定。 ④由于投标人名称变更，造成评价系统公布的与变更后的投标人名称不一致的，投标人应当在资格文件中附上名称变更证明材料扫描件，并按照投标须知前附表第24项规定的时间、地点和密封要求，由其授权委托人（需提供授权委托书和身份证核验）将变更证明材料原件单独提交给招标人。未按规定提交的，评标委员会可以按不利于投标人的情形认定。招标人应当做好接收工作，并由投标人授权委托人签字确认。 5. 投标人"类似工程业绩"要求：＿＿＿＿个；"类似工程业绩"是指：自本招标项目在法定媒介发布招标公告之日的前五年内（含本招标项目在法定媒介发布招标公告之日）完成的并经竣工验收合格的＿＿＿＿＿＿。 6. 其他资格要求详见招标文件第2章"投标须知"、第3章"评标办法和标准"和第8章"投标文件格式"的规定

续表

项号	条款号	条款名称	编列内容
14	10	投标人提出疑问的截止时间	______年____月____日______时______分______秒
15	11	分包	□不允许 □允许，允许分包内容：______ 接受分包的第三人资格、资质要求：______ ______
16	12	偏离	□不允许 □允许，允许偏离范围和幅度：______
17	14.1/21.3	投标截止时间	______年____月____日______时______分______秒
18	15.3.1	技术文件	本招标项目______（要求、不要求）______提交技术文件
19	17.1	投标有效期	投标截止时间后______日历天
20	18.1/18.2.1	投标保证金	1. 投标保证金金额：______元人民币。 2. 投标保证金形式：投标人可以使用下列第______种形式提交： ①现金形式：应在投标截止时间之前从投标人所在地银行的投标人企业基本账户以电汇或银行转账的形式，汇到招标文件指定的投标保证金账户，并应在电汇或银行转账单上注明______（招标项目编号），如因投标人汇款凭证未注明招标项目编号造成银行无法识别投标保证金到账情况或识别错误的，其责任由投标人自行承担。招标人在投标截止的同一时间到银行查询投标保证金到账情况，并以银行出具的加盖公章的投标保证金到账证明作为投标人是否按招标文件规定递交投标保证金的依据。投标人企业基本账户开户许可证上账号应与投标保证金转账回单上账号一致，否则视为未按规定提交投标保证金，资格审查不合格。 投标保证金银行账号： 开户银行：______ 账户名称：______ 账　　号：______ 银行存款利率类型为银行存款同期活期利率，并从投标截止当日开始计息。 利息部分应出具发票的类型：税务发票。 ②银行保函形式：______。银行保函能够通过互联网且无需任何授权即可在相应银行的官方网站验证真伪，并在保函上写明网址，否则视为未按规定提交投标保证金，资格审查不合格。 ③工程担保公司出具的担保保函形式（适用于已推行工程担保的地区）：______。担保保函能够通过互联网且无需任何授权即可在相应工程担保公司的官方网站验证真伪，并在保函上写明网址，否则视为未按规定提交投标保证金，资格审查不合格。 ④保险公司出具的投标保证保险形式：______。投标保证保险的保险条款应当经中国保监会批准或备案。保险公司应通过福建省住建厅政务网站，将保险公司经营单位信息、投保单（范本）以及保险合同含条款（范本）向社会主动公开。投标保证保险能够通过互联网且无需任何授权即可在相应保险公司的官方网站验证真伪，并在保函上写明网址，否则视为未按规定提交投标保证金，资格审查不合格。 ⑤福建省建筑业龙头企业年度投标保证金形式。

续表

项号	条款号	条款名称	编列内容
20	18.1/18.2.1	投标保证金	⑥年度投标保证金形式（适用于已实行年度投标保证金制度的地区）：________。 3. 投标保证金证明材料提交形式： ①将电汇或银行转账单、银行保函、担保保函、保险凭证、年度投标保证金凭证的扫描件（加盖投标人单位电子印章）作为资格文件的组成部分。 ②投标人以投标保函、保险形式提交投标保证金的，应当按照投标须知前附表第24项规定，由其授权委托人（需提供授权委托书和身份证核验）将投标保函原件单独提交给招标人，否则视为未提交投标保证金。招标人应当做好接收工作，并由投标人授权委托人签字确认。 4. 投标保证金有效期：与投标有效期一致。
21	19.1	备选投标方案	招标人（接受、不接受）投标人提交备选投标方案。
22	20.1	要求提交的投标文件内容	资格文件：（要求、不要求）提交； 技术文件：（要求、不要求）提交； 商务文件：（要求、不要求）提交； 其中，（要求、不要求）提交已标价工程量清单 XML 电子文档；XML 电子文档的具体要求：________。
23	20.5	投标文件编制和加密要求	投标文件编制工具软件名称及版本：________ 投标文件编制工具软件供应商：________ 投标文件编制工具软件供应商联系电话：________ 投标文件编制和加密要求：________ ________ ________
24	21.5/21.6	投标保函原件及投标人名称变更证明材料提交的时间、地点和密封要求	提交时间：____年__月__日__时__分__秒前 提交地点：________ 密封要求：________ ________ ________
25	22.1	开标时间	开标时间：____年__月__日__时__分__秒
26	22.2	投标文件解密方式	
27	22.2	投标文件解密失败的补救方案	
28	23.1	评标委员会的组建	1. 评标委员会成员人数为______人，其中招标人代表____人，技术、经济等方面的专家____人（采用经评审最低投标价中标法的，其中工程造价类专家____人）。 2. 技术、经济等方面专家的确定方式：________

续表

项号	条款号	条款名称	编列内容
29	25.1	评标办法	本招标项目采用的评标办法为：______（经评审的最低投标价中标法/综合评估法/简易评标法）
30	25.2.6	投标人回复澄清、说明、补正的时限要求	
31	25.3/26.1	是否授权评标委员会确定中标人	□是 □否，推荐的中标候选人数：____个
32	29.1	履约担保金额和形式	履约担保金额：为中标合同价的____% 履约担保形式：______ 履约担保期限：______
33	30.1	签订合同	中标人在收到中标通知书后______天内，应派代表与招标人联系，商讨签订合同事宜。
34	33.3	监管部门	部门或机构名称：______ 地点：______ 电话：______
35	34.2	其他	

第2节 投标须知（略）

第3章 评标办法和标准

说明

1. 本章分为两节，第1节为“评标办法和标准数据表”，第2节为“评标办法和标准”。“评标办法和标准数据表”和“评标办法和标准”配套使用。本章分别规定了经评审的最低投标价中标法、综合评估法、简易评标法三种办法，由招标人根据招标项目具体特点并依照《福建省房屋建筑和市政基础设施工程施工评标办法（试行）》的规定选择使用，**每一个招标项目只能选择一种评标办法。**招标人应根据所选用的评标办法选择相对应的数据表格式，并按数据表的格式和内容要求在《专用本》中填入具体数据。

2. 经评审的最低投标价中标法和综合评估法均分为A、B两类，A类适用于应用福建省建筑施工企业信用综合评价分值的工程，B类适用于未应用福建省建筑施工企业信用综合评价分值的工程。

第1节 评标办法和标准数据表（经评审的最低投标价中标法A类）

项号	条款号	条款名称	编列内容
1	2.1	K 的取值区间	本招标项目 K 的取值区间为________%～________%（含________%，不含________%），按百分数表示的 K 值小数点后保留2位。K 值在所有投标文件按规定解密后，由招标人公开抽取。K 值分三次抽取，首先抽取整数位，其次抽取小数点后第一位，最后抽取小数点后第二位
2	2.2	评标基准价计算取值范围及评标基准价	评标基准价计算公式：(B－暂列金额－专业工程暂估价－甲供材料费)×(1－K)＋暂列金额＋专业工程暂估价＋甲供材料费。其中：B为招标控制价；暂列金额、专业工程暂估价、甲供材料费以招标工程量清单中列出的金额为准。 1. 评标基准价计算取值范围：根据上述公式和本表第1项 K 的取值区间上、下限计算确定评标基准价计算取值范围的上、下限。 2. 评标基准价：根据上述公式和招标人公开抽取的 K 值计算确定。 3. 评标基准价计算取值范围的上、下限和评标基准价均取整数（以“元”为单位，小数点后第一位“四舍五入”，第二位及以后不计）
3	2.3	投标报价与评标基准价的差价绝对值	投标报价与评标基准价的差价绝对值＝｜A_i－评标基准价｜。其中，A_i为各投标人的报价
4	3.1.8	拟派出的施工现场管理人员最低资格和人数要求	1. 项目负责人__人，注册建造师专业及等级：____________，并持有合格有效的安全生产考核合格证书B证（无需资质的项目，从其规定）。拟派出项目负责人须附上其注册建造师证书、身份证和安全生产考核合格证书B证的扫描件并加盖投标人单位公章。拟派出项目负责人必须为独立投标人或联合体牵头人的本企业在岗人员，以注册建造师证书上的注册单位为准。 2. 项目技术负责人____人，职称：______，专业：____________。拟派出项目技术负责人须附上其职称证书、毕业证书以及能够证明其资格符合招标文件要求的相关证明材料扫描件并加盖投标人单位公章。专业以有权部门颁发的职称证书上标注的为准，若职称证书上无专业的，以毕业证书上的专业为准。拟派出项目技术负责人必须为独立投标人或联合体牵头人的本企业在岗人员，以建设主管部门颁发的注册执业证书扫描件或社保管理部门出具的自本招标项目投标截止之日的上一个月为始点并往前追溯连续缴费累计六个月及以上扫描件所署单位为准。社保由上级单位统筹缴纳的，还应提供上级单位出具的统筹缴纳证明。 3. 其他施工现场管理人员应当在工程开工前，由中标人按照施工现场管理需要配备相应管理人员，且相应管理人员的人数不得低于我省关于项目施工管理人员配备的要求。 4. 投标人若不能按投标文件承诺的项目部施工管理人员到位的，应当无条件地接受招标人作出的以下处理： a. 工程开工前，拟派出的施工现场管理人员不能全部通过福建省工程项目建设监管系统备案的，招标人有权解除合同并按违约追究投标人责任； b. 工程开工后，除不可抗力外，投标人变更项目部施工管理人员中的项目负责人或项目技术负责人，每人每次向招标人交纳______万元违约金；其他人员每人每次向招标人交纳______万元违约金

续表

项号	条款号	条款名称	编 列 内 容
5	3.1.9	投标人的“类似工程业绩”要求	1. 投标人“类似工程业绩”要求：________；“类似工程业绩”是指：自本招标项目在法定媒介发布招标公告之日的前5年内（含在法定媒介发布招标公告之日）完成的并经竣工验收合格的＿［“类似工程业绩”的设置应符合《福建省住房和城乡建设厅关于施工招标工程特殊性认定和类似工程业绩设置事项的通知》（闽建筑［2017］39号）的规定］＿。 2. “类似工程业绩”应附上施工合同和竣工验收证明等证明材料的扫描件并加盖单位公章，否则，其业绩不计。 （1）竣工验收证明材料是指：＿［由建设单位、监理单位（若有）、施工单位、设计单位、勘察单位（若有）共同加盖公章的单位（子单位）工程质量竣工验收记录或竣工验收报告或竣工验收备案表等竣工验收证明材料］。 （2）“类似工程业绩”时间以竣工验收日期为准，若竣工验收证明材料有多个日期的，则以建设单位或监理单位签署的最后日期为准。 （3）若施工合同或竣工验收证明材料中均未标明招标文件中设置的“类似工程业绩”指标，应补充提交能恰当说明上述特征的证明材料，如：工程竣工图，工程造价的结算书或建设单位出具的证明文件等，否则其业绩不计。 3. 投标人提供的在福建省行政区域外完成的业绩，必须是通过住房和城乡建设部门户网站的全国建筑市场监管公共服务平台查询得到其竣工验收信息；提供的在福建省行政区域内完成的业绩，必须是通过福建住房和城乡建设网的福建省建设行业信息公开平台查询得到其竣工验收信息，且查询到的竣工验收信息数据应能满足本招标工程设置的指标要求，否则，其业绩不计。 4. 通过平台查询的“类似工程业绩”指标与上述第2项“类似工程业绩”证明材料的同一指标特征不一致的，以最小值为准。通过平台查询的“竣工验收日期”与上述第2项竣工验收证明材料上的竣工验收日期不一致的，以较早时间为准
6	6.1.1	影响工程质量安全的基础、主体结构等主要分部分项工程及其招标控制价中相应的综合单价	
7	6.1.2	影响工程质量安全的脚手架、混凝土及钢筋混凝土模板、垂直运输机械、基坑支护等措施项目及其招标控制价中相应的费用	
8	6.1.4	影响工程质量安全的钢筋、钢结构的钢材、商品混凝土、水泥、预制桩、装配式建筑的预制构件等主要材料、设备及其招标控制价中相材料、设备的单价	

评标办法和标准数据表（经评审的最低投标价中标法B类）

项号	条款号	条款名称	编列内容
1	2.1	K的取值区间	本招标项目K的取值区间为＿＿％～＿＿％（含＿＿％，不含＿＿％），按百分数表示的K值小数点后保留2位。K值在所有投标文件按规定解密后，由招标人公开抽取。K值分三次抽取，首先抽取整数位，其次抽取小数点后第一位，最后抽取小数点后第二位
2	2.2	评标基准价计算取值范围及评标基准价	评标基准价计算公式：（B－暂列金额－专业工程暂估价－甲供材料费）×（1－K）＋暂列金额＋专业工程暂估价＋甲供材料费。其中：B为招标控制价；暂列金额、专业工程暂估价、甲供材料费以招标工程量清单中列出的金额为准。 1. 评标基准价计算取值范围：根据上述公式和本表第1项K的取值区间上、下限计算确定评标基准价计算取值范围的上、下限。 2. 评标基准价：根据上述公式和招标人公开抽取的K值计算确定。 3. 评标基准价计算取值范围的上、下限和评标基准价均取整数（以“元”为单位，小数点后第一位“四舍五入”，第二位及以后不计）
3	2.3	投标报价评分标准	投标报价得分计算式： 投标报价得分＝投标报价分值满分－（$\|A_i$－评标基准价$\|$÷评标基准价）×100×Q 其中，A_i为各投标人的报价；Q为投标报价每偏离本工程评标基准价1％的取值： 当合格投标人的投标报价≤评标基准价时，Q的取值为（不得低于3）＿＿； 当合格投标人的投标报价＞评标基准价时，Q的取值为（负偏离Q值的两倍）＿＿。 投标报价得分小数点后保留两位，第三位“四舍五入”，第四位及以后不计
4	3.1.8	拟派出的施工现场管理人员最低资格和人数要求	1. 项目负责人＿＿人，注册建造师专业及等级：＿＿＿＿，并持有合格有效的安全生产考核合格证书B证（无需资质的项目，从其规定）。拟派出项目负责人须附上其注册建造师证书、身份证和安全生产考核合格证书B证的扫描件并加盖投标人单位公章。拟派出项目负责人必须为独立投标人或联合体牵头人的本企业在岗人员，以注册建造师证书上的注册单位为准。 2. 项目技术负责人＿＿人，职称：＿＿＿＿，专业：＿＿＿＿。拟派出项目技术负责人须附上其职称证书、毕业证书以及能够证明其资格符合招标文件要求的相关证明材料扫描件并加盖投标人单位公章。专业以有权部门颁发的职称证书上标注的为准，若职称证书上无专业的，以毕业证书上的专业为准。拟派出项目技术负责人必须为独立投标人或联合体牵头人的本企业在岗人员，以建设主管部门颁发的注册执业证书扫描件或社保管理部门出具的自本招标项目投标截止之日的上一个月为始点并往前追溯连续缴费累计六个月及以上扫描件所署单位为准。社保由上级单位统筹缴纳的，还应提供上级单位出具的统筹缴纳证明。 3. 其他施工现场管理人员应当在工程开工前，由中标人按照施工现场管理需要配备相应管理人员，且相应管理人员的人数不得低于我省关于项目施工管理人员配备的要求。 4. 投标人若不能按投标文件承诺的项目部施工管理人员到位的，应当无条件地接受招标人作出的以下处理： a. 工程开工前，拟派出的施工现场管理人员不能全部通过福建省工程项目建设监管系统备案的，招标人有权解除合同并按违约追究投标人责任； b. 工程开工后，除不可抗力外，投标人变更项目部施工管理人员中的项目负责人或项目技术负责人，每人每次向招标人交纳＿＿万元违约金；其他人员每人每次向招标人交纳＿＿万元违约金

续表

项号	条款号	条款名称	编列内容
5	3.1.9	投标人的“类似工程业绩”要求	1. 投标人“类似工程业绩”要求：________；“类似工程业绩”是指：自本招标项目在法定媒介发布招标公告之日的前5年内（含在法定媒介发布招标公告之日）完成的并经竣工验收合格的____［“类似工程业绩”的设置应符合《福建省住房和城乡建设厅关于施工招标工程特殊性认定和类似工程业绩设置事项的通知》（闽建筑［2017］39号）的规定］。 2. “类似工程业绩”应附上施工合同和竣工验收证明等证明材料的扫描件并加盖单位公章，否则，其业绩不计。 （1）竣工验收证明材料是指：____［由建设单位、监理单位（若有）、施工单位、设计单位、勘察单位（若有）共同加盖公章的单位（子单位）工程质量竣工验收记录或竣工验收报告或竣工验收备案表等竣工验收证明材料］。 （2）“类似工程业绩”时间以竣工验收日期为准，若竣工验收证明材料有多个日期的，则以建设单位或监理单位签署的最后日期为准。 （3）若施工合同或竣工验收证明材料中均未标明招标文件中设置的“类似工程业绩”指标，应补充提交能恰当说明上述特征的证明材料，如：工程竣工图，工程造价的结算书或建设单位出具的证明文件等，否则其业绩不计。 3. 投标人提供的在福建省行政区域外完成的业绩，必须是通过住房和城乡建设部门户网站的全国建筑市场监管公共服务平台查询得到其竣工验收信息；提供的在福建省行政区域内完成的业绩，必须是通过福建住房和城乡建设网的福建省建设行业信息公开平台查询得到其竣工验收信息，且查询到的竣工验收信息数据应能满足本招标工程设置的指标要求，否则，其业绩不计。 4. 通过平台查询的“类似工程业绩”指标与上述第2项“类似工程业绩”证明材料的同一指标特征不一致的，以最小值为准。通过平台查询的“竣工验收日期”与上述第2项竣工验收证明材料上的竣工验收日期不一致的，以较早时间为准
6	6.1.1	影响工程质量安全的基础、主体结构等主要分部分项工程及其招标控制价中相应的综合单价	
7	6.1.2	影响工程质量安全的脚手架、混凝土及钢筋混凝土模板、垂直运输机械、基坑支护等措施项目及其招标控制价中相应的费用	
8	6.1.4	影响工程质量安全的钢筋、钢结构的钢材、商品混凝土、水泥、预制桩、装配式建筑的预制构件等主要材料、设备及其招标控制价中相材料、设备的单价	

评标办法和标准数据表（综合评估法A类）

项号	条款号	条款名称	编列内容
1	3.1/5.4	分值构成	本招标项目的评标总分为100分，其中：投标报价（75～90）分；技术文件（0～10）分；信用评标10分；其他因素（0～5）分
2	3.2	K的取值区间及抽取办法	本招标项目K的取值区间为a%～b%（含a%，不含b%），按百分数表示的K值小数点后保留2位。K值在评标委员会完成资格文件评审、技术文件评审（如有）、商务文件评审后，由招标人代表当众从K值的范围中随机抽取一个作为本工程的K值。K值分三次抽取，首先抽取整数位，其次抽取小数点后第一位，最后抽取小数点后第二位
3	3.3/8.2	评标基准价计算方法（甲）	1. 评标基准价＝A×C＋[（B－暂列金额－专业工程暂估价－甲供材料费）×（1－K）＋暂列金额＋专业工程暂估价＋甲供材料费]×（1－C），其中： A为投标报价在评标基准价计算取值范围内且通过资格文件评审、技术文件评审（如有）、商务文件评审的合格投标人中随机抽取30%投标人（四舍五入，取整，且不少于3家）报价的算术平均值。 评标基准价计算取值范围：按照公式“（B－暂列金额－专业工程暂估价－甲供材料费）×（1－K）＋暂列金额＋专业工程暂估价＋甲供材料费”和本表第2项K的取值区间上、下限计算确定评标基准价计算取值范围的上、下限。 B为招标控制价；暂列金额、专业工程暂估价、甲供材料费以招标工程量清单中列出的金额为准。 K为评标基准价的计算参数，K的抽取办法见本表第2项。 C为A值的权重；[C值的范围为：0.4，0.45，0.5，0.55，0.6。评标委员会完成资格文件评审、技术文件评审（如有）、商务文件评审后，由招标人当众从C值的范围中随机抽取一个作为本工程的C值。当所有的合格投标人的投标报价均在招标文件规定的评标基准价计算取值范围以外的，则C＝0]。 评标基准价以及评标基准价计算取值范围的上、下限均取整数（以“元”为单位，小数点后第一位四舍五入，第二位及以后不计）。 2. 低于评标基准价计算取值范围下限的投标报价和高于评标基准价计算取值范围上限但不高于招标控制价的投标报价，不参与本工程评标基准价的计算，但可参与投标报价得分的计算
		评标基准价计算方法（乙）	评标基准价＝[（B－暂列金额－专业工程暂估价－甲供材料费）×（1－K）＋暂列金额＋专业工程暂估价＋甲供材料费]，其中： B为招标控制价；暂列金额、专业工程暂估价、甲供材料费以招标工程量清单中列出的金额为准。 K为评标基准价的计算参数，K的抽取办法见本表第2项。 评标基准价取整数（以“元”为单位，小数点后第一位四舍五入，第二位及以后不计）

续表

项号	条款号	条款名称	编列内容
4	3.4/8.3	投标报价评分标准	投标报价得分计算式： 投标报价得分＝投标报价分值满分－(|A_i－评标基准价|÷评标基准价)×100×Q 其中，A_i为各投标人的报价；Q为投标报价每偏离本工程评标基准价1%的取值： 当合格投标人的投标报价≤评标基准价时，Q的取值为(不得低于3)____。 当合格投标人的投标报价＞评标基准价时，Q的取值为(负偏离Q值的两倍)____。 投标报价得分小数点后保留两位，第三位"四舍五入"，第四位及以后不计
5	3.5/8.3	信用评标分和其他因素评分标准（如有）	1. 投标人信用评标分＝投标人企业季度信用得分×10% 投标人信用评标分小数点后保留两位，第三位"四舍五入"，第四位及以后不计。 2. 其他因素评分标准： (1) 投标人的"类似工程业绩"（如有）加分(____分)：____(投标人具有两项及以上满足本表第7项要求的"类似工程业绩"可进行加分)____。对应"类似工程业绩"工程类别的相关专业序列的××省建筑业龙头企业，无需提供企业的类似业绩证明材料，直接认定为满足该要求，可进行加分。 (2) 投标人拟派项目负责人的"类似工程业绩"（如有）加分(____分)：____(具体要求可参照本表第7项，但特征指标不超过一项。)____ a. 投标人拟派项目负责人的"类似工程业绩"施工合同或竣工验收证明材料未明确标明项目负责人的，或施工合同与竣工验收证明材料的项目负责人不一致的，其项目负责人业绩不计。 b. 住房和城乡建设部门户网站的全国建筑市场监管公共服务平台（适用于在××省行政区域外完成的业绩）或××住房和城乡建设网的××省建设行业信息公开平台（适用于在××省行政区域内完成的业绩）的竣工验收信息中，应当标明项目负责人，且标明的项目负责人必须与施工合同和竣工验收证明材料注明的项目负责人一致，否则不予加分。 (3) "类似工程业绩"的其他要求，同第7项投标人的"类似工程业绩"要求
6	4.1.8	拟派出的施工现场管理人员最低资格和人数要求	1. 项目负责人____人，注册建造师专业及等级：____，并持有合格有效的安全生产考核合格证书B证（无需资质的项目，从其规定）。拟派出项目负责人须附上其注册建造师证书、身份证和安全生产考核合格证书B证的扫描件并加盖投标人单位公章。拟派出项目负责人必须为独立投标人或联合体牵头人的本企业在岗人员，以注册建造师证书上的注册单位为准。 2. 项目技术负责人____人，职称：____，专业：____。拟派出项目技术负责人须附上其职称证书、毕业证书以及能够证明其资格符合招标文件要求的相关证明材料扫描件并加盖投标人单位公章。专业以有权部门颁发的职称证书上标注的为准，若职称证书上无专业的，以毕业证书上的专业为准。拟派出项目技术负责人必须为独立投标人或联合体牵头人的本企业在岗人员，以建设主管部门颁发的注册执业证书扫描件或社保管理部门出具

续表

项号	条款号	条款名称	编列内容
6	4.1.8	拟派出的施工现场管理人员最低资格和人数要求	的自本招标项目投标截止之日的上一个月为始点并往前追溯连续缴费累计六个月及以上扫描件所署单位为准。社保由上级单位统筹缴纳的，还应提供上级单位出具的统筹缴纳证明。 3. 其他施工现场管理人员应当在工程开工前，由中标人按照施工现场管理需要配备相应管理人员，且相应管理人员的人数不得低于我省关于项目施工管理人员配备的要求。 4. 投标人若不能按投标文件承诺的项目部施工管理人员到位的，应当无条件地接受招标人作出的以下处理： a. 工程开工前，拟派出的施工现场管理人员不能全部通过福建省工程项目建设监管系统备案的，招标人有权解除合同并按违约追究投标人责任； b. 工程开工后，除不可抗力外，投标人变更项目部施工管理人员中的项目负责人或项目技术负责人，每人每次向招标人交纳______万元违约金；其他人员每人每次向招标人交纳______万元违约金
7	4.1.9	投标人的“类似工程业绩”要求	1. 投标人“类似工程业绩”要求：________；“类似工程业绩”是指：自本招标项目在法定媒介发布招标公告之日的前5年内（含在法定媒介发布招标公告之日）完成的并经竣工验收合格的［“类似工程业绩”的设置应符合《福建省住房和城乡建设厅关于施工招标工程特殊性认定和类似工程业绩设置事项的通知》（闽建筑［2017］39号）的规定］。 2. “类似工程业绩”应附上施工合同和竣工验收证明等证明材料的扫描件并加盖单位公章，否则，其业绩不计。 (1) 竣工验收证明材料是指：［由建设单位、监理单位（若有）、施工单位、设计单位、勘察单位（若有）共同加盖公章的单位（子单位）工程质量竣工验收记录或竣工验收报告或竣工验收备案表等竣工验收证明材料］。 (2) “类似工程业绩”时间以竣工验收日期为准，若竣工验收证明材料有多个日期的，则以建设单位或监理单位签署的最后日期为准。 (3) 若施工合同或竣工验收证明材料中均未标明招标文件中设置的“类似工程业绩”指标，应补充提交能恰当说明上述特征的证明材料，如：工程竣工图，工程造价的结算书或建设单位出具的证明文件等，否则其业绩不计。 3. 投标人提供的在福建省行政区域外完成的业绩，必须是通过住房和城乡建设部门户网站的全国建筑市场监管公共服务平台查询得到其竣工验收信息；提供的在福建省行政区域内完成的业绩，必须是通过福建住房和城乡建设网的福建省建设行业信息公开平台查询得到其竣工验收信息，且查询到的竣工验收信息数据应能满足本招标工程设置的指标要求，否则，其业绩不计。 4. 通过平台查询的“类似工程业绩”指标与上述第2项“类似工程业绩”证明材料的同一指标特征不一致的，以最小值为准。通过平台查询的“竣工验收日期”与上述第2项竣工验收证明材料上的竣工验收日期不一致的，以较早时间为准。 5. 对应“类似工程业绩”工程类别的相关专业序列的福建省建筑业龙头企业，无需提供企业的类似业绩证明材料，直接认定为满足该要求

评标办法和标准数据表（综合评估法B类）

项号	条款号	条款名称	编列内容
1	3.1/5.4	分值构成	本招标项目的评标总分为100分，其中：投标报价(80～100)分；技术文件(0～10)分；其他因素(0～10)分
2	3.2	K的取值区间及抽取办法	本招标项目K的取值区间为a%～b%（含a%，不含b%），按百分数表示的K值小数点后保留2位。K值在评标委员会完成资格文件评审、技术文件评审（如有）、商务文件评审后，由招标人代表当众从K值的范围中随机抽取一个作为本工程的K值。K值分三次抽取，首先抽取整数位，其次抽取小数点后第一位，最后抽取小数点后第二位
3	3.3/8.2	评标基准价计算方法（甲）	1. 评标基准价＝A×C＋[(B－暂列金额－专业工程暂估价－甲供材料费)×(1－K)＋暂列金额＋专业工程暂估价＋甲供材料费]×(1－C)，其中： A为投标报价在评标基准价计算取值范围内且通过资格文件评审、技术文件评审（如有）、商务文件评审的合格投标人中随机抽取30%投标人（四舍五入，取整，且不少于3家）报价的算术平均值。 评标基准价计算取值范围：按照公式“(B－暂列金额－专业工程暂估价－甲供材料费)×(1－K)＋暂列金额＋专业工程暂估价＋甲供材料费”和本表第2项K的取值区间上、下限计算评标基准价计算取值范围的上、下限。 B为招标控制价；暂列金额、专业工程暂估价、甲供材料费以招标工程量清单中列出的金额为准。 K为评标基准价的计算参数，K的抽取办法见本表第2项。 C为A值的权重；[C值的范围为：0.4，0.45，0.5，0.55，0.6。评标委员会完成资格文件评审、技术文件评审（如有）、商务文件评审后，由招标人当众从C值的范围中随机抽取一个作为本工程的C值。当所有的合格投标人的投标报价均在招标文件规定的评标基准价计算取值范围以外的，则C＝0]。 评标基准价以及评标基准价计算取值范围的上、下限均取整数（以“元”为单位，小数点后第一位四舍五入，第二位及以后不计）。 2. 低于评标基准价计算取值范围下限的投标报价和高于评标基准价计算取值范围上限但不高于招标控制价的投标报价，不参与本工程评标基准价的计算，但可参与投标报价得分的计算
		评标基准价计算方法（乙）	评标基准价＝[(B－暂列金额－专业工程暂估价－甲供材料费)×(1－K)＋暂列金额＋专业工程暂估价＋甲供材料费]，其中： B为招标控制价，暂列金额、专业工程暂估价、甲供材料费以招标工程量清单中列出的金额为准。 K为评标基准价的计算参数，K的抽取办法见本表第2项。 评标基准价取整数（以“元”为单位，小数点后第一位四舍五入，第二位及以后不计）

续表

项号	条款号	条款名称	编列内容
4	3.4/8.3	投标报价评分标准	投标报价得分计算式： 投标报价得分=投标报价分值满分－(|A_i－评标基准价|÷评标基准价)×100×Q 其中，A_i为各投标人的报价；Q为投标报价每偏离本工程评标基准价1%的取值： 当合格投标人的投标报价≤评标基准价时，Q的取值为(不得低于3)； 当合格投标人的投标报价>评标基准价时，Q的取值为(负偏离Q值的两倍)。 投标报价得分小数点后保留两位，第三位“四舍五入”，第四位及以后不计
5	3.5/8.3	其他因素评分标准（如有）	其他因素评分标准： (1) 投标人的“类似工程业绩”（如有）加分（　　分）：(投标人具有两项及以上满足本表第7项要求的“类似工程业绩”可进行加分)。对应“类似工程业绩”工程类别的相关专业序列的福建省建筑业龙头企业，无需提供企业的类似业绩证明材料，直接认定为满足该要求，可进行加分。 (2) 投标人拟派项目负责人的“类似工程业绩”（如有）加分（　　分）：（具体要求可参照本表第7项，但特征指标不超过一项。） a. 投标人拟派项目负责人的“类似工程业绩”施工合同或竣工验收证明材料未明确标明项目负责人的，或施工合同与竣工验收证明材料的项目负责人不一致的，其项目负责人业绩不计。 b. 住房和城乡建设部门户网站的全国建筑市场监管公共服务平台（适用于在福建省行政区域外完成的业绩）或福建住房和城乡建设网的福建省建设行业信息公开平台（适用于在福建省行政区域内完成的业绩）的竣工验收信息中，应当标明项目负责人，且标明的项目负责人必须与施工合同和竣工验收证明材料注明的项目负责人一致，否则不予加分。 (3)“类似工程业绩”的其他要求，同第7项投标人的“类似工程业绩”要求。 (4) 维保事项（如有）加分（　分）：（对智能化、消防、空调等对维保要求较高的专业工程，可根据项目实际需要，另设置维保事项作为加分条件。维保事项的满分值均应不高于负偏离Q值且不超过5分。）
6	4.1.8	拟派出的施工现场管理人员最低资格和人数要求	1. 项目负责人____人，注册建造师专业及等级：________，并持有合格有效的安全生产考核合格证书B证（无需资质的项目，从其规定）。拟派出项目负责人须附上其注册建造师证书、身份证和安全生产考核合格证书B证的扫描件并加盖投标人单位公章。拟派出项目负责人必须为独立投标人或联合体牵头人的本企业在岗人员，以注册建造师证书上的注册单位为准。 2. 项目技术负责人____人，职称：______，专业：______。拟派出项目技术负责人须附上其职称证书、毕业证书以及能够证明其资格符合招标文件要求的相关证明材料扫描件并加盖投标人单位公章。专业以有权部门颁发的职称证书上标注的为准，若职称证书上无专业的，以毕业证书上的专业为准。拟派出项目技术负责人必须为独立投标人或联合体牵头人的本企业在岗人员，以建设主管部门颁发的注册执业证书扫描件或社保管理部门

续表

项号	条款号	条款名称	编列内容
6	4.1.8	拟派出的施工现场管理人员最低资格和人数要求	出具的自本招标项目投标截止之日的上一个月为始点并往前追溯连续缴费累计六个月及以上扫描件所署单位为准。社保由上级单位统筹缴纳的，还应提供上级单位出具的统筹缴纳证明。 3. 其他施工现场管理人员应当在工程开工前，由中标人按照施工现场管理需要配备相应管理人员，且相应管理人员的人数不得低于我省关于项目施工管理人员配备的要求。 4. 投标人若不能按投标文件承诺的项目部施工管理人员到位的，应当无条件地接受招标人作出的以下处理： a. 工程开工前，拟派出的施工现场管理人员不能全部通过福建省工程项目建设监管系统备案的，招标人有权解除合同并按违约追究投标人责任。 b. 工程开工后，除不可抗力外，投标人变更项目部施工管理人员中的项目负责人或项目技术负责人，每人每次向招标人交纳______万元违约金；其他人员每人每次向招标人交纳______万元违约金。
7	4.1.9	投标人的“类似工程业绩”要求	1. 投标人“类似工程业绩”要求：________；“类似工程业绩”是指：自本招标项目在法定媒介发布招标公告之日的前5年内（含在法定媒介发布招标公告之日）完成的并经竣工验收合格的____［“类似工程业绩”的设置应符合《福建省住房和城乡建设厅关于施工招标工程特殊性认定和类似工程业绩设置事项的通知》（闽建筑［2017］39号）的规定］。 2. “类似工程业绩”应附上施工合同和竣工验收证明等证明材料的扫描件并加盖单位公章，否则，其业绩不计。 （1）竣工验收证明材料是指：____［由建设单位、监理单位（若有）、施工单位、设计单位、勘察单位（若有）共同加盖公章的单位（子单位）工程质量竣工验收记录或竣工验收报告或竣工验收备案表等竣工验收证明材料］。 （2）“类似工程业绩”时间以竣工验收日期为准，若竣工验收证明材料有多个日期的，则以建设单位或监理单位签署的最后日期为准。 （3）若施工合同或竣工验收证明材料中均未标明招标文件中设置的“类似工程业绩”指标，应补充提交能恰当说明上述特征的证明材料，如：工程竣工图，工程造价的结算书或建设单位出具的证明文件等，否则其业绩不计。 3. 投标人提供的在福建省行政区域外完成的业绩，必须是通过住房和城乡建设部门户网站的全国建筑市场监管公共服务平台查询得到其竣工验收信息；提供的在福建省行政区域内完成的业绩，必须是通过福建住房和城乡建设网的福建省建设行业信息公开平台查询得到其竣工验收信息，且查询到的竣工验收信息数据应能满足本招标工程设置的指标要求，否则，其业绩不计。 4. 通过平台查询的“类似工程业绩”指标与上述第2项“类似工程业绩”证明材料的同一指标特征不一致的，以最小值为准。通过平台查询的“竣工验收日期”与上述第2项竣工验收证明材料上的竣工验收日期不一致的，以较早时间为准。 5. 对应“类似工程业绩”工程类别的相关专业序列的福建省建筑业龙头企业，无需提供企业的类似业绩证明材料，直接认定为满足该要求

评标办法和标准数据表（简易评标法）

项号	条款号	条款名称	编列内容
1	2.1	招标控制价及其组成和计算方法	
2	2.2	*K*值取定	
3	2.3	发包价及其组成和计算方法	
4	4.1.9	拟派出的施工现场管理人员最低资格和人数要求	1. 项目负责人____人，注册建造师专业及等级：____________，并持有合格有效的安全生产考核合格证书B证（无需资质的项目，从其规定）。拟派出项目负责人须附上其注册建造师证书、身份证和安全生产考核合格证书B证的扫描件并加盖投标人单位公章。拟派出项目负责人必须为独立投标人或联合体牵头人的本企业在岗人员，以注册建造师证书上的注册单位为准。 2. 项目技术负责人____人，职称：______，专业：__________。拟派出项目技术负责人须附上其职称证书、毕业证书以及能够证明其资格符合招标文件要求的相关证明材料扫描件并加盖投标人单位公章。专业以有权部门颁发的职称证书上标注的为准，若职称证书上无专业的，以毕业证书上的专业为准。拟派出项目技术负责人必须为独立投标人或联合体牵头人的本企业在岗人员，以建设主管部门颁发的注册执业证书扫描件或社保管理部门出具的自本招标项目投标截止之日的上一个月为始点并往前追溯连续缴费累计六个月及以上扫描件所署单位为准。社保由上级单位统筹缴纳的，还应提供上级单位出具的统筹缴纳证明。 3. 其他施工现场管理人员应当在工程开工前，由中标人按照施工现场管理需要配备相应管理人员，且相应管理人员的人数不得低于我省关于项目施工管理人员配备的要求。 4. 投标人若不能按投标文件承诺的项目部施工管理人员到位的，应当无条件地接受招标人作出的以下处理： a. 工程开工前，拟派出的施工现场管理人员不能全部通过福建省工程项目建设监管系统备案的，招标人有权解除合同并按违约追究投标人责任； b. 工程开工后，除不可抗力外，投标人变更项目部施工管理人员中的项目负责人或项目技术负责人，每人每次向招标人交纳______万元违约金；其他人员每人每次向招标人交纳______万元违约金
5	7.2	抽取中标候选人方法	

有效投标人对应的信用系数
(适用于经评审的最低投标价中标法)

序号	招标控制价	投标人的企业季度信用得分排序	对应的信用系数	备注
1	1亿元及以上	第1位	0.9985	1. 允许存在企业季度信用得分排名并列的情形，并按照投标人的排序计取相应的信用系数。 2. 投标人的企业季度信用得分排序是指对招标项目中已通过资格文件、技术文件、商务文件评审均合格的投标人进行的排序
		第2位	0.999	
		第3位	0.9996	
		其　他	1	
2	0.3亿元及以上且不足1亿元	第1位	0.999	
		第2位	0.9994	
		第3位	0.9996	
		其　他	1	
3	0.3亿元以下	第1位	0.9995	
		第2位	0.9997	
		第3位	0.9999	
		其　他	1	

“评标办法和标准”见第4章（见附录）

合同详见第5章

第4章 工程量清单

一、说明

1. 工程量清单是依据现行工程量清单计价计量规范、招标文件中包括的图纸以及福建省现行有关计价规定等编制。计量采用中华人民共和国法定计量单位。

2. 工程量清单作为招标文件的组成部分，应与招标文件中的投标人须知、通用合同条款、专用合同条款、技术标准和要求以及图纸等章节内容一起阅读和理解。

3. 工程量清单仅是投标报价的共同基础，其准确性和完整性由招标人负责。合同价款的确定、工程计量和价款支付应遵循合同条款（包括通用合同条款和专用合同条款）、技术标准和要求以及本章的有关约定。竣工结算的工程量按发、承包双方在合同中约定应予计量且实际完成的工程量确定。

4. 补充子目工程量计算规则及子目工作内容说明详见工程量清单中的“总说明”。

5. 工程量清单的格式符合现行工程量清单计价规范及福建省现行有关规定，其电子文件格式同时符合《福建省建设工程造价电子数据交换导则》的规定。

二、本项目招标工程量清单

本项目招标工程量清单由招标人另册提供。

2.6 招标相关规定及法律责任

2.6.1 禁止肢解发包的规定

肢解发包是指建设单位将本应由一个承包单位整体承建完成的建设工程肢解成若干部分，分别发包给不同承包单位的行为。在实践中，由于一些发包单位肢解发包工程，使施工现场缺乏应有的组织协调，不仅承建单位之间容易出现推诿扯皮与掣肘，还会造成施工现场秩序混乱、责任不清，工期拖延，成本增加，甚至发生严重的建设工程质量和安全问题。肢解发包还往往与发包单位有关人员徇私舞弊、收受贿赂、索拿回扣等违法行为有关。

为此，《招标投标法》规定，招标项目需要划分标段、确定工期的，招标人应当合理划分标段、确定工期，并在招标文件中载明。《建筑法》还规定，提倡对建筑工程实行总承包，禁止将建筑工程肢解发包。建筑工程的发包单位可以将建筑工程的勘察、设计、施工、设备采购一并发包给一个工程总承包单位，也可以将建筑工程的勘察、设计、施工、设备采购的一项或者多项发包给一个工程总承包单位；但是，不得将应当由一个承包单位完成的建筑工程肢解成若干部分发包给几个承包单位。

《建设工程质量管理条例》进一步规定，建设单位不得将建设工程肢解发包。建设单位将建设工程肢解发包的，责令改正，处工程合同价款0.5%以上1%以下的罚款；对全部或者部分使用国有资金的项目，并可以暂停项目执行或者暂停资金拨付。

2.6.2 禁止限制、排斥投标人的规定

《招标投标法》规定，依法必须进行招标的项目，其招标投标活动不受地区或者部门

的限制。任何单位和个人不得违法限制或者排斥本地区、本系统以外的法人或者其他组织参加投标，不得以任何方式非法干涉招标投标活动。

《招标投标法实施条例》进一步规定，招标人不得以不合理的条件限制、排斥潜在投标人或者投标人。招标人有下列行为之一的，属于以不合理条件限制、排斥潜在投标人或者投标人：①就同一招标项目向潜在投标人或者投标人提供有差别的项目信息；②设定的资格、技术、商务条件与招标项目的具体特点和实际需要不相适应或者与合同履行无关；③依法必须进行招标的项目以特定行政区域或者特定行业的业绩、奖项作为加分条件或者中标条件；④对潜在投标人或者投标人采取不同的资格审查或者评标标准；⑤限定或者指定特定的专利、商标、品牌、原产地或者供应商；⑥依法必须进行招标的项目非法限定潜在投标人或者投标人的所有制形式或者组织形式；⑦以其他不合理条件限制、排斥潜在投标人或者投标人。

招标人不得组织单个或者部分潜在投标人踏勘项目现场。

2.6.3 法律责任

《招标投标法》对招标违法行为还有规定：

第四十九条 违反本法规定，必须进行招标的项目而不招标的，将必须进行招标的项目化整为零或者以其他任何方式规避招标的，责令限期改正，可以处项目合同金额千分之五以上千分之十以下的罚款；对全部或者部分使用国有资金的项目，可以暂停项目执行或者暂停资金拨付；对单位直接负责的主管人员和其他直接责任人员依法给予处分。

第五十条 招标代理机构违反本法规定，泄露应当保密的与招标投标活动有关的情况和资料的，或者与招标人、投标人串通损害国家利益、社会公共利益或者他人合法权益的，处五万元以上二十五万元以下的罚款，对单位直接负责的主管人员和其他直接责任人员处单位罚款数额百分之五以上百分之十以下的罚款；有违法所得的，并处没收违法所得；情节严重的，禁止其一年至二年内代理依法必须进行招标的项目并予以公告，直至由工商行政管理机关吊销营业执照；构成犯罪的，依法追究刑事责任。给他人造成损失的，依法承担赔偿责任。

前款所列行为影响中标结果的，中标无效。

第五十一条 招标人以不合理的条件限制或者排斥潜在投标人的，对潜在投标人实行歧视待遇的，强制要求投标人组成联合体共同投标的，或者限制投标人之间竞争的，责令改正，可以处一万元以上五万元以下的罚款。

第五十二条 依法必须进行招标的项目的招标人向他人透露已获取招标文件的潜在投标人的名称、数量或者可能影响公平竞争的有关招标投标的其他情况的，或者泄露标底的，给予警告，可以并处一万元以上十万元以下的罚款；对单位直接负责的主管人员和其他直接责任人员依法给予处分；构成犯罪的，依法追究刑事责任。

前款所列行为影响中标结果的，中标无效。

《工程建设项目施工招标投标办法》的规定更为详细。

第六十八条 依法必须进行招标的项目而不招标的，将必须进行招标的项目化整为零或者以其他任何方式规避招标的，有关行政监督部门责令限期改正，可以处项目合同金额

千分之五以上千分之十以下的罚款；对全部或者部分使用国有资金的项目，项目审批部门可以暂停项目执行或者暂停资金拨付；对单位直接负责的主管人员和其他直接责任人员依法给予处分。

第六十九条 招标代理机构违法泄露应当保密的与招标投标活动有关的情况和资料的，或者与招标人、投标人串通损害国家利益、社会公共利益或者他人合法权益的，由有关行政监督部门处五万元以上二十五万元以下罚款，对单位直接负责的主管人员和其他直接责任人员处单位罚款数额百分之五以上百分之十以下罚款；有违法所得的，并处没收违法所得；情节严重的，有关行政监督部门可停止其一定时期内参与相关领域的招标代理业务，资格认定部门可暂停直至取消招标代理资格；构成犯罪的，由司法部门依法追究刑事责任。给他人造成损失的，依法承担赔偿责任。

前款所列行为影响中标结果，并且中标人为前款所列行为的受益人的，中标无效。

第七十条 招标人以不合理的条件限制或者排斥潜在投标人的，对潜在投标人实行歧视待遇的，强制要求投标人组成联合体共同投标的，或者限制投标人之间竞争的，有关行政监督部门责令改正，可处一万元以上五万元以下罚款。

第七十一条 依法必须进行招标项目的招标人向他人透露已获取招标文件的潜在投标人的名称、数量或者可能影响公平竞争的有关招标投标的其他情况的，或者泄露标底的，有关行政监督部门给予警告，可以并处一万元以上十万元以下的罚款；对单位直接负责的主管人员和其他直接责任人员依法给予处分；构成犯罪的，依法追究刑事责任。

前款所列行为影响中标结果的，中标无效。

第七十二条 招标人在发布招标公告、发出投标邀请书或者售出招标文件或资格预审文件后终止招标的，应当及时退还所收取的资格预审文件、招标文件的费用，以及所收取的投标保证金及银行同期存款利息。给潜在投标人或者投标人造成损失的，应当赔偿损失。

第七十三条 招标人有下列限制或者排斥潜在投标人行为之一的，由有关行政监督部门依照招标投标法第五十一条的规定处罚；其中，构成依法必须进行施工招标的项目的招标人规避招标的，依照招标投标法第四十九条的规定处罚。

招标人有前款第一项、第三项、第四项所列行为之一的，对单位直接负责的主管人员和其他直接责任人员依法给予处分。

（一）依法应当公开招标的项目不按照规定在指定媒介发布资格预审公告或者招标公告；

（二）在不同媒介发布的同一招标项目的资格预审公告或者招标公告的内容不一致，影响潜在投标人申请资格预审或者投标。

招标人有下列情形之一的，由有关行政监督部门责令改正，可以处十万元以下的罚款：

（一）依法应当公开招标而采用邀请招标；

（二）招标文件、资格预审文件的发售、澄清、修改的时限，或者确定的提交资格预审申请文件、投标文件的时限不符合招标投标法和招标投标法实施条例规定；

（三）接受未通过资格预审的单位或者个人参加投标；

（四）接受应当拒收的投标文件。

第七十四条 投标人相互串通投标或者与招标人串通投标的，投标人以向招标人或者评标委员会成员行贿的手段谋取中标的，中标无效，由有关行政监督部门处中标项目金额千分之五以上千分之十以下的罚款，对单位直接负责的主管人员和其他直接责任人员处单位罚款数额百分之五以上百分之十以下的罚款；有违法所得的，并处没收违法所得；情节严重的，取消其一至二年的投标资格，并予以公告，直至由工商行政管理机关吊销营业执照；构成犯罪的，依法追究刑事责任。给他人造成损失的，依法承担赔偿责任。投标人未中标的，对单位的罚款金额按照招标项目合同金额依照招标投标法规定的比例计算。

第七十五条 投标人以他人名义投标或者以其他方式弄虚作假，骗取中标的，中标无效，给招标人造成损失的，依法承担赔偿责任；构成犯罪的，依法追究刑事责任。

依法必须进行招标项目的投标人有前款所列行为尚未构成犯罪的，有关行政监督部门处中标项目金额千分之五以上千分之十以下的罚款，对单位直接负责的主管人员和其他直接责任人员处单位罚款数额百分之五以上百分之十以下的罚款；有违法所得的，并处没收违法所得；情节严重的，取消其一至三年投标资格，并予以公告，直至由工商行政管理机关吊销营业执照。投标人未中标的，对单位的罚款金额按照招标项目合同金额依照招标投标法规定的比例计算。

第七十六条 依法必须进行招标的项目，招标人违法与投标人就投标价格、投标方案等实质性内容进行谈判的，有关行政监督部门给予警告，对单位直接负责的主管人员和其他直接责任人员依法给予处分。

前款所列行为影响中标结果的，中标无效。

第七十七条 评标委员会成员收受投标人的财物或者其他好处的，没收收受的财物，可以并处三千元以上五万元以下的罚款，取消担任评标委员会成员的资格并予以公告，不得再参加依法必须进行招标的项目的评标；构成犯罪的，依法追究刑事责任。

第七十八条 评标委员会成员应当回避而不回避，擅离职守，不按照招标文件规定的评标标准和方法评标，私下接触投标人，向招标人征询确定中标人的意向或者接受任何单位或者个人明示或者暗示提出的倾向或者排斥特定投标人的要求，对依法应当否决的投标不提出否决意见，暗示或者诱导投标人作出澄清、说明或者接受投标人主动提出的澄清、说明，或者有其他不能客观公正地履行职责行为的，有关行政监督部门责令改正；情节严重的，禁止其在一定期限内参加依法必须进行招标的项目的评标；情节特别严重的，取消其担任评标委员会成员的资格。

第七十九条 依法必须进行招标的项目的招标人不按照规定组建评标委员会，或者确定、更换评标委员会成员违反招标投标法和招标投标法实施条例规定的，由有关行政监督部门责令改正，可以处十万元以下的罚款，对单位直接负责的主管人员和其他直接责任人员依法给予处分；违法确定或者更换的评标委员会成员作出的评审决定无效，依法重新进行评审。

第八十条 依法必须进行招标的项目的招标人有下列情形之一的，由有关行政监督部门责令改正，可以处中标项目金额千分之十以下的罚款；给他人造成损失的，依法承担赔偿责任；对单位直接负责的主管人员和其他直接责任人员依法给予处分：

（一）无正当理由不发出中标通知书；

（二）不按照规定确定中标人；

（三）中标通知书发出后无正当理由改变中标结果；

（四）无正当理由不与中标人订立合同；

（五）在订立合同时向中标人提出附加条件。

第八十一条 中标通知书发出后，中标人放弃中标项目的，无正当理由不与招标人签订合同的，在签订合同时向招标人提出附加条件或者更改合同实质性内容的，或者拒不提交所要求的履约保证金的，取消其中标资格，投标保证金不予退还；给招标人的损失超过投标保证金数额的，中标人应当对超过部分予以赔偿；没有提交投标保证金的，应当对招标人的损失承担赔偿责任。对依法必须进行施工招标的项目的中标人，由有关行政监督部门责令改正，可以处中标金额千分之十以下罚款。

第八十二条 中标人将中标项目转让给他人的，将中标项目肢解后分别转让给他人的，违法将中标项目的部分主体、关键性工作分包给他人的，或者分包人再次分包的，转让、分包无效，有关行政监督部门处转让、分包项目金额千分之五以上千分之十以下的罚款；有违法所得的，并处没收违法所得；可以责令停业整顿；情节严重的，由工商行政管理机关吊销营业执照。

第八十三条 招标人与中标人不按照招标文件和中标人的投标文件订立合同的，合同的主要条款与招标文件、中标人的投标文件的内容不一致，或者招标人、中标人订立背离合同实质性内容的协议的，或者招标人擅自提高履约保证金或强制要求中标人垫付中标项目建设资金的，有关行政监督部门责令改正；可以处中标项目金额千分之五以上千分之十以下的罚款。

第八十四条 中标人不履行与招标人订立的合同的，履约保证金不予退还，给招标人造成的损失超过履约保证金数额的，还应当对超过部分予以赔偿；没有提交履约保证金的，应当对招标人的损失承担赔偿责任。

中标人不按照与招标人订立的合同履行义务，情节严重的，有关行政监督部门取消其二至五年参加招标项目的投标资格并予以公告，直至由工商行政管理机关吊销营业执照。

因不可抗力不能履行合同的，不适用前两款规定。

第八十五条 招标人不履行与中标人订立的合同的，应当返还中标人的履约保证金，并承担相应的赔偿责任；没有提交履约保证金的，应当对中标人的损失承担赔偿责任。

因不可抗力不能履行合同的，不适用前款规定。

第八十六条 依法必须进行施工招标的项目违反法律规定，中标无效的，应当依照法律规定的中标条件从其余投标人中重新确定中标人或者依法重新进行招标。

中标无效的，发出的中标通知书和签订的合同自始没有法律约束力，但不影响合同中独立存在的有关解决争议方法的条款的效力。

第八十七条 任何单位违法限制或者排斥本地区、本系统以外的法人或者其他组织参加投标的，为招标人指定招标代理机构的，强制招标人委托招标代理机构办理招标事宜的，或者以其他方式干涉招标投标活动的，有关行政监督部门责令改正；对单位直接负责的主管人员和其他直接责任人员依法给予警告、记过、记大过的处分，情节较重的，依法给予降级、撤职、开除的处分。

个人利用职权进行前款违法行为的，依照前款规定追究责任。

第八十八条 对招标投标活动依法负有行政监督职责的国家机关工作人员徇私舞弊、滥用职权或者玩忽职守，构成犯罪的，依法追究刑事责任；不构成犯罪的，依法给予行政处分。

第八十九条 投标人或者其他利害关系人认为工程建设项目施工招标投标活动不符合国家规定的，可以自知道或者应当知道之日起10日内向有关行政监督部门投诉。投诉应当有明确的请求和必要的证明材料。

【案例2.1】

1. 背景

某工程项目，建设单位通过招标选择了一家具有相应资质的监理单位中标，并在中标通知书发出后与该监理单位签订了监理合同，后双方又签订了一份监理酬金比中标价降低8%的协议。在施工公开招标中，有A、B、C、D、E、F、G、H等施工企业报名投标，经资格预审均符合资格预审公告的要求，但建设单位以A施工企业是外地企业为由，坚持不同意其参加投标。

2. 问题

(1) 建设单位与监理单位签订的监理合同有何违法行为，应当如何处罚？

(2) 外地施工企业是否有资格参加本工程项目的投标，建设单位的违法行为应如何处罚？

3. 分析

(1)《招标投标法》第四十六条规定："招标人和中标人应当按照招标文件和中标人的投标文件订立书面合同。招标人和中标人不得再行订立背离合同实质性内容的其他协议。"《招标投标法实施条例》第五十七条第1款又作了进一步规定："招标人和中标人应当依照招标投标法和本条例的规定签订书面合同，合同的标的、价款、质量、履行期限等主要条款应当与招标文件和中标人的投标文件的内容一致。招标人和中标人不得再行订立背离合同实质性内容的其他协议。"本案中的建设单位与监理单位签订监理合同之后，又签订了一份监理酬金比中标价降低8%的协议，属再行订立背离合同实质性内容其他协议的违法行为。对此，应当依据《招标投标法》第五十九条关于"招标人与中标人不按照招标文件和中标人的投标文件订立合同的，或者招标人、中标人订立背离合同实质性内容的协议的，责令改正；可以处中标项目金额5‰以上10‰以下的罚款"的规定，予以相应的处罚。

(2)《招标投标法》第六条规定："依法必须进行招标的项目，其招标投标活动不受地区或者部门的限制。任何单位和个人不得违法限制或者排斥本地区、本系统以外的法人或者其他组织参加投标，不得以任何方式非法干涉招标投标活动。"本案中的建设单位以A

施工企业是外地企业为由，不同意其参加投标，是一种限制或者排斥本地区以外法人参加投标的违法行为。A施工企业经资格预审符合资格预审公告的要求，是有资格参加本工程项目投标的。对此，《招标投标法》第五十一条规定："招标人以不合理的条件限制或者排斥潜在投标人的，对潜在投标人实行歧视待遇的，强制要求投标人组成联合体共同投标的，或者限制投标人之间竞争的，责令改正，可以处1万元以上5万元以下的罚款。"

习 题

一、单项选择题

1. 按照《招标投标法》规定，招标人在对某一投标人就招标文件所提出的疑问作出进一步澄清时，须（　　）。

A. 书面通知提出疑问的投标人　　B. 书面通知所有的投标人

C. 口头通知提出疑问的投标人　　D. 口头通知所有的投标人即可

2. 根据《必须招标的工程项目规定》（国家发展和改革委员会〔2018〕16号令）的规定，可以不进行工程招标的项目是（　　）。

A. 水处理设备单项合同估算价约为210万元的工程

B. 重要设备采购单项合同估算价约为80万元的工程

C. 幕墙施工单项合同估算价约为420万元的工程

D. 通风工程合同人工费估算价约为80万元（合同总额约200万元）的工程

3. 某省重点建设工程，根据其项目性质不适宜公开招标，经（　　）批准，可以进行邀请招标。

A. 国务院发展改革部门　　B. 地方省级发展改革部门

C. 地方省人民政府　　D. 地方省建设行政主管部门

4. 某项目招标人拟采用邀请招标方式招标，其投标邀请书应至少发出（　　）个以上具备承担招标项目的能力、资信良好的特定法人或者其他组织。

A. 2　　B. 3　　C. 5　　D. 6

5. 下列行为中，属于《招标投标法》明文规定的"限制和禁止"招标行为的是（　　）。

A. 招标文件要求投标人必须具有同类工程相关业绩

B. 招标文件要求投标人注册资金必须满足一定数额

C. 招标文件要求投标人必须具有安全生产许可证

D. 招标文件要求投标人已完工程必须获得过本地区奖项

6.《招标投标法》规定，对于依法必须进行招标的项目，招标人应给予投标人编制投标文件的合理期间，自招标文件开始发出之日起至投标人提交投标文件截止之日止，最短不少于（　　）日，同时，招标人对于已发出的招标文件进行澄清或修改，亦必须在要求提交投标文件截止时间以前（　　）日。

A. 20、10　　B. 20、15　　C. 30、15　　D. 30、20

7. 按照《招标投标法》规定，截至招标文件要求提交投标文件的截止时间，投标人少于3个的，招标人应当（　　）。

A. 直接开标

B. 适当延长投标截止时间

C. 邀请其他具备项目能力、资信良好的法人或组织参与投标

D. 重新招标

8. 按照《招标投标法》规定，下列关于开标的说法，正确的是（　　）。

A. 应在提交投标文件截止时间公开进行，并由招标人主持

B. 应在提交投标文件截止时间公开进行，并由招投标管理行政工作人员主持

C. 应在招标文件确定的某一时间公开进行，并由招标人主持

D. 应在招标文件确定的某一时间公开进行，并由招投标管理行政工作人员主持

9. 福建省施工招标资格审查使用的是（　　）。

A. 资格预审　　B. 资格后审　　C. 不审查　　D. 都可以

10. 关于招标价格的说法，正确的是（　　）。

A. 招标时可以设定最低投标限价　　B. 招标时应当编制标底

C. 招标的项目应当采用工程量清单计价　　D. 招标时可以设定最高投标限价

二、多项选择题

1. 围绕工程项目的招标投标活动，下列说法正确的是（　　）。

A. 招标公告是要约邀请　　B. 招标公告是要约

C. 投标书是要约　　D. 投标书是承诺

E. 中标书是承诺

2. 工程建设施工项目招标，下列投标文件中属废标的情形有（　　）。

A. 联合体投标未附联合体各方共同投标协议

B. 按照招标文件要求提交备选投标方案

C. 无单位公章并无法人授权的代理人签字或盖章

D. 质量标准的承诺内容字迹模糊无法辨认

E. 投标人名称与资格预审时不一致

3. 根据《招标投标法》的规定，必须进行工程建设招标的项目有（　　）。

A. 水利基础设施工程　　B. 联合国粮农组织援助的农村灌溉工程

C. 国家投资占60%的化工工程　　D. 中外合资有限公司厂房建筑工程

E. 信息网络通信工程

4. 甲、乙两建筑公司在某项目中组成联合体以一个投标人的身份共同投标，则在该项目中甲、乙被法律、法规所禁止的行为有（　　）。

A. 甲建筑公司以自己名义另行单独投标

B. 乙建筑公司以自己名义另行单独投标

C. 乙建筑公司又与丙建筑公司组成联合体投标

D. 甲、乙建筑公司私下约定中标后由甲公司实际施工

E. 甲、乙建筑公司签订联合体投标协议

5. 下列情形中，依法可以不招标的项目有（　　）。

A. 需要使用不可替代的施工专有技术的项目

B. 采购人的全资子公司能够自行建设的

C. 需要向原中标人采购工程，否则将影响施工或者功能配套要求的

D. 只有少量潜在投标人可供选择的项目

E. 已通过招标方式选定的特许经营项目投资人依法能够自行建设的

三、简答题

1. 施工公开招标的条件是什么？
2. 必须招标的范围有哪些？
3. 招标的流程是哪些？
4. 2017 年《招标投标法》做了哪些修改？
5. 现场踏勘的内容包括什么？是否都要招标人组织现场踏勘？
6. 招标代理机构应该具备哪些条件？

第3章　建设工程投标

【学习目标】通过本章的学习能够了解国家和地方的有关招投标的法律法规；掌握施工企业投标的过程与内容；基本能够编制建设工程投标的有关文件。

3.1　建设工程投标法律规定

3.1.1　投标人

根据《中华人民共和国招投标法一投标法规解析》规定，可以参加招标项目投标竞争的主体包括以下三类：

1. 法人

根据《民法通则》的规定，法人分为企业法人、机关法人、事业单位法人、社会团体法人。参加投标竞争的法人通常为企业法人或事业单位法人。根据本条规定，法人组织对招标人通过招标公告、投标邀请书等方式发出的要约邀请作出响应，直接参加投标竞争的(具体表现为按照招标文件的要求向招标人递交了投标文件)，即成为本法所称的投标人。

2. 法人以外的其他组织

法人以外的其他组织即经依法登记设立、有一定的组织机构和财产，但又不具备法人资格的组织。包括：经依法登记领取营业执照的个人独资企业、合伙企业等。上述组织成为投标人也需要具备响应招标、参加投标竞争的条件。

3. 个人

此处所说个人即《民法通则》所讲的自然人。依照本条规定，个人作为投标人，只限于科研项目依法进行招标的情况。依照本条规定，个人参加依法进行的科研项目招标投标的，“适用本法有关投标人的规定”，是指个人在参加依法招标的科研项目时享有本法规定的投标人权利，同时应履行本法规定的投标人的义务。

《招标投标法》规定，投标人是响应招标、参加投标竞争的法人或者其他组织。投标人应当具备承担招标项目的能力；国家有关规定对投标人资格条件或者招标文件对投标人资格条件有规定的，投标人应当具备规定的资格条件。

3.1.2　联合体投标

联合体投标指的是某承包单位为了承揽不适于自己单独承包的工程项目而与其他单位联合，以一个投标人的身份去投标的行为。《招标投标法》第三十一条规定，两个以上法人或者其他组织可以组成一个联合体，以一个投标人的身份共同投标。

1. 联合体投标的规定

(1) 对联合体投标，作以下说明：①联合体投标的联合各方应为法人或者法人之外的其他组织；②联合体为共同投标并在中标后共同完成中标项目而组成的临时性的组织，不具有法人资格；③联合体的组成是“可以组成”，也可以不组成，是否组成联合体由有关各方自己决定；④联合体对外“以一个投标人的身份共同投标”，不能以其中一个主体或者两个主体（多个主体的情况下）的名义进行投标。

（2）联合体投标的各方应具备一定的条件。

1）联合体各方均应具备承担招标项目的相应能力。这里所讲的承担招标项目的相应能力，是指完成招标项目所需要的技术、资金、设备、管理等方面的能力。

2）国家有关规定或者招标文件对投标人资格条件有规定的，联合体各方均应当具备规定的相应资格条件。这一要求实际上是保证“联合体各方均应具备承担招标项目的相应能力”的规定得以落实的进一步规定。这里所讲的投标人的“资格条件”分为两类：一类是“国家有关规定”确定的资格条件。这里的“国家有关规定”包括三个方面：一是《招标投标法》和其他有关法律的规定，比如《招标投标法》第二十六条的规定；二是行政法规的规定；三是国务院有关行政主管部门（比如国家计委、建设部等）的规定。另一类是“招标文件”规定的投标人资格条件，招标文件的要求条件一般应包括国家规定的条件和国家规定的条件以外的其他特殊条件。

3）由同一专业的单位组成的联合体，按照资质等级较低的单位确定资质等级。这一规定的目的是防止资质等级较低的一方借用资质等级较高的一方的名义取得中标人资格，造成中标后不能保证建设工程项目质量现象的发生。

2. 关于共同投标的联合体的内外关系的规定

关于共同投标的联合体的内外关系，有原则性的规定。

（1）共同投标的联合体内部关系以协议的形式确定。为此，联合体各方在确定组成共同投标的联合体时，应当依据有关合同立法的规定共同订立投标协议。《招标投标法》对协议内容有两项特殊要求：一是应在协议中约定联合体各方拟承担的具体工作；另一项是应约定各方应承担的责任，这里所讲的责任应当是在中标后对中标项目有什么样的权利、义务和违反义务后各自应当承担的责任等内容。

（2）共同投标的联合体对外的关系包括两个方面：一是中标的联合体各方应当共同与招标人签订合同；二是“就中标项目向招标人承担连带责任”。这里所讲的“连带责任”，一是指在同一类型的债权、债务关系中，联合体的任何一方均有义务履行招标人提出的债权要求；二是指招标人可以要求联合体的任何一方履行全部的义务，被要求的一方不得以“内部订立的权利义务关系”为由而拒绝履行。

3.《招投标法》对联合体投标的规定

《招投标法》还规定招标人不得强迫投标人组成共同体。根据这一款的规定，投标人组成的联合体属于投标人自己的事情，是否组成、如何组成完全由投标人自己确定，招标人不能强迫投标人组成联合体共同投标。

《招标投标法实施条例》进一步规定，招标人应当在资格预审公告、招标公告或者投标邀请书中载明是否接受联合体投标。招标人接受联合体投标并进行资格预审的，联合体应当在提交资格预审申请文件前组成。资格预审后联合体增减、更换成员的，其投标无效。联合体各方在同一招标项目中以自己名义单独投标或者参加其他联合体投标的，相关

投标均无效。

当投标人决定以联合体方式投标后，需要做大量的准备工作，其投标准备工作相对于投标人单独投标有较大的难度。

4. 联合体的优缺点

(1) 增强融资能力。大型建设项目需要巨额履约保证金和周转资金，资金不足则无法承担这类项目。采用联合体可以增强融资能力，减轻每一家公司的资金负担，实现以最少资金参加大型建设项目的目的，其余资金可以再承包其他项目。

(2) 可分散风险。大型工程的风险因素很多，诸多风险如果由一家公司承担是很危险的，所以有必要依靠联合体来分散风险。

(3) 弥补技术力量的不足。大型项目需要很多专门技术，而技术力量薄弱和经验不足的企业是不能承担的，即使承担了也要冒很大的风险。同技术力量雄厚、经验丰富的企业联合成立联合体，使各个公司的技术专长互相取长补短，就可以解决这类问题。

(4) 可互相检查报价。有的联合体报价是每个合伙人单独制订的，要想算出正确、适当的价格，必须互查报价，以免漏报和错报。有的联合体报价是合伙人之间互相交流、检查后制订的，这样可以提高报价的可靠性，提高竞争力。

(5) 可确保项目按期完工。对联合体合同的共同承担提高了项目完工的可靠性，对业主来说也提高了项目合同、各项保证、融资贷款等的安全度和可靠性。

但是，也要看到，联合体是几个公司的临时合伙，因此有时难以迅速作出判断，如协作不好会影响项目的实施，这就需要在制订联合体合同时明确职责、权利和义务，组成一个强有力的领导班子。

联合体一般在资格预审前即开始组织并制订内部合同与规则。如果投标成功，则贯彻于项目实施全过程；如果投标失败，则联合体立即解散。

3.1.3 投标方的资质要求

我国《建筑法》第十三条对从事建筑活动的各类单位做出了必须进行资质审查的明确规定："从事建筑活动的建筑施工企业、勘察单位、设计单位和工程监理单位，按照其拥有的注册资本、专业技术人员、技术装备和已完成的建筑工程业绩等资质条件，划分为不同的资质等级，经资质审查合格，取得相应等级资质证书后，方可在其资质等级许可的范围内从事建筑活动。"从而在法律上确定了从业资格许可制度。从事建筑活动的建筑施工企业、勘察单位、设计单位，应当具备下列条件。

1. 有符合国家规定的注册资本

注册资本反映的是企业法人的财产权，也是判断企业经济实力的依据之一。所有从事工程建设施工活动的企业组织，都必须具备基本的责任承担能力，能够担负与其承包工程相适应的财产义务。这既是法律上权利与义务相一致、利益与风险相一致原则的体现，也是维护债权人利益的需要。因此，施工企业的注册资本必须能够适应从事施工等活动的需要，不得低于最低限额。

2. 有与其从事的建筑活动相适应的具有法定执业资格的专业技术人员

工程建设施工活动是一种专业性、技术性很强的活动。因此，从事工程建设施工活动的企业必须拥有足够的专业技术人员，其中一些专业技术人员还须有通过考试和注册取得的法定执业资格。

3. 有从事相关建筑活动所应有的技术装备

随着工程建设机械化程度的不断提高，大跨度、超高层、结构复杂的建设工程越来越多，施工单位必须拥有与其从事施工活动相适应的技术装备。同时，为提高机械设备的使用率和降低施工成本，我国的机械租赁市场发展也很快，许多大中型机械设备都可以采用租赁或融资租赁的方式取得。因此，目前的企业资质标准对技术装备的要求并不多，主要是企业应具有与承包工程范围相适应的施工机械和质量检测设备。

4. 有符合规定的已完成工程业绩和法律、行政法规规定的其他条件

工程建设施工活动是一项重要的实践活动。有无承担过相应工程的经验及其业绩好坏，是衡量其实际能力和水平的一项重要标准。

3.1.4 施工企业的资质

1. 施工企业的资质序列

(1)《建筑业企业资质管理规定》中规定，建筑业企业资质分为施工总承包、专业承包和施工劳务三个序列。

1) 取得施工总承包资质的企业（简称施工总承包企业），可以承接施工总承包工程。施工总承包企业可以对所承接的施工总承包工程内各专业工程全部自行施工，也可以将专业工程或劳务作业依法分包给具有相应资质的专业承包企业或劳务分包企业。

2) 取得专业承包资质的企业（简称专业承包企业），可以承接施工总承包企业分包的专业工程和建设单位依法发包的专业工程。专业承包企业可以对所承接的专业工程全部自行施工，也可以将劳务作业依法分包给具有相应资质的劳务分包企业。

3) 取得劳务分包资质的企业（简称劳务分包企业），可以承接施工总承包企业或专业承包企业分包的劳务作业。

(2) 施工企业的资质类别和等级。施工总承包、专业承包、劳务分包三个资质序列，分别按照工程性质和技术特点划分为若干资质类别；各资质类别又按照规定的条件划分为若干资质等级。《建筑业企业资质等级标准》对此规定如下。

1) 施工总承包企业资质序列。施工总承包企业划分为房屋建筑工程、公路工程、铁路工程、港口与航道工程、水利水电工程、电力工程、矿山工程、冶炼工程、化工石油工程、市政公用工程、通信工程、机电安装工程等12个资质类别；每个资质类别划分3～4个资质等级，即特级、一级、二级或特级、一级、二级、三级。

2) 专业承包企业资质序列。专业承包企业划分为地基与基础工程、土石方工程、建筑装修装饰工程、建筑幕墙工程、预拌商品混凝土、混凝土预制构件、园林古建筑工程、钢结构工程、高耸构筑物、电梯安装工程、消防设施工程、建筑防水工程、防腐保湿工程、附着式升降脚手架、金属门窗工程、预应力工程、起重设备安装工程、机电设备安装工程、爆破与拆除工程、建筑智能化工程、环保工程、电信工程、电子工程、桥梁工程、隧道工程、公路路面工程、公路路基工程、公路交通工程、铁路电务工程、铁路铺轨架梁工程、铁路电气化工程、机场场道工程、机场空管工程及航站楼弱电系统工程、机场目视助航工程、港口与海岸工程、港口装卸设备安装、航道、通航建筑、通航设备安装、水上交通管制、水工建筑物基础处理、水工金属结构制作与安装、水利水电机电设备安装、河

湖整治工程、堤防工程、水工大坝、水工隧洞、火电设备安装、送变电工程、核工业、炉窑、冶炼机电设备安装、化工石油设备管道安装、管道工程、无损检测工程、海洋石油、城市轨道交通、城市及道路照明、体育场地设施、特种专业（建筑物纠偏和平移、结构补强、特殊设备的起吊、特种防雷技术等）共60个资质类别；每个资质类别分为1～3个资质等级，即一级、二级、三级或者不分等级。

3）劳务分包企业资质序列。劳务分包企业划分为木工作业、砌筑作业、抹灰作业，石制作、油漆作业、钢筋作业、混凝土作业、脚手架作业、模板作业、焊接作业、水暖电安装、钣金作业、架线作业等13个资质类别；每个资质类别分为一级、二级两个资质等级或者不分等级。

2. 施工企业的资质许可

我国对建筑业企业的资质管理，实行分级实施与有关部门相配合的管理模式。

（1）施工企业资质管理体制。《建筑业企业资质管理规定》中规定，国务院建设主管部门负责全国建筑业企业资质的统一监督管理。国务院铁路、交通、水利、信息产业、民航等有关部门配合国务院建设主管部门实施相关资质类别建筑业企业资质的管理工作。

省（自治区、直辖市）人民政府建设主管部门负责本行政区域内建筑业企业资质的统一监督管理。省（自治区、直辖市）人民政府交通、水利、信息产业等有关部门配合同级建设主管部门实施本行政区域内相关资质类别建筑业企业资质的管理工作。

建筑业企业违法从事建筑活动的，违法行为发生地的县级以上地方人民政府建设主管部门或者其他有关部门应当依法查处，并将违法事实、处理结果或处理建议及时告知该建筑业企业的资质许可机关。

（2）施工企业资质的许可权限。

1）国务院建设主管部门负责实施下列建筑业企业资质的许可：①施工总承包序列特级资质、一级资质；②国务院国有资产管理部门直接监管的企业及其下属一层级的企业的施工总承包二级资质、三级资质；③水利、交通、信息产业方面的专业承包序列一级资质；④铁路、民航方面的专业承包序列一级、二级资质；⑤公路交通工程专业承包不分等级资质、城市轨道交通专业承包不分等级资质。

申请以上所列资质的，应当向企业工商注册所在地省（自治区、直辖市）人民政府建设主管部门提出申请。其中，国务院国有资产管理部门直接监管的企业及其下属一层级的企业，应当由国务院国有资产管理部门直接监管的企业向国务院建设主管部门提出申请。

2）企业工商注册所在地的省（自治区、直辖市）人民政府建设主管部门负责实施下列建筑业企业资质的许可：①施工总承包序列二级资质（不含国务院国有资产管理部门直接监管的企业及其下属一层级的企业的施工总承包序列二级资质）；②专业承包序列一级资质（不含铁路、交通、水利、信息产业、民航方面的专业承包序列一级资质）；③专业承包序列二级资质（不含民航、铁路方面的专业承包序列二级资质）；④专业承包序列不分等级资质（不含公路交通工程专业承包序列和城市轨道交通专业承包序列的不分等级资质）。

3）企业工商注册所在地设区的市人民政府建设主管部门负责实施下列建筑业企业的资质许可：①施工总承包序列三级资质（不含国务院国有资产管理部门直接监管的企业及

其下属一层级的企业的施工总承包三级资质）；②专业承包序列三级资质；③劳务分包序列资质；④燃气燃烧器具安装、维修企业资质。

3. 施工企业资质证书的申请、延续和变更

（1）企业资质的申请。《建筑业企业资质管理规定》中规定，建筑业企业可以申请一项或多项建筑业企业资质：申请多项建筑业企业资质的，应当选择等级最高的一项资质为企业主项资质。

首次申请或者增项申请建筑业企业资质，应当提交以下材料：①建筑业企业资质申请表及相应的电子文档；②企业法人营业执照副本；③企业章程；④企业负责人和技术、财务负责人的身份证明、职称证书、任职文件及相关资质标准要求提供的材料；⑤建筑业企业资质申请表中所列注册执业人员的身份证明、注册执业证书；⑥建筑业企业资质标准要求的非注册的专业技术人员的职称证书、身份证明及养老保险凭证；⑦部分资质标准要求企业必须具备的特殊专业技术人员的职称证书、身份证明及养老保险凭证；⑧建筑业企业资质标准要求的企业设备、厂房的相应证明；⑨建筑业企业安全生产条件有关材料；⑩资质标准要求的其他有关材料。

建筑业企业申请资质升级的，应当提交以下材料：①上述规定第①、②、④、⑤、⑥、⑧、⑩项所列资料；②企业原资质证书副本复印件；③企业年度财务、统计报表；④企业安全生产许可证副本；⑤满足资质标准要求的企业工程业绩的相关证明材料。

企业首次申请、增项申请建筑业企业资质，不考核企业工程业绩，其资质等级按照最低资质等级核定。已取得工程设计资质的企业首次申请同类别或相近类别的建筑业企业资质的，可以将相应规模的工程总承包业绩作为工程业绩予以申报，但申请资质等级最高不超过其现有工程设计资质等级。

（2）企业资质证书的延续。建筑业企业资质证书有效期为5年。资质有效期届满企业需要延续资质证书有效期的，应当在资质证书有效期届满60日前，申请办理资质延续手续。对在资质有效期内遵守有关法律、法规、规章、技术标准，信用档案中无不良行为记录，且注册资本、专业技术人员满足资质标准要求的企业，经资质许可机关同意，有效期延续5年。

（3）企业资质证书的变更。办理企业资质证书变更的程序。建筑业企业在资质证书有效期内名称、地址、注册资本、法定代表人等发生变更的，应当在工商部门办理变更手续后30日内办理资质证书变更手续。

4. 不予批准企业资质升级申请和增项申请的规定

取得建筑业企业资质的企业，申请资质升级、资质增项，在申请之日起前1年内有下列情形之一的，资质许可机关不予批准企业的资质升级申请和增项申请：①超越本企业资质等级或以其他企业的名义承揽工程，或允许其他企业或个人以本企业的名义承揽工程的；②与建设单位或企业之间相互串通投标，或以行贿等不正当手段谋取中标的；③未取得施工许可证擅自施工的；④将承包的工程转包或违法分包的；⑤违反国家工程建设强制性标准的；⑥发生过较大生产安全事故或者发生过两起以上一般生产安全事故的；⑦恶意拖欠分包企业工程款或者农民工工资的；⑧隐瞒或谎报、拖延报告工程质量安全事故或破坏事故现场、阻碍对事故调查的；⑨按照国家法律、法规和标准规定需要持证上岗的技术

工种的作业人员未取得证书上岗，情节严重的；⑩未依法履行工程质量保修义务或拖延履行保修义务，造成严重后果的；⑪涂改、倒卖、出租、出借或者以其他形式非法转让建筑业企业资质证书；⑫其他违反法律、法规的行为。

5. 企业资质证书的撤回、撤销和注销

（1）撤回。企业取得建筑业企业资质后不再符合相应资质条件的，建设主管部门、其他有关部门根据利害关系人的请求或者依据职权，可以责令其限期改正；逾期不改的，资质许可机关可以撤回其资质。被撤回建筑业企业资质的企业，可以申请资质许可机关按照其实际达到的资质标准，重新核定资质。

（2）撤销。有下列情形之一的，资质许可机关或者其上级机关，根据利害关系人的请求或者依据职权，可以撤销建筑业企业资质：①资质许可机关工作人员滥用职权、玩忽职守作出准予建筑业企业资质许可的；②超越法定职权作出准予建筑业企业资质许可的；③违反法定程序作出准予建筑业企业资质许可的；④对不符合许可条件的申请人作出准予建筑业企业资质许可的；⑤以欺骗、贿赂等不正当手段取得建筑业企业资质证书的；⑥依法可以撤销资质证书的其他情形。

（3）注销。有下列情形之一的，资质许可机关应当依法注销建筑业企业资质，并公告其资质证书作废，建筑业企业应当及时将资质证书交回资质许可机关：①资质证书有效期届满，未依法申请延续的；②建筑业企业依法终止的；③建筑业企业资质依法被撤销、撤回或吊销的；④法律、法规规定的应当注销资质的其他情形。

3.1.5 投标文件送达、修改等

《招标投标法》规定，投标人应当按照招标文件的要求编制投标文件。投标文件应当对招标文件提出的实质性要求和条件作出响应（包括招标项目的技术要求、投标报价要求、技术规范、合同的主要条款和评标标准等），不能存有遗漏、回避或重大的偏离，否则将被视为废标，失去中标的可能。招标项目属于建设施工项目的，投标文件的内容应当包括拟派出的项目负责人与主要技术人员的简历、业绩和拟用于完成招标项目的机械设备等。

1. 投标文件的送达与签收

《招标投标法》第二十八条规定："投标人应当在招标文件要求提交投标文件的截止时间前，将投标文件送达投标地点。招标人收到投标文件后，应当签收保存，不得开启"。《工程建设项目施工招标投标法》第三十八条规定："招标人收到投标文件后，应当向投标人出具表明签收人和签收时间的凭证，在开标前，任何单位和个人不得开启投标文件。"投标人向招标人递交的投标文件，是决定投标人能否中标的依据，因此其必须稳妥和及时地送达。

《招标投标法实施条例》进一步规定，未通过资格预审的申请人提交的投标文件，以及逾期送达或者不按照招标文件要求密封的投标文件，招标人应当拒收。招标人应当如实记载投标文件的送达时间和密封情况，并存档备查。投保人少于 3 个的，招标人应当依法重新招标。

2. 投标文件的补充、修改或撤回

但是投标人在将认真编制完备的投标文件邮寄或直接送达投标人后，若发现自己的投

标文件中有疏漏之处，则投标人可以在递交投标文件截止时间前，对投标文件进行补充、修改或撤回。因此，《招标投标法》第二十九条和《工程建设项目施工招标投标办法》第三十九条规定："投标人在招标文件要求提交投标文件的截止时间前，可以补充、修改、替代或者撤回已提交的投标文件，并书面通知招标人。补充、修改的内容为投标文件的组成部分。"但是需要注意的是，根据有关规定，在提交投标文件截止时间后到招标文件规定的投标有效期终止之前，投标人不得修改、补充、替换或者撤回其投标文件。投标人补充、修改替换投标文件的，招标人不予接受；投标人撤回投标文件的，其投标保证金将被没收。

3. 电子投标文件

工程施工招标项目实行电子招标投标。招标投标参与各方应当按照《电子招标投标办法》《电子招标投标系统检测认证管理办法（试行）》《公共资源交易平台系统数据规范》《省公共资源交易系统数据规范》等有关规定，通过省公共资源交易电子行政监督平台（以下简称"省行政监督平台"，网址：www.××××.gov.cn）、省公共资源交易电子公共服务平台（以下简称"省公共服务平台"，网址：www.××××.gov.cn）、招标文件规定的公共资源电子交易平台（以下简称"电子交易平台"）开展相关招标投标活动。

（1）电子交易平台应当依照《中华人民共和国认证认可条例》等有关规定进行检测、认证，通过检测、认证后方可使用，且应满足住房城乡建设行政主管部门（以下简称"监督机关"）的监管需要。

电子招标投标交易平台的运营机构，以及与该机构有控股或者管理关系可能影响招标公正性的任何单位和个人，不得在该交易平台进行的招标项目中投标和代理投标。

（2）投标人应当在资格预审公告、招标公告或者投标邀请书载明的电子招标投标交易平台注册登记，如实递交有关信息，并经电子招标投标交易平台运营机构验证。

（3）投标人应当通过资格预审公告、招标公告或者投标邀请书载明的电子招标投标交易平台递交数据电文形式的资格预审申请文件或者投标文件。

（4）电子招标投标交易平台应当允许投标人离线编制投标文件，并且具备分段或者整体加密、解密功能。投标人应当按照招标文件和电子招标投标交易平台的要求编制并加密投标文件。投标人未按规定加密的投标文件，电子招标投标交易平台应当拒收并提示。

（5）投标人应当在投标截止时间前完成投标文件的传输递交，并可以补充、修改或者撤回投标文件。投标截止时间前未完成投标文件传输的，视为撤回投标文件。投标截止时间后送达的投标文件，电子招标投标交易平台应当拒收。

电子招标投标交易平台收到投标人送达的投标文件，应当即时向投标人发出确认回执通知，并妥善保存投标文件。在投标截止时间前，除投标人补充、修改或者撤回投标文件外，任何单位和个人不得解密、提取投标文件。

（6）资格预审申请文件的编制、加密、递交、传输、接收、确认等，适用本办法关于投标文件的规定。

3.1.6 投标保证金

投标保证金是指投标人按照招标文件的要求向招标人出具的，以一定金额表示的投标责任担保。其实质是为了避免因投标人在投标有效期内随意撤回、撤销投标或中标后不能

提交履约保证金和签署合同等行为而给招标人造成损失。

《招标投标法实施条例》对投标保证金作出了相应的规定。

招标人在招标文件中要求投标人提交投标保证金的，投标保证金不得超过招标项目估算价的2%。而且最高不能超过80万元人民币。投标保证金有效期应当与投标有效期一致。依法必须进行招标的项目的境内投标单位，以现金或者支票形式提交的投标保证金应当从其基本账户转出。招标人不得挪用投标保证金。

实行两阶段招标的，招标人要求投标人提交投标保证金的，应当在第二阶段提出。招标人终止招标，已经收取投标保证金的，招标人应当及时退还所收取的投标保证金及银行同期存款利息。投标人撤回已提交的投标文件，招标人已收取投标保证金的，应当自收到投标人书面撤回通知之日起5日内退还。投标截止后投标人撤销投标文件的，招标人可以不退还投标保证金。

招标人最迟应当在书面合同签订后5日内向中标人和未中标人退还投标保证金及银行同期存款利息。

投标保证金可能被没收的几种情形：①投标人在有效期内撤回其投标文件；②中标人未能在规定期限内提交履约保证金或签署合同协议。

3.1.7 禁止串通投标和其他不正当竞争行为的规定

《反不正当竞争法》规定，本法所称的不正当竞争，是指经营者违反本法规定，损害其他经营者的合法权益，扰乱社会经济秩序的行为。

在建设工程招标投标活动中，投标人的不正当竞争行为主要是：投标人相互串通投标、招标人与投标人串通投标、投标人以行贿手段谋取中标、投标人以低于成本的报价竞标、投标人以他人名义投标或者以其他方式弄虚作假骗取中标。

3.1.8 项目经理部

从项目管理的理论上说，各类企业都可以设立项目经理部，但施工企业设立的项目经理部具有典型意义，是建造师需要掌握的知识。

1. 项目经理部的概念和设立

项目经理部是施工企业为了完成某项建设工程施工任务而设立的组织，项目经理部是由一个项目经理与技术、生产、材料、成本等管理人员组成的项目管理班子，是一次性的具有弹性的现场生产组织机构。对于大中型施工项目，施工企业应当在施工现场设立项目经理部；小型施工项目，可以由施工企业根据实际情况选择适当的管理方式。施工企业应当明确项目经理部的职责、任务和组织形式。

项目经理部不具备法人资格，而是施工企业根据建设工程施工项目而组建的非常设的下属机构。项目经理根据企业法人的授权，组织和领导本项目经理部的全面工作。

2. 项目经理

项目经理是企业法人授权在建设工程施工项目上的管理者。由于施工企业同时会有数个、数十个甚至更多的建设工程施工项目在组织实施，导致企业法定代表人不可能成为所有施工项目的直接负责人。因此，在每个施工项目上必须有一个经企业法人授权的项目经理。施工企业的项目经理，是受企业法人的委派，对建设工程施工项目全面负责的项目管理者，是一种施工企业内部的岗位职务。

3. 项目经理部行为的法律后果

由于项目经理部不具备独立的法人资格，无法独立承担民事责任。所以，项目经理部行为的法律后果将由企业法人承担。例如：项目经理部没有按照合同约定完成施工任务，则应由施工企业承担违约责任；项目经理签字的材料款，如果不按时支付，材料供应商应当以施工企业为被告提起诉讼。

3.2 建设工程投标程序

3.2.1 投标的含义

建设工程投标是指具有合法资格和能力的承包商根据招标条件，经过初步研究和估算，在指定期限内购买标书并填写标书，提出报价，争取承包建设工程项目的经济活动。投标是建筑企业取得工程施工合同的主要途径，它是针对招标的工程项目，力求实现决策最优化的活动。

我国《招标投标法》规定，投标人是响应招标、参加投标竞争的法人或者其他组织。工程项目施工招标的投标人是响应施工招标、参与投标竞争的施工企业，应当具备相应的施工企业资质，并在工程业绩、技术能力、项目经理资格条件、财务状况等方面满足招标文件提出的要求，具备承担招标项目的能力。

3.2.2 投标工作程序流程图

投标的工作程序与招标工作程序相配合、相适应。投标人（承包商）为了取得投标的成功，首先要了解投标工作程序流程图（图3.1）及其各项投标步骤，才能完整地拓展下列各项投标工作。

3.2.3 收集与分析投标施工项目的信息

投标的前提工作包括获取投标信息与前期投标决策，即从众多招标信息中确定选取哪些作为投标对象，这一阶段的工作要注意以下问题。

1. 获得信息并确认信息的可靠性

投标企业可通过多渠道获取信息，如各级基本建设管理部门，建设单位及主管部门，各勘察设计公司，各类咨询机构，各种工程承包公司，城市综合开发公司，房地产公司，行业协会等，各类刊物、广播、电视、互联网等多种媒体。目前，国内建设工程招标在信息的真实性、公平性、透明度、业主支付工程价款、承包方履约的诚意、合同的履行等方面存在不少问题，因此要参加投标的企业在决定投标的对象时，必须认真分析所获信息的真实性、可靠性。其实，做到这一点并不困难，在国内最简单的办法就是通过与招标单位之间洽谈，证实招标项目确实已立项批准和资金已落实即可；在国外则必须通过各种媒体、我国驻外机构协助等方法去调查取证。

2. 对业主进行必要的调查分析

对业主的调查了解非常重要，特别是能否得到及时的工程款支付。有些业主单位长期拖欠工程款，致使承包企业不仅不能获得利润，甚至连成本都无法收回，承包商必须对获

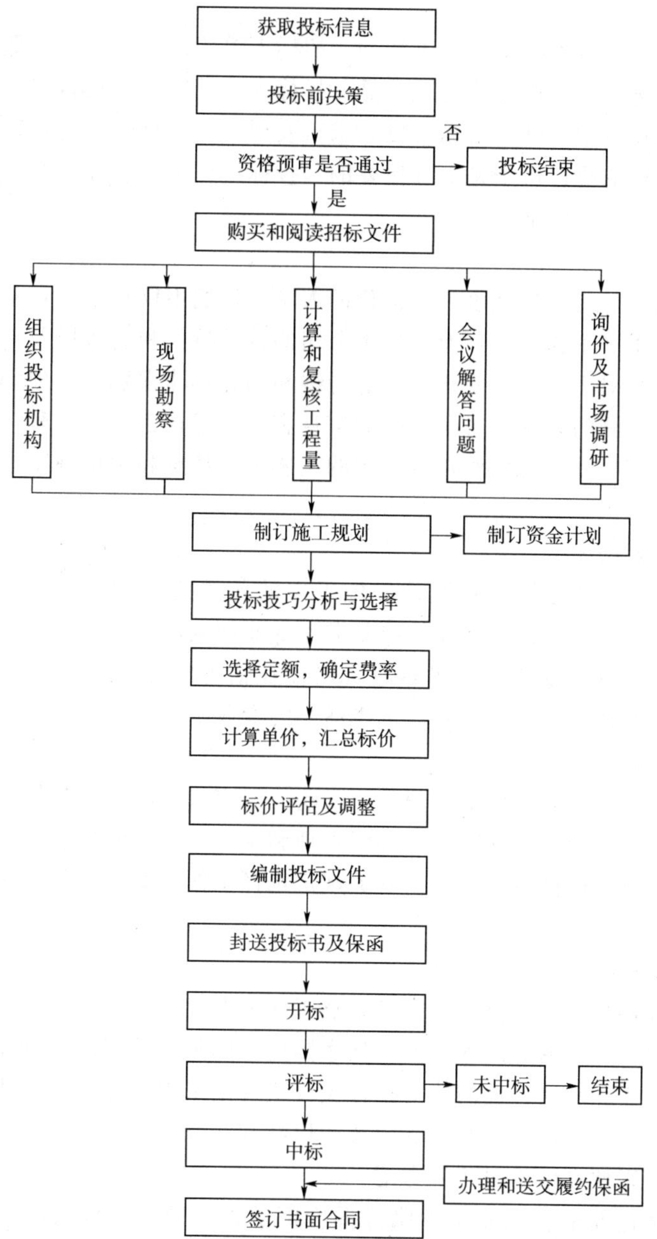

图 3.1 投标工作程序流程图

取项目之后履行合同的各种风险进行认真的评估分析。风险是客观存在的，利用好风险可以为企业带来效益，但不良的业主风险同样也可使承包商陷入泥潭而不能自拔，当然，利润总是与风险并存的。

3.2.4 成立投标工作机构

在已经核实了信息，证明某项目的业主资信可靠，没有资金不到位及拖欠工程款的风险后，建筑施工企业则可以作出投标该项目的决定，即成立一个投标工作机构，负责实施投标工作。

工程招标与投标是激烈的市场竞争活动。招标人希望通过招标以较低的价格在较短的工期内获得技术先进、品质优良的建筑产品。投标人希望以自己在技术、经验、实力和信誉等方面的优势在竞争中获胜，占据市场，求得发展。当一个公司进行工程投标时，组织一个强有力的、内行的投标班子是十分重要的。投标机构中要有经济管理、专业技术、商务金融、合同管理的专家参加。

1. 经济管理类人才

经济管理类人才是指直接从事工程估价的人员。他们不仅对本公司各类分部分项工程工料消耗的标准和水平了如指掌，而且对本公司的技术特长和优势以及不足之处有客观的分析和认识，对竞争对手和生产要素市场的行情和动态也非常熟悉。他们能运用科学的调查、统计、分析、预测的方法，对所掌握的信息和数据进行正确的处理，使估价工作建立在可靠的基础之上。另外，他们对常见工程的主要技术特点和常用施工方法也应有足够的了解。

2. 专业技术类人才

专业技术类人才主要是指工程设计和施工中的各类技术人员，如建筑师、结构工程师、电气工程师、机械工程师等。他们应掌握本专业领域内最新的技术知识，具备熟练的实际操作能力，能解决本专业的技术难题，以便在估价时能从本公司的实际技术水平出发，根据投标工程的技术特点和需要，选择适当的专业实施方案。

3. 商务金融类人才

商务金融类人才是指从事金融、贸易、采购、保险、保函、贷款等方面工作的专业人员。他们要懂税收、保险、涉外财会、外汇管理和结算等方面的知识，特别要熟悉工程所在国有关方面的情况，根据招标文件的有关规定选择工作方案，如材料采购计划、贷款计划、保险方案、保函业务等。

4. 合同管理类人才

合同管理类人才是指从事合同管理和索赔工作的专业人员。他们应熟悉国内、国际上与工程承包有关的主要法律和国际惯例，熟悉国内、国际上常用的合同条件，充分了解工程所在地的有关法律和规定。他们能对招标文件所规定采用的合同条件进行深入分析，从中找出对承包商有利和不利的条款，提出要予以特别注意的问题，并善于发现索赔的可能性及其合同依据，以便在估价时予以考虑。

另外，作为承包商来说，要注意保持报价班子成员的相对稳定，以便积累和总结经验，不断提高素质和水平，提高估价工作的效率，从而提高本公司投标报价的竞争力。一般来说，除了专业技术类人才要根据投标工程的工程内容、技术特点等因素而有所变动之外，其他三类专业人员应尽可能不作大的调整或变动。

3.2.5 研究招标文件

招标文件是投标和报价的主要依据，也是承包商正确分析判断是否进行投标和获取成功的重要依据，因此应组织得力的设计、施工、估价等人员对招标文件认真研究。投标人购买了招标文件后，应及时组织有关投标人员阅读和研究投标文件，以便在现场考察、标前会议等业主组织的投标活动中，有重点地考察和明确问题，做到对工程项目充分地理

解，领会设计意图及业主建设目标，使投标做到有的放矢。

招标文件包括投标人须知、合同条款、技术规范、设计图纸、工程量清单、地质资料等资料。全面阅读和充分理解招标文件是投标的基础，研究招标文件的目的是为了全面理解招标工程项目的技术特点、业主对该项目的要求，如工期、质量、管理、工程范围、该工程与其他工程的关系、合同规模、施工条件、自然地理位置、气候、地质、地区经济发展、道路运输、原材料供应等。

3.2.6 申请投标和递交资格预审书

向招标单位申请投标，可以直接报送或网络电子平台报送，也可以采用信函、电报和传真，其报送方式和所报资料必须满足招标人在招标公告中提出的有关要求，如资质要求、财务要求、信誉要求、项目经理资格等。申请投标和争取获得投标资格的关键是通过资格审查，因此申请投标的承包企业除向招标单位索取和递交资格预审书之外，还可以增加其他辅助方式，如发送宣传本企业的印刷品，邀请业主参观本企业承建的工程等，使他们对本企业的实力及情况有更多了解。

我国建设工程招标中，投标人在获悉招标公告或投标邀请后，应当按照招标公告或投标邀请书中提出的资格审查要求，向招标人申报资格审查。资格审查是投标人投标过程中的第一关。

1. 资格审查的种类

一般来说，资格审查可分为资格预审和资格后审。

(1) 资格预审。资格预审是指在投标前对潜在投标人进行的资格审查，也叫资格前审。通常公开招标采用资格预审，只有资格预审合格的施工单位才允许参加投标，购买招标文件。

(2) 资格后审。资格后审是指在投标后对投标人进行的资格审查，即只要报名参加投标的单位，都可以购买招标文件。不采用资格预审的公开招标应进行资格后审，即在开标后进行资格审查。如果上个环节没有通过，就不得进入下一步评审。具体的审核顺序是首先进行资格文件审核，然后进行商务文件审核，最后进行技术文件审核。

2. 投标人在资格预审中的主要工作

作为投标人，应熟悉资格预审程序，主要把握好获得资格预审文件、准备资格预审文件、报送资格预审文件等几个环节的工作。

招标人以书面形式向所有参加资格预审者通知评审结果，在规定的日期、地点向通过资格预审的投标人出售招标文件。

投标者接到招标单位的招标邀请书或资格预审通过通知书，就表明他已具备并获得参加该项目投标的资格，如果决定参加投标，就应按招标单位规定的日期和地点凭邀请书或通知书及有关证件购买招标文件。

(1) 及时准确地获知资格预审的通知。在招标人所公布的资格预审公告中，包含有资格预审的确切信息。因而作为投标人应重点关注以下几点。

1) 获取资格预审文件的时间及地点。

2) 提供资格预审申请文件的方式及截止日期。根据资格预审公告规定的时间和地点，投标工作人员持单位介绍信和本人身份证报名，并购买资格预审文件。

(2) 研究分析资格预审文件。投标人获取资格预审文件以后，要认真研究分析，选择拟投标标段和投标形式。根据招标人规定和企业实力，选择拟申请投标的标段，选择标准主要考虑有利于本单位更好参与竞争。例如，有利于充分利用现有施工设备或能充分发挥本企业优势的标段作为投标的重点。根据拟投标段工程规模和难度及本单位能力和需要确定独家投标或与其他单位组成联合体投标，或者需要分包部分工程等。在资格预审阶段，投标人必须对投标形式作出决策，即是独立投标还是采用联合体方式投标，因为独立投标和联合体形式投标在资格预审材料方面要求不同，联合体方式投标需要填写联合体各方的有关资格预审材料。

资格预审文件主要是围绕资格预审评审标准而作出相关要求和程序性的规定。资格预审文件包括资格预审公告、申请人须知、资格审查申请文件格式、项目建设概况，以及对资格预审文件的澄清和对资格预审文件的修改

1）申请人须知。申请人须知是告知投标申请人参加资格预审的规则，一般包括总则，资格预审文件的编制、递交、审查和确认及通知等几部分。其中，重点是对申请人的资格要求，主要涉及资质条件、财务要求、业绩要求、信誉要求、项目经理（建造师）资格等。

2）资格预审申请文件。包括资格预审申请函、法人代表身份证明、授权委托书、联合体协议书和附表等内容。投标人仔细阅读申请须知后，需按照提供的资格申请文件，如实地填写申请函和所有附表内容。

申请函是申请人对申请须知的全面承诺，附表是对资格预审所需提供的资料文件的附表形式表述。

附表一般包括：投标申请人基本情况，近年财务状况表，近年完成类似项目情况，正在施工和新承接的项目情况，近年发生的诉讼和仲裁情况及其他材料。其中作为投标人应注意以下几点。

a. 投标申请人基本情况。投标人应附申请人营业证书副本。若联合体投标的，所有联合体人员均须填报；若拟分包的，则专业分包或劳务分包人也须填写。

b. 近年财务状况。投标人应附会计师事务所或审计机构审计的财务会计报表，包括资产负债表、现金流量表、利润表和财务情况说明书的复印件，若有联合体，联合体成员均须填报，并且须附上经过审计的财务报表，包括资产负债表、损益表和现金流量表以及银行信贷证明。

c. 近年完成的类似项目情况。投标人应附中标通知书和（或）合同协议书、工程竣工验收证书的复印件，每张表格只填写一个项目，并标明序号。若有联合体，联合体成员均须填报。

d. 正在施工的和新承接的项目情况。投标人应附中标通知书和合同协议书复印件，每张表格只填写一个项目，并标明序号。

e. 近年发生的诉讼和仲裁情况。投标人应将近几年的已完工程和在建工程合同执行过程中介入的诉讼或仲裁历史如实载明，并详细说明年限、发包人、诉讼和仲裁的原因、纠纷事件、纠纷涉及金额、最终裁判结果。

f. 其他材料。是指投标人认为与资格评审有关的其他资料作补充，但不应在申请书上

附宣传性材料。

3. 资格预审表格填写

资格预审表格是按照原建设部2007年发布的《中华人民共和国标准资格预审文件(2007年版)》制订的统一规范的表格，投标人结合资格预审须知要求，对照表格内容逐一填写。

(1) 资格预审表格的填写技巧。资格预审时间通常很短，而所要填报的资料的信息量大，只有平时充分做好资格预审基础材料工作，建立企业资格预审资料信息库，并注意随时更新，才能做好投标资格预审工作。为了顺利通过资格预审，投标人应在平时就将资格预审的有关材料备齐，并储存在计算机里，针对某个项目填写资格预审表时，将有关文件调出来加以补充完善。资格预审内容中，财务状况、施工经验、人员能力等是通用的审查内容，在此基础上附加一些具体项目的补充说明或填写一些表格，再补齐其他查询项目，即可成为资格预审书送出。公司的业绩与公司介绍最好印成精美图册。此外，每竣工一个工程，宜请该工程业主和有关单位开具证明工程质量良好等的鉴定信，作为业绩的有力证明，如可能拥有的各种奖励或认证等。总之，平时应有目的地积累资格预审所需资料，不能临时拼凑，否则达不到业主要求，就会失去机会。

填表时要加强分析，要针对工程特点，填好重要内容，特别是要反映本公司施工经验、施工水平和施工组织能力，这往往是业主考虑的重点。

在投标决策阶段，研究并确定本公司发展的地区和项目，注意收集信息，如有合适项目，及早动手作好资格预审的申请准备，并参考前面介绍的资格预审方法，为自己打分，找出差距，如不是自己可以解决的，应考虑寻找适宜的合作伙伴组成联合体来参加投标。

做好递交资格预审调查表后的跟踪工作，以便及时发现问题，补充材料。每参加一个工程招标的资格预审，都应该全力以赴，力争通过预审，成为可以投标的合格投标人。

(2) 完善资格预审证明材料。投标人提交的资格预审材料主要包括两部分：一部分是规定的标准表格；另一部分是资格证明材料，资格证明材料一般有以下三大类。

1) 资质证明材料。如企业营业执照、企业资质证书，拟派往工地的主要管理、技术人员的资格（资质）证书、职称证书等，合作单位（拟作为联合体成员或分包单位）的资质、公司概况、业绩、施工设备、财务及主要管理人员资历等有关资料和证件。

2) 业绩证明材料。已完成类似工程项目的项目清单和相应证明材料，近5年内完成的工程概况表和交（竣）工验收工程质量鉴定书等。

3) 社会信誉方面的证明材料。包括在近期完成的项目的工程质量奖、业主好评证明材料、工程节约奖及认为业主感兴趣的其他证明材料。

投标应充分理解拟投标项目的技术经济特点和业主对该项目的要求，除了提供规定的资料外，应有针对性地提交在该项目上反映本企业特长和优势的材料，以期在资格预审时就引起业主注意，留下良好印象，为下一步投标竞争奠定基础。

(3) 注意事项。

1) 在填表时加强分析，即要针对工程特点，突出重点，特别是突出本企业的施工经验、施工水平和管理组织能力。

2) 如果施工项目难度大（如资金、技术水平、经验等限制），本企业难以胜任或独立承包有较大风险，考虑联合承包，并签订好联合协议。

3）逐项核实填报内容。检查证明材料复印件是否齐备，资格预审材料签署盖章是否完善，法人授权书是否开具等。

4. 装订、递交资格预审文件

编制完整的资格预审申请文件并打印，由申请人的法定代表人或其委托代理人签字或盖单位章。资格预审申请文件中的任何改动之处应加盖单位章或由申请人的法定代表人或其委托代理人签字确认。资格预审申请文件正本一份，副本份数按申请人须知的要求准备。正、副本的封面上应清楚地标记“正本”“副本”标记。资格预审申请文件正本与副本应分别装订成册，并编制目录。资格预审申请文件的正本与副本应分开包装，加贴封条，并在封套的封口处加盖申请人单位章。

在申请截止时间之前，申请人应按公告中指定的地点递交资格预审申请文件。除申请人须知前附表另有规定的外，申请人所递交的资格预审申请文件不予退还。逾期送达或未送达指定地点的资格预审申请文件，招标人不予受理。

5. 确认和通知

招标人在申请人须知前附表规定的时间内以书面形式将资格预审结果通知申请人，并向通过资格预审的申请人发出投标邀请书。应申请人书面要求，招标人应对资格预审结果作出解释，但不保证申请人对解释内容满意。通过资格预审的申请人收到投标邀请书后，应在申请人须知前附表规定的时间内以书面形式明确表示是否参加投标。在申请人须知前附表规定时间内未表示是否参加投标或明确表示不参加投标的，不得再参加投标。因此，造成潜在投标人数量不足 3 人的，招标人重新组织资格预审或不再组织资格预审而直接招标。

3.2.7 施工组织设计

编制投标文件的施工组织设计时应采用文字结合图表形式，说明施工方方法、拟投入本标段的主要施工设备情况等；拟配备本标段的试验和检测仪器设备情况和劳动力计划等；结合工程特点提出切实可行的工程质量、安全生产、文明施工、工程进度、技术组织措施，同时应对关键工序、复杂环节重点提出相应技术措施，如冬雨期施工技术、减少噪声降低环境污染、地下管线及其他地上地下设施的保护加固措施等。

编制投标文件的核心工作之一是计算标价，而标价计算又与施工方案及施工组织密切相关，所以在计算标价前必须编制好施工组织设计。

1. 核实工程量

这项工作直接关系到工程计价，必须做好。如发现有漏误或不实之处，应及时提请发包人澄清。一般情况下，如果招标文件中已给定工程量，而且规定对工程量不做增减，在这种情况下，只需复核其工程量即可。而如果招标文件中仅有图纸，而工程量需逐项计算时，则应先搞清招标文件，熟悉图纸和工程量计算规则，合理地划分项目。

2. 编制施工组织设计

在编制投标文件时，必须首先编制施工组织设计。施工组织设计的内容一般包括施工方案和施工方法、施工进度计划、施工机械计划、材料设备计划和劳动力计划以及临时生产、生活设施等。编制施工组织设计的依据是设计图纸，执行的规范，经复核的工程量，

招标文件要求的开工、竣工日期以及对市场材料、设备、劳动力价格的调查。编制的原则是在保证工期和工程质量的前提下使成本最低，利润最大。

(1) 选择和确定施工方法。应根据工程类型，研究可以采用的施工方法。对于一般的土石方工程、混凝土工程等比较简单的工程，可结合已有施工机械及工人技术水平来选定实施方法，努力做到节省开支，加快进度。对于大型复杂工程则要考虑几种施工方案，进行综合比较，如水利工程中的施工导流方式，对工程造价及工期均有很大影响，投标人应结合施工进度计划及自身的组织管理能力进行研究确定。又如地下工程，则要进行地质资料分析，确定开挖方法、确定支洞、斜井、竖井数量和位置以及出渣方法、通风方式等。

(2) 选择施工机械和施工设施。此工作一般与研究施工方法同时进行。在工程估价过程中还要不断进行施工机械和施工设施的比较，如考虑利用旧机械设备还是采购新机械设备，在国内采购还是在国外采购，并对机械设备的型号、配套、数量进行比较，还应研究哪些类型的机械可以采用租赁办法，对于特殊的、专用的机械设备折旧率须进行单独考虑。如新购设备，订货清单中应考虑辅助和修配机械及备用零件，尤其是订购外国机械时应特别注意这一点。

(3) 编制施工进度计划。编制施工进度计划应紧密结合施工方法和施工设备考虑。施工进度计划中应提出各时段应完成的工程量及限定日期。施工进度计划所采用的编制技术，应根据招标文件要求而定。

3.2.8 报价的确定

1. 熟悉招标文件

承包商在决定投标并通过资格预审获得投标资格以后，要购买招标文件并研究和熟悉招标文件的内容，在此过程中应特别注意可能对标价计算产生重大影响的问题，主要包括以下几方面。

(1) 合同条件方面。诸如工期、拖期罚款、保函要求、付款条件、税收、货币、提前竣工奖励、争议解决方式、仲裁或诉讼适用的法律等。

(2) 材料、设备和施工技术要求方面。如采用哪种规范，特殊施工和特殊材料的技术要求等。

(3) 工程范围和报价要求方面及承包商可能获得补偿的权利。

(4) 熟悉图纸和实际说明，为投标报价作准备。熟悉招标文件，还应理出招标文件中模糊不清的问题，及时请业主澄清。

2. 投标前的调查与现场勘察

这是投标前的重要一步，如果在投标决策阶段已对拟投标的地区作了较深入的调查研究，则拿到招标文件以后只需做针对性的补充调查，否则还需作深入的调查。现场勘察主要指到工地现场进行勘察，招标单位一般在招标文件中注明现场勘察的时间和地点，在文件发出后要为安排投标者进行现场勘察做准备工作。现场勘察既是投标者的权利也是其义务，因此，投标者在报价前必须认真进行现场勘察，全面、仔细地调查工地及其周围的政治、经济、地理等情况。

现场考察一般是针对土建工程投标而言的，投标环境就是中标后工程施工的自然、经济和社会条件，这些条件是工程施工的制约因素，它牵涉到工程成本和投标单位报价，所以在报价前应尽可能了解清楚，调查的重点通常有以下几方面。

(1) 施工现场条件可通过踏勘现场和研究招标单位提供的地质勘探报告资料来了解。主要项目有：场地地理位置、地上、地下有无障碍物，地基土质及其承载力，地下水位，进入场地的通道（铁路、公路、水路），给排水、供电和通信设施，材料堆放场地的最大可能容量，是否需要二次搬运，现场混凝土搅拌站及构件预制场场地，临时设施（木工、钢筋加工、管道工的工作棚、机修车间、办公室和生活设施等）设置场地、土方临时堆放场地及弃土运距等。

(2) 自然条件主要是指影响施工的风、雨、气温等因素。例如台风季节或雨期的起止日期、风速、降雨量、洪水期最高水位，常年最高、最低和平均气温及地震烈度等。这些资料应请招标单位提供，或者从当地气象、防汛、防震等部门取得。

(3) 器材供应条件。包括沙石等大宗地方材料的采购和钢材、水泥、木材、玻璃的可能供应来源和价格，当地供应构配件的能力和价格，当地租赁建筑机械的可能性和价格等。

(4) 专业分包的能力和分包条件。

(5) 生活必需品的供应条件。主要是粮食和肉类蔬菜的供应和价格。

3. 确定投标报价

投标报价是指由投标人计算的完成招标文件规定的全部工作内容所需一切费用的期望值。

为了规范建设工程投标报价的计价行为，统一建设工程量清单的编制和计价方法，维护招标人（业主）和投标人（承包商）的合法权益，促进建筑市场的市场化进程，根据《中华人民共和国招标投标法》、住建部颁布的《建筑工程施工发包和承包计价管理办法》《建筑工程工程量清单计价规范》等一系列政策法规规定，从 2003 年 7 月 1 日起，建设工程招标投标中的投标报价活动，全面推行建筑工程工程量清单计价的报价方法。因此，招标人（业主）必须按照计价规范的规定编制建设工程工程量清单，并列入招标文件中提供给投标人（承包商）；投标人（承包商）必须按照规范的要求填报工程量清单计价表，并据此进行投标报价，投标报价文件（即工程量清单计价表）的填报编制，是以招标文件、合同条件、工程量清单、施工设计图纸、国家技术和经济规范及标准、投标人确定的施工组织设计或施工方案为依据，根据省（直辖市、自治区）等现行的建筑工程消耗量定额、企业定额及市场信息价格，并结合企业的技术水平和管理水平等自主确定。

(1) 工程量清单及其编制。

1) 工程量清单。工程量清单是指表现拟建工程的分部分项工程项目、措施项目、其他项目名称和相应数量的明细清单。由分部分项工程量清单、措施项目清单、其他项目清单等内容组成。工程量清单是反映拟建工程的分部分项工程项目、措施项目、其他项目的名称、单位、数量、单价的明细表格，它是招标人（业主）按其附录规定的格式，根据规范规定提供的各类清单的项目编码、名称、单位、数量，并由投标人（承包商）填报单价，计算合价等内容的工程计价表。工程量清单是招标文件和工程合同的重要组成内容，是编制招标工程招标控制价、投标报价、签订工程合同、调整工程量、支付工程进度款和办理竣工结算的依据。

2）工程量清单的编制。按工程量清单计价规范的规定，工程量清单应由具有编制招标文件能力的招标人（业主）或受委托具有相应资质的中介机构进行编制；由于工程量清单各组成部分所含具体内容的不同，按规范的规定，应分别按分部分项工程量清单、措施项目清单、其他项目清单进行编制。

（2）投标报价表的编制。投标报价表的编制是按规范的规定与要求，对拟建工程工程量清单计价表的填报及编制。工程量清单计价是指建设工程在施工发包与承包计价活动中，招标人按规范规定提供拟建招标工程分部分项工程项目、措施项目、其他项目的明细数量，并列成明细清单即工程量清单，作为公平竞争的共同基础，由投标人自主报价的一种计价行为。

3.2.9 编制投标文件

编制投标文件，应按招标文件规定的要求进行编制，一般不能带有任何附加条件，否则可能导致废标。

1. 投标文件的内容

投标文件应严格按照招标文件的各项要求来编制，一般来说投标文件的目录主要包括：①投标书；②投标书附录；③投标保证金；④法定代表人；⑤授权委托书；⑥具有标价的工程量清单与报价表；⑦施工组织设计；⑧辅助资料表；⑨资格审查表；⑩对招标文件的合同条款内容的确认和响应；⑪按招标文件规定提交的其他资料。

2. 投标文件编制的要点

《××省建筑工程设计招标投标管理若干规定》指出：投标人应当按照招标文件的要求编制投标文件。

投标文件应包含资格和商务文件、技术文件，并按照招标文件规定的格式和内容要求进行编制、装订、包封和提交。

技术文件正本应当按照招标文件规定要求由具有相应资格的拟派出担任招标项目设计负责人的注册建筑师签字、盖执业专用章并加盖投标人单位公章。

在递交投标文件时，投标人拟派出担任设计项目负责人必须持注册建筑师执业证书和身份证到场验证登记。如设计项目负责人因故不能出席的，可以由该投标单位技术负责人代替（须持单位证明和个人身份证到场验证登记，其格式要求在招标文件中约定）。

（1）对招标文件要研究透彻，重点是投标须知、合同条件、技术规范、工程量清单及图纸等。

（2）为编制好投标文件和投标报价，应收集现行定额标准、取费标准及各类标准图集，收集掌握政策性调价文件及材料和设备价格情况等。

（3）在投标文件编制中，投标单位应依据招标文件和工程技术规范要求，并根据施工现场情况编制施工方案或施工组织设计。

（4）按照招标文件中规定的各种因素和依据计算报价，并仔细核对，确保准确，在此基础上正确运用报价技巧和策略，并用科学方法作出报价决策。

（5）填写各种投标表格。招标文件所要求的每一种表格都要认真填写，尤其是需要签章的一定要按要求完成，否则有可能会导致废标。

（6）投标文件的封装。投标文件编写完成后要按招标文件要求的方式分装、贴封、签章。

3. 投标文件的投递

投标文件编制完成，经核对无误，由投标人的法定代表人签字盖章后，分类装订成册封入密封袋中，派专人在投标截止日前送到招标人指定地点，投标人应从收件处领取回执作为凭证。投标人在规定的投标截止日前，在递送标书后，可用书面形式向招标人递交补充、修改或撤回其投标文件的通知，除招标文件要求的内容外，投标人还可在投标书中写明有关建议和报价依据（如果有必要）。并作出报价可以协商 或有某种优惠条件等方面的暗示，以吸引招标人。如果投标人在投标截止日后撤回投标文件，投标保证金将得不到退还。

递送投标文件不宜太早，因市场情况在不断变化，投标人需要根据市场行情及自身情况对投标文件进行修改。递送投标文件的时间在招标人接受投标文件截止日前两天为宜。

4. 开标会

投标人应按规定的日期参加开标会。参加开标会议是投标人获取本次招标人及竞争者公开信息的重要途径，以便于比较自身在投标方面的优势和劣势，为后续即将展开的工作方向进行研究，以便于决策。

5. 中标与签约

投标人收到招标单位的中标通知书，即获得工程承建权，表示投标人在投标竞争中获胜。投标人接到中标通知书以后，应在招标单位规定的时间内与招标单位谈判，并签订承包合同，同时还要向业主提交履约保函或保证金。如果投标人在中标后不愿承包该工程而逃避签约，招标单位将按规定没收其投标保证金作为补偿。

3.3 建设工程投标决策与投标策略

3.3.1 建设工程投标决策

建设工程投标决策主要包括3方面的内容：①针对项目招标是投标或是不投标；②倘若去投标，是投什么性质的标；③投标中如何采用以长制短，以优胜劣。

投标决策的正确与否，关系到能否中标和中标后的效益问题，关系到施工企业的信誉和发展前景及职工的切身经济利益，甚至关系到国家的信誉和经济发展问题。因此，企业的决策班子必须充分认识到投标决策的重要意义。

1. 投标决策的重点

（1）分析本企业在现有资源条件下，在一定时间内，可承揽的工程任务数量。

（2）对可投标工程的选择和决定：当只有一项工程可供投标时，决定是否投标；有若干项工程可供投标时，正确选择投标对象，决定向哪个或哪几个工程投标。

（3）确定对某工程进行投标后，在满足招标单位质量和工期要求的前提下对工程成本进行估价，即结合工程实际对本企业的技术优势和实力作出合理的评价。

（4）在收集各方信息的基础上，从竞争谋略的角度确定采取高价、微利或保本投标报价策略。

2. 影响投标决策的主要因素

(1) 业主和监理工程师的情况。业主的合法地位、资金支付能力、履约能力、业主对招标工程的主体资格、监理工程师处理问题的公正性、合理性、技术能力和职业道德等均是影响投标人决策的重要客观因素，须予以考虑。

(2) 投标竞争形式和竞争对手的情况。竞争对手的实力、优势和投标环境；竞争对手是大型工程承包公司还是中小型公司或是当地工程公司，一般来说，大型的承包公司技术水平高，管理经验丰富，适应性强，具有承包大型工程的能力，因此在大型工程项目中，中标可能性较大，而中小型工程项目的投标中，一般中小型公司或当地的工程公司中标的可能性更大。另外，竞争对手在建工程的规模和进度对本公司的投标决策也存在一定的影响。

(3) 法律、法规情况。对于国内工程承包，适用本国的法律法规、工程所在地的地方性法律、法规和政府规章，投标人应熟悉相应的法规。如果是国际工程承包，则存在法律的适用问题。法律适用的原则有：强制适用工程所在地原则、意思自治原则、适用国际惯例原则、国际法优先于国内法原则。在具体适用过程中，应该根据工程招投标的实际情况来确定。

(4) 投标风险的情况。投标的风险包括市场风险、自然条件风险、政治经济风险等。在市场经济中风险是和利润并存的，风险的存在是必然的，只是有大小之分。因此，投标人在决定是否投标时必须考虑风险因素。投标人只有经过调查研究，总结资料，全面分析才能对投标作出正确的决策。其中很重要的是承包工程的效益性，投标人应对承包工程的成本、利润进行预测和分析，以便作为投资决策的依据。

(5) 投标人自身的实力。具体包括以下四方面的内容。

1) 技术实力。有精通专业的建筑师、工程师、造价师、会计师和管理专家等所组成的投标组织机构；有技术、经验较为丰富的施工工人队伍；有工程项目施工专业特长，有解决工程项目施工技术难题的能力；有与招标工程项目同类的施工和管理经验；有一定技术实力的合作伙伴、分包商和代理人。

2) 经济实力。有垫付建设资金的能力；有一定的固定资产和机械设备；有资金周转能力；有支付各项税款和保险金、担保金的能力；具有承担不可抗力所带来的风险的能力。

3) 管理实力。成本控制能力；能建立健全企业管理制度，制订切实可行的措施。

4) 信誉实力。有“重质量、重合同、守信誉”的意识；遵守国家的法律、法规，按照国内、国际惯例办事，保证工程施工的安全、工期和质量。

3. 投标项目的选择

根据上述的影响因素，对于下列招标项目投标人应放弃投标。

(1) 本施工企业的业务范围和经营能力之外的项目。

(2) 工程资质要求超过本企业资质等级的项目。

(3) 本施工企业生产任务饱满，无力承担的工程项目。

(4) 招标工程的盈利水平较低或风险较大的项目。

(5) 本施工企业技术等级、信誉、施工水平明显不如潜在竞争对手参加的项目。

4. 投标报价的类型

投标报价由投标人自主确定，投标价应由投标人或受其委托，具有相应资质的工程造价咨询人员编制。

承包商要决定是否参与某项工程的投标，首先要考虑当前经营状况和长远经营目标，其次要明确参加投标的目的，然后分析中标机会的外部影响因素和投标机会的内在因素。在此我们可将投标分为以下3种类型。

(1) 生存型。指投标报价以克服生存危机为目标，争取中标可以不考虑各种利益。社会政治经济环境的变化和承包商自身经营管理不善，都可能造成承包商的生存危机。这种危机首先表现为政治原因，新开工工程减少，所有的承包商都将面临生存危机；其次，政府调整基建投资方向，使某些承包商擅长的工程项目减少，这种危机常常危害营业范围单一的专业工程；第三，如果承包商经营管理不善，投标邀请越来越少，这时承包商应以生存为重，采取不盈利甚至赔本也要夺标的态度，只图暂时维持生存，渡过难关，寻求东山再起的机会。

(2) 竞争型。指投标报价以竞争为手段，以开拓市场、低盈利为目标，在精确计算成本基础上，充分估计各竞争对手的报价目标，以有竞争力的报价达到中标的目的，如果承包商处在经营状态不景气、近期接受的投标邀请减少、竞争对手有威胁性、试图打入新的地区、开拓新的工程施工类型，而且招标项目风险小、施工工艺简单、工程量大、社会效益好的项目和附近有本公司其他正在施工的项目，则应压低报价，力争夺标。

(3) 盈利型。指投标报价充分发挥自身优势，以实现最佳盈利为目标，对效益无吸引力的项目热情不高，对盈利大的项目充满自信。如果承包商在该地区已经打开局面，施工能力饱和，信誉度高，竞争对手少，具有技术优势并对业主有较强的名牌效应，投标目标主要是扩大影响，或者项目施工条件差、难度高、资金支付条件不好，工期质量要求苛刻，则应采取比较高的报价。

俗话说“知己知彼，百战不殆”，工程投标决策的研究就是知己知彼的研究，这个“己”就是影响投标决策的主观因素，“彼”就是影响投标决策的客观因素。一旦知己知彼，就确定了所投标应是投盈利标、保本标或是亏损标。对于各种性质标的确定：如果招标工程既是本企业的强项又是竞争对手的弱项或企业任务饱满，利润丰厚，考虑到企业超负荷运转时，此种情况下就投盈利标；当企业无后续工程或已出现部分窝工，争取中标，但招标的项目企业又无优势可言，竞争对手又多，此时就投保本标，至多投薄利标；当企业已大量窝工，严重亏损，若中标后至少可以使部分人工、机械运转，或者为在对手林立的竞争中夺得头标，不惜血本压低标价，或是为了本企业的市场占有率，挤垮企图插足的竞争对手，或为了进入新市场，取得拓宽市场的立足点，此时就投亏损标，但这种标是一种非常手段，虽然是不正常的，在激烈的竞争中有时也会采用。

5. 投标决策应遵循的原则

承包商应对投标项目有所选择，特别是投标项目比较多时，投哪个标不投哪个标以及投一个什么样的标，都关系到中标的可能性和企业的经济效益。因此，投标决策非常重要，通常由企业的主要领导担当此任。要从战略全局全面地权衡得失与利弊，做出正确的决策。进行投标决策实际上是企业的经营决策问题。因此，投标决策时，必须遵循下列

原则。

（1）可行性。选择的投标对象是否可行，首先，要从本企业的实际情况出发，实事求是，量力而行，以保证本企业均衡生产，连续施工为前提，防止出现“窝工”和“赶工”现象。要从企业的施工力量、机械设备、技术能力、施工经验等方面，考虑该招标项目是否比较合适，是否有一定的利润，能否保证工期和满足质量要求。其次，要考虑能否发挥本企业的特点、特长、技术优势和装备优势，要注意扬长避短，选择适合发挥自己优势的项目，发扬长处才能提高利润，创造信誉，避开自己不擅长的项目和缺乏经验的项目。最后，要根据竞争对手的技术经济情报和市场投标报价动向，分析和预测是否有夺标的把握和机会。对于毫无夺标希望的项目，就不宜参加投标，更不宜陪标，以免损害本企业的声誉，进而影响未来的中标机会。即若明知竞争不过对手，则应退出竞争，减少损失。

（2）可靠性。要了解招标项目是否已经过正式批准，列入国家或地方的建设计划，资金来源是否可靠，主要材料和设备供应是否有保证，设计文件完成的阶段情况、设计深度是否满足要求等。此外，还要了解业主的资信条件及合同条款的宽严程度，有无重大风险性。应当尽早回避那些利润小而风险大的招标项目以及本企业没有条件承担的项目，否则，将造成不应有的后果。特别是国外的招标项目，更应该注意这个问题。

（3）盈利性。利润是承包商追求的目标之一。保证承包商的利润，既可保证国家财政收入随着经济发展而稳定增长，又可使承包商不断改善技术装备，扩大再生产；同时有利于提高企业职工的收入，改善生活福利设施，从而有助于充分调动职工的积极性和主动性。所以，确定适当的利润率是承包商经营的重要决策。在选取利润率的时候，要分析竞争形势，掌握当时当地的一般利润水平，并综合考虑本企业近期及长远目标，注意近期利润和远期利润的关系。在国内投标中，利润率的选取要根据具体情况适当酌情增减。对竞争很激烈的投标项目，为了夺标，采用的利润率会低于计划利润率，但在以后的施工过程中，要注重在企业内部革新挖潜，实际的利润率不一定会低于计划利润。

（4）审慎性。参与每次投标，都要花费不少人力、物力，付出一定的代价。如能夺标，才有利润可言。在基建任务不足的情况下，竞争非常激烈，承包商为了生存都在拼命压价，盈利甚微。承包商要审慎选择投标对象，除非在迫不得已的情况下，决不能承揽亏本的施工任务。

（5）灵活性。在某些特殊情况下，需采用灵活的战略战术。例如，为了在某个地区打开局面，取得立脚点，可以用让利方针，以薄利优质取胜。由于报价低、干得好，赢得信誉，势必带来连锁效应。承揽了当前工程，更为今后的工程投标中标创造机会和条件。

要作出正确的投标决策，首先应从多方面收集大量的信息，知己知彼。对承包难度大、风险度高、资金不到位以及“三边”工程，要考虑主动放弃，否则企业将会陷入工期拖长、成本加大的困难，企业的效益、信誉就会受到损害。

对决策投标的项目应充分估计竞争对手的实力、优势及投标环境的优劣等情况。竞争对手的实力越强，竞争就越激烈，对中标的影响就越大。竞争对手拥有的任务越不饱满，竞争也会越激烈。

3.3.2　投标报价的编制

建设工程投标报价是建设工程投标内容中的重要部分，是整个建设工程投标活动的核

心环节，报价的高低直接影响着能否中标和中标后是否能够获利。

1. 投标报价的组成

建设工程投标报价主要由工程成本（直接费、间接费）、利润、税金组成，同时考虑风险费用。直接费是指工程施工中直接用于工程实体的人工、材料、设备和施工机械使用费等费用的总和；间接费是指组织和管理施工所需的各项费用。直接费和间接费共同构成工程成本。利润是指建筑施工企业承担施工任务时应计取的合理报酬。税金是指施工企业从事生产经营应向国家税务部门交纳的营业税、城市建设维护费及教育费附加。风险费用是指在各种风险发生后需由承包人承担的风险损失，投标报价中应依据合同条款的规定和当时当地的情况考虑风险种类和风险费用的多少。在投标报价中，应科学地编制以上费用，使总报价既有竞争力，又有利可图。

2. 投标报价编制的依据

编制投标报价时应考虑以下几方面。

（1）工程量清单计价规范。

（2）国家或省级、行业建设主管部门颁发的计价办法。

（3）企业定额，国家或省级、行业建设主管部门颁发的计价定额。

（4）招标文件、工程量清单及其补充通知、答疑纪要。

（5）建设工程设计文件及相关资料。

（6）施工现场情况、工程特点及拟定的投标施工组织设计或施工方案。

（7）与建设项目相关的标准、规范等技术资料。

（8）市场价格信息或工程造价管理机构发布的工程造价信息。

（9）其他的相关资料。

3. 投标报价的编制方法

工程量清单报价，是建设工程招投标中，招标人按照国家统一的工程量计算规则提供工程数量，由投标人依据工程量清单，根据自身的技术、财务、管理能力进行自主报价。招标人根据具体的评标细则进行选优。

投标报价的编制过程应首先根据招标人提供的工程量清单，编制分部分项工程量清单计价表、措施项目清单计价表、其他项目清单计价表、规费、税金，计算完毕之后，汇总而得到单位工程投标报价汇总表，再层层汇总，分别得出单项工程投标报价汇总表和工程项目投标总价汇总表。在编制过程中，投标人应按照招标人提供的工程量清单填报价格。填写的项目编码、项目名称、项目特征、计量单位、工程量必须与招标人提供的一致。

（1）分部分项工程量清单与计价表的编制。承包人投标价中的分部分项工程费应按招标文件中分部分项工程量清单项目的特征描述确定综合单价来计算。因此，确定综合单价是分部分项清单与计价表编制过程中最主要的内容。综合单价包括完成单位分部分项工程所需的人工费、材料费、机械使用费、管理费、利润，并考虑风险费用的分摊。其中人工费、材料费、机械费指市场价的人、材、机费用。管理费指发生在企业、施工现场的各项费用。利润（含风险费）由施工单位根据工程情况和市场因素，自主确定。即

分部分项工程综合单价＝人工费＋材料费＋机械使用费＋管理费＋利润＋风险

接下来以表 3.1 和表 3.2 为例说明。

表 3.1　　分部分项工程量清单计价表

工程名称：活动中心大楼　　标段：　　第　页共　页

序号	项目编码	项目名称	项目特征描述	计量单位	工程数量	合同金额/元		
						综合单价	合计	暂列估价
1	010101001001	平整土地	一、二类土	m^2	454.00	4.64	2107.15	
2	010101003002	挖基础土方	二类土，砖条基，挖土深 1.4m，弃土运距 50m	m^3	964.00	21.57	20794.17	
3	010103001003	基础回填土方	分层夯实	m^3	558.00	30.00	16740.00	
本页小计							39641.32	
合　计								

表 3.2　　分部分项工程量清单项目综合单价分析表

工程名称：活动中心大楼　　标段：　　第　页共　页

项目编码	01010100301	项目名称	挖基础土方	计量单位	m^3	工程量	964.00

清单综合单价组成明细

定额编号	定额名称	定额单位	数量	单价				合价			
				人工费	材料费	机械费	管理费和利润	人工费	材料费	机械费	管理费和利润
1-18	挖基槽	$100m^3$	9.64	1229.33			330.20	11850.74			3086.73
1-36	余土外运	$100m^3$	4.06	1105.53	13.56		287095	4488.45	55.05		1169.08
1-58	原土夯实	$100m^3$	2.32	41.28		7.11	13.75	95.77		16.50	31.85
人工单价		小　计						16434.96	55.05	16.50	4287.66
元/工日		未计价材料费						0			
清单项目综合单价								20794.17 元/964m^2＝21.57 元			

（2）措施项目清单与计价表的编制。措施费是指工程量清单中，除工程清单项目以外，为保证工程顺利进行，按照国家现行有关建设工程施工及验收规范、规程要求，必须配套完成的工程内容所需的费用。主要是计算各项措施项目费，措施项目费应根据招标文件中的措施项目清单及投标时拟订的施工组织设计或施工方案按不同报价方式自主报价。

清单计价模式下的施工措施项目费包括施工技术措施项目费和施工组织措施项目费两种。施工技术措施项目费包括脚手架使用费、模板使用费、垂直运输机械使用费、建筑物超高增加费、大型机械进出场和安装、拆除费用。施工组织措施项目费包括材料二次搬运费、远途施工增加费、缩短工期增加费、安全文明施工增加费、总承包管理费及其他费用。

这些费用项目在《工程量清单计价规范》中都列有参考项目。但是，投标人可以根据本企业的实际情况增加措施项目内容，这是由于各投标人拥有的施工装备、技术水平和采用的施工方法有所差异，而招标人提出的措施项目清单是根据一般情况确定的，没考虑不同投标人的“个性”。投标人根据投标施工组织设计或施工方案调整和确定的措施项目应通过评标委员会的评审。

措施项目清单计价应根据拟建工程的施工组织设计，可以计算工程量适宜采用分部分项工程量清单方式的措施项目应采用综合单价计价；其余的措施项目可以“项”为单位计价，应包括除规费、税金外的全部费用，见表3.3和表3.4。

表3.3　　措施项目清单计价表（一）

工程名称：活动中心大楼　　标段：　　第　页共　页

序号	项目名称	计算基础	费　率	金额/元
1	安全文明施工	综合工日×34	17.76%	236834
2	夜间施工费	综合工日	0.68/（元/工日）	15463
3	二次搬运费	综合工日	1.36/（元/工日）	7658
4	冬雨季施工	综合工日	1.29/（元/工日）	3462
5	大型机械设备进出场及安拆费			14350
6	施工排水			2700
7	施工降水			14300
8	地上、地下设施，建筑物的临时保护措施			2000
9	已完工程及设备保护			5000
10	各专业工程的措施项目			233700
（1）	垂直运输机械			125000
（2）	脚手架			156000
合　计				816467

表3.4　　措施项目清单计价表（二）

工程名称：活动中心大楼　　标段：　　第　页共　页

序号	项目编码	项目名称	项目特征描述	计量单位	工程数量	金额/元	
						综合单价	合价
1	AB001	现浇混凝土平板模板及支架	矩形板、支模高度3m	m^2	1000	19.36	19360
合　计							2586900

（3）其他项目清单与计价表的编制。其他项目费主要包括暂列金额、暂估价、计日工、总承包服务费。暂列金额应按照其他项目清单中列出的金额填写，不得变动。暂估价不得变动和更改，暂估价中的材料暂估价必须按照招标人提供的暂估单价计入分部分项工

程费中的综合单价；专业工程暂估价必须按照招标人提供的其他项目清单中列出的金额填写；材料暂估价和专业工程暂估价均由招标人提供，为暂估价格。在工程实施过程中，对于不同类型的材料与专业工程采用不同的计价方法。计日工应按照其他项目清单列出的项目和估算的数量，自主确定各项综合单价并计算费用。总承包服务费应根据招标人在招标文件中列出的分包专业工程内容和供应材料、设备情况，按照招标人提出的协调、配合与服务要求和施工现场管理需要自主确定，见表3.5。

表3.5　　**其他项目清单与计价汇总表**

工程名称：活动中心大楼　　标段：　　第　页　共　页

序号	项目名称	计量单位	金　额/元	备　注
1	暂列金额	项	300000	
2	暂估价	项	100000	
2.1	材料暂估价	项		
2.2	专业工程暂估价	项	100000	
3	计日工	工日	22156	
4	总承包服务费	项	10000	
合　计			532156	

(4) 规费、税金项目清单与计价表的编制。规费和税金应按照国家或省级、行业建设主管部门的规定计算，不得作为竞争性费用，见表3.6。

表3.6　　**规费、税金项目清单与计价表**

工程名称：活动中心大楼　　标段：　　第　页　共　页

序号	项目名称	计算基础	费率	金额/元
1	规费			
1.1	工程排污费	按工程所在地环保部门规定按实计算		
1.2	社会保障费	综合工日	7.84/(元/工日)	1567725
1.3	住房公积金	综合工日	1.70/(元/工日)	166524
1.4	危险作业意外伤害保险	综合工日	0.60/(元/工日)	23410
1.5	工程定额测定费	综合工日	0.27/(元/工日)	12023
2	税金	税前造价	3.41%	342554
合　计				2112236

工程量清单计价应采用标准的统一格式。工程量清单计价格式应随招标文件发至投标人，由投标人填写。工程量清单计价格式应由下列内容组成。

1）封面。

2）单位工程费汇总表。

3）分部分项工程量清单计价表。

4）措施项目清单计价表。

5）其他项目清单计价表。

6）零星工作项目表。

7）主要材料价格表。

3.3.3 建设工程投标报价审核

为了提高中标概率，在投标报价正式确定之前，应对其进行认真审查、核算。审核的方法很多，常用的有以下几种。

(1) 用一定时期本地区内各类建设项目的单位工程造价，对投标报价进行审核。

(2) 运用全员劳动生产率即全体人员每工日的生产价值，对投标报价（主要适用于同类工程，特别是一些难以用单位工程造价分析的工程）进行审核。

(3) 用各类单位工程用工用料正常指标，对投标报价进行审核。

(4) 用各分项工程价值的正常比例（如一栋楼房的基础、墙体、楼板、屋面、装饰、水电、各种专用设备等分项工程，在工程价值中所占有的大体合理的比例），对投标报价进行审核。

(5) 用各类费用的正常比例（如人工费、材料费、设备费、施工机械费、间接费等各类费用之间所占有的合理比例），对投标报价进行审核。

(6) 用储存的一个国家或地区的同类型工程报价项目和中标项目的预测工程成本资料，对投标报价进行审核。

(7) 用个体分析整体综合控制法（如先对组成一条铁路工程的线、桥、隧道、站场、房屋、通信信号等各个体工程逐个进行分析，然后再对整条铁路工程进行综合研究控制），对投标报价进行审核。

(8) 用综合定额估算法（即以综合定额和扩大系数估算工程的工料数量和工程造价）对投标报价进行审核。

3.3.4 建设工程投标策略与技巧

建设工程投标策略，是指建设工程承包商为了达到中标目的而在投标过程中所采用的手段和方法。投标策略作为投标取胜的方式、手段和艺术，贯穿于投标竞争的始终，内容十分丰富。在投标与否、投标项目的选择、投标报价等方面，无不包含投标策略，投标策略在投标报价过程中的作用更为显著。工程项目施工投标技巧研究，其实是在保证工程质量与工期的条件下，寻求一个好的报价的技巧问题。恰当的报价是能否中标的关键，但恰当的报价，并不一定是最低报价。

1. 建设工程投标策略

(1) 知彼知己，把握情势。当今世界正处于信息时代，广泛、全面、准确地收集和正确开发利用投标信息，对投标活动具有举足轻重的作用。投标人要通过广播、电视、报纸、杂志等媒体和政府部门、中介机构等各种渠道，广泛、全面地收集招标人情况、市场动态、建筑材料行情、工程背景和条件、竞争对手情况等各种与投标密切相关的信息，并对各种投标信息进行深入调查，综合分析，去伪存真，准确把握情势，做到知彼知己、百战不殆。

（2）以长制短，以优胜劣。人总有长处与短处，即使一个优秀的企业也是这样。建设工程承包商也有自己的短处，在投标竞争中，必须学会以长处胜过短处，以优势胜过劣势。

（3）随机应变，争取主动。建筑市场处于买方市场，竞争非常激烈。承包商要对自己的实力、信誉、技术、管理、质量水平等各个方面做出正确的估价，过高或过低估价自己，都不利于市场竞争。在竞争中，面对复杂的形势，要准备多种方案和措施，善于随机应变，掌握主动权，真正做投标活动的主人。

2. 建设工程投标技巧

投标技巧在投标过程中，主要表现在通过各种操作技能和诀窍，确定一个好的报价，常见的投标报价技巧有以下几种。

（1）扩大标价法。这种方法比较常用，即除了按正常的已知条件编制价格外，对工程中变化较大或没有把握的工作，采用扩大单价，增加“不可预见费”的方法来减少风险。但是这种做标方法往往因为总价过高而不易中标。

（2）不平衡报价法。又称前重后轻法，是指在总报价基本确定的前提下，调整内部各个子项的报价，以期既不影响总报价，又在中标后满足资金周转的需要，获得较理想的经济效益。不平衡报价法的通常做法有以下几种。

1）先期开工的能够早日结账收回工程款的项目（如土石方工程、基础工程等），单价可适当报高些；对机电设备安装、装饰等后期工程项目，单价可适当报低些。

2）经过核算工程量，估计到以后会增加工程量的项目的单价适当提高，工程量会减少的项目的单价适当降低。

3）对设计图纸内容不明确或有错误，估计修改后工程量要增加的项目，可以提高单价；而对工程内容不明确的项目，可以降低单价。

4）对没有工程量，只填单价的项目（如土方工程中挖淤泥、岩石、土方超运等备用单价）可以将单价报高，这样既不影响投标总价，又有利于多获利润。

5）对暂定项目（任意项目或选择项目）中实施的可能性大的项目，单价可报高些；预计不一定实施的项目，单价可适当报低些。

6）零星用工（记日工）单价一般可稍高于工程中的工资单价，因为记日工不属于承包总价的范围，发生时实报实销。但如果招标文件中已经假定了记日工的“名义工程量”，则需要具体分析是否报高价，以免提高总报价。

7）对于允许价格调整的工程，当利率低于物价上涨时，则后期施工的工程项目的单价报价高；反之，报价低。

采用不平衡报价法，优点是有助于对工程报价表进行仔细校核和统筹分析，总价相对稳定，不会过高；缺点是单价报高报低的合理幅度难以掌握，单价报得过低会因执行中工程量增多而造成承包商损失，报得过高会因招标人要求比价而使承包商得不偿失。因此，在运用不平衡报价法时，要特别注意工程量有无错误，具体问题具体分析，避免报价盲目报高报低。

（3）多方案报价法。指对同一个招标项目除了按招标文件的要求编制了一个投标报价以外，还编制了一个或几个建议方案。多方案报价法有时是招标文件中规定采用的，有时是承包商根据需要决定采用的。承包商决定采用多方案报价法，通常有以下两种情况。

1）如果发现招标文件中的工程范围很不具体、不明确，或条款内容很不清楚、不公正，或对技术规范的要求过于苛刻，可先按招标文件中的要求报一个价，然后再说明假如招标人对合同要求作某些修改，报价可降低多少。

2）如发现设计图纸中存在某些不合理但可以改进的地方或可以利用某项新技术、新工艺、新材料替代的地方，或者发现自己的技术和设备满足不了招标文件中设计图纸的要求，可以先按设计图纸的要求报一个价，然后再另附一个修改设计的比较方案，或说明在修改设计的情况下，报价可降低多少。这种情况，通常也称作修改设计法。

3.4 建设工程投标文件的编制

3.4.1 建设工程投标文件的组成

建设工程投标文件（标书）是投标人根据招标文件的要求对其所提供的工程或服务做出的价格和其他责任的承诺，它体现了投标方对该项目的兴趣和对该项目执行的能力和计划，是招标人选择和衡量投标方的重要依据。在传统的合同管理模式中，依“镜子反射原则”，投标人发出的要约文件（投标文件）必须与招标人制订的要约邀请文件（招标文件）相一致；也就是说，投标文件必须全面、充分地反映招标文件中关于法律、商务、技术的条件、条款。通常在投标人须知中规定投标文件必须具备：完整性、符合性、响应性，否则将导致其投标被拒绝。投标文件一般由下列内容组成：

（1）封面、目录、投标函及投标函附录（图 3.2）。

（用于投标文件封面）

__________________（项目名称）_____标段

招标项目编号：______________

投 标 文 件

投标文件内容：资格文件（商务文件、技术文件）

投标人：______________（盖单位公章）

法定代表人或其委托代理人：__________（盖章）

日期：_____年_____月_____日

图 3.2 投标文件封面模板

（2）法定代表人资格证明或附有法定代表人身份证明的授权委托书（图 3.3）。

法定代表人资格证明书

投标人名称：________________________________

地址：____________________________________

姓名：__________性别：______身份证号码：__________

职务：__________手机号码：__________

系______________________(投标人名称）的法定代表人。

特此证明。

投标人：____________(盖单位公章)

______年____月____日

图 3.3　法定代表人资格证明书

（3）联合体协议书。

（4）投标保证金。

（5）具有标价的工程量清单与报价表。

（6）施工组织设计。

（7）项目管理机构。

（8）拟分包项目的情况表。

（9）对招标文件中的合同协议条款内容的确认和响应。

（10）资格审查资料（资格预审的不采用）。

（11）投标人须知前附表规定的其他材料。

投标人必须使用招标文件提供的投标文件表格格式，但表格可以按同样格式扩展。《标准施工招标文件》中拟定的供投标人投标时填写的一套投标文件格式，有投标函及投标函附录、法定代表人身份证明、授权委托书、联合体协议书、投标保证金、工程量清单报价表、施工组织设计、项目管理机构、拟分包项目情况表、资格审查资料、其他资料等 11 项。

一份真实和完整的投标文件一般包括封面、投标函及投标函附录、正文、附件等 4 部分。其中，正文部分可以划分为商务部分（Commercial Proposal）与技术部分（Technical Proposal）。标书的附件是对标书正文重要内容的补充和细化。此部分主要以图表、需单列的演算过程、从业资格和企业获奖证书复印件、保函、报价单、资信证明文件、解释说明等形式出现。

表 3.7 是典型的总承包项目投标文件结构与篇幅设计，在工程投标中，可以根据实际情况，对内容和长度进行调整。编写全新的文件往往费时费力，但在已有的文本上进行修改情况会好得多。全新文本是针对该项目重新编写的部分，通常由投标经理来编写，其特点是必须具有相当的说服力；有部分改动的标准文本是以投标方原有的文件资料为基础，根据当前投标项目的特点进行改写而成；标准文本没有改动是指一些标准的投标方文本，可以直接加入标书中，主要是指一些经常更新的投标人的资质资料、投标人的资源设施和过去的业绩等。

表3.7　**典型的总承包项目投标文件结构与篇幅设计**

投标要求	指导思想	提供文件的种类	文件数量	文本类型
1. 招标方要求的服务	认真阅读投标邀请（Invitation to Bid），了解招标方的要求和项目细节	标书的封面信函（表明对招标方的感谢和对核心内容的确认）	1页	全新文本
2. 全面分析和理解招标方的要求	列出项目的所有参数、问题和困难所在，从一开始就应该让招标方清楚只有接受该标书才能获得最大的好处，而不能指望招标方花时间来判断标书的质量	分析招标方的要求，简略的描述解决问题的方针和策略	3～4页	全新文本
3. 说明将如何具体来执行项目和解决问题	给出项目管理、设计服务技术、工艺技术、总图布置、设备表、项目进度、采购计划和施工方案等项目执行的细节，即一个完整的项目描述。注意：不要提供与解决问题无关的一些投标方介绍资料。真正有说服力的是投标方能够执行项目的能力	项目组织机构、项目进度、项目执行计划、人员安排、工艺技术、装置描述、设计标准、服务分工、设备材料采购分工、项目施工方案	50～100页	采用75%的标准文本和25%的微小改动
4. 说明解决过去类似问题的经历和经验	提供过去执行过的与当前项目相类似的项目的细节和经验	相似装置的描述、过去的管理方式、最近的工程项目业绩	3～4页	标准文本
5. 说明能支持该项目的资源	提供所具有的设备装置的情况、人员水平、技术支持软件、特殊的工程技术、标准的工程设计程序、质量管理程序等	投标方的人员简历、软硬件情况、办公设施管理体制和程序	50页	标准文本
6. 其他有用的参考	把一些介绍性的信息和文件收放到标书的后面	投标方的介绍、投标方的年报、质量手册、程序文件、其他的资质说明	100页	标准文本
7. 执行该项目招标方将支付的费用	尽可能使价格处于普通价位，本部分一般单独列为商务标书	价格支付时间表、装置交互、技术保证责任和义务、一般的合同条款执行条件、投标保函、法律仲裁、银行证明融资计划、其他商务条款	5～15页	1/3的新文本，1/3的标准文本有改动，1/3的标准文本没有改变

3.4.2 投标文件的编制步骤

投标文件的编制按以下步骤进行。

(1) 研究招标文件，重点是投标须知、合同条件、技术规范、工程量清单及图纸。

(2) 熟悉招标文件、图纸、资料。

(3) 为编制好投标文件和投标报价，应收集现行定额标准、取费标准及各类标准图集，收集掌握政策性调价文件及材料和设备价格情况。

(4) 编制实质性响应条款，包括对合同主要条款、提供资质证明的响应。

(5) 依据招标文件和工程技术规范要求，并根据施工现场情况编制施工方案或施工组织设计。

(6) 按照招标文件中规定的各种因素和依据计算报价，并仔细核对，确保准确，在此基础上正确运用报价技巧和策略，并用科学方法做出报价决策。

(7) 填写各种投标表格。

(8) 投标文件的封装。投标文件编写完成后要按招标文件要求的方式分装。

3.4.3 编制投标文件的注意事项

编制投标文件时应注意以下事项。

(1) 投标文件中的每一空白都须填写。如有空缺，则被认为放弃意见，如果因此被认为是对招标文件的非实质性响应，将会导致废标；如果是报价中的某一项或几项重要数据未填写，一般认为，此项费用已包含在其他项单价和合价中，从而此项费用将得不到支付，投标人不得以此为由提出修改投标、调整报价或提出补偿等要求。

(2) 填报文件应当反复校对，保证分项、汇总、大写数字计算均无错误。

(3) 递交的全部文件每页均须签字，如填写中有错误而不得不改，应在修改处签字。

(4) 最好是用打字方式填写投标文件，或者用钢笔或碳素笔用正楷字填写。

(5) 不得改变标书的格式，如原有格式不能表达投标意图，可另附补充说明。

(6) 投标文件应当保持整洁，纸张统一，字迹清楚，装订美观大方，使评标专家从侧面认可投标企业的实力。

(7) 投标人在投标文件中应明确标明“投标文件正本”和“投标文件副本”及其份数；若投标文件的正本与副本不一致时，以正本为准。投标文件应加盖投标单位法人公章和法定代表人或其委托代理人的印鉴。

(8) 应当按规定对投标文件进行分装和密封，按规定的日期和时间检查投标文件后一次递交。

3.4.4 建设工程投标文件的签署、加封、递送

投标人应当在电子交易平台注册登记，如实递交有关信息，并经电子交易平台运营机构验证。

投标文件编制完成后，经核对无误，由投标人的法定代表人签字密封，派专人在投标截止日通过规定的电子交易平台递交投标文件，并取得收讫证明。当招标人延长了递交投标文件的截止日期，招标人与投标人以前在投标截止日期方面的全部权利、责任和义务，将适用于延长后新的投标截止日期。在投标截止日期以后送达的投标文件，招标人将拒

收。递送投标文件不宜太早，因市场情况在不断变化，投标人需要根据市场行情及自身情况对投标文件进行修改。递送投标文件的时间在招标人规定的投标文件截止日前两天为宜。

投标人可以在提交投标文件以后，在规定的投标截止时间之前，向招标人递交补充、修改或撤回其投标文件的通知。在投标截止日期以后，不能更改投标文件。投标人的补充、修改或撤回通知，应按招标文件中投标须知的规定编制、密封、加写标志和提交，补充、修改的内容为投标文件的组成部分。根据招标文件的规定，在投标截止时间与招标文件中规定的投标有效期终止日之间的这段时间内，投标人不能撤回投标文件，否则其投标保证金将不予退还。

【案例 3.1】

××工程施工投标文件

2007 年，我国颁布了《中华人民共和国标准施工招标文件》，其中第四卷第八章颁布了施工投标文件格式，此内容作为本章的教学范例。以下是某活动中心大楼工程施工投标文件。

1. 投标文件封面

×××活动中心大楼施工（项目名称）标段

招标项目编号：×建 2015120826001

投 标 文 件

投标文件内容：资格文件（商务文件、技术文件）

投标人：××建筑安装有限责任公司（盖单位公章）

法定代表人或其委托代理人：____________（盖章）

日期______年____月____日

2. 目录

一、投标函及投标函附录

二、法定代表人身份证明

三、授权委托书

四、联合体协议书

五、投标保证金（投标担保银行保函）

六、工程量清单报价表

七、施工组织设计

八、项目管理机构

九、拟分包项目情况表

十、资格审查资料

十一、其他资料

3. 投标函及投标函附录

1. 投标函

投　标　函

××建设房地产开发公司（招标人名称）：

1.1 我方已仔细研究了 ×××活动中心大楼 （某标段）工程施工招标文件的全部内容，愿意以人民币（大写）×××元（¥××× ）的投标总报价，工期 345 日历天，按合同约定实施和完成承包工程，修补工程中的任何缺陷，工程质量达到______标准。

1.2 我方承诺在投标有效期内不修改、撤销投标文件。

1.3 随同本投标函提交投标保证金一份，金额为人民币（大写）____元（¥____）。

1.4 如我方中标：

1.4.1 我方承诺在收到中标通知书后，在中标通知书规定的期限内与你方签订合同。

1.4.2 随同本投标函递交的投标函附录属于合同文件的组成部分。

1.4.3 我方承诺按照招标文件规定向你方递交履约担保。

1.4.4 我方承诺在合同约定的期限内完成并移交全部合同工程。

1.5 我方在此声明，所递交的投标文件及有关资料内容完整、真实和准确，且不存在第二章“投标人须知”第1.4.3项规定的任何一种情形。除非另外达成协议并生效，你方的中标通知书和本投标文件将成为约束双方的合同文件的组成部分。

1.6 ______________________________（其他补充说明）。

投标人：××建筑安装有限责任公司　　（盖单位章）

法定代表人或其委托代理人：______________（签字）

地址：______________________________

网址：______________________________

电话：______________________________

传真：______________________________

邮政编码：__________________________

______年____月____日

2. 投标函附录（表3.8、表3.9）

表3.8　　投标函附录

序号	条款名称	合同条款号	约定内容	备注
1	项目经理	1.1.2.4	姓名：	
2	工期	1.1.4.3	天数：　日历天	
3	缺陷责任期	1.1.4.5		
4	分包	4.3.4		
5	价格调整的差额计算	16.1.1	见价格指数权重表	

表 3.9 价格指数权重表

名称		基本价格指数		权重			价格指数来源
		代号	指数值	代号	允许范围	投标人建议值	
定值部分				A			
	人工费	F01		B1		___至___	
	钢材	F02		B2		___至___	
	水泥	F03		B3		___至___	
合 计						1.00	

4. 法定代表人资格证明

法定代表人资格证明书

投标人名称：______××建筑安装有限责任公司______

地址：______某市中山路28号______

姓名：______ 性别：______ 身份证号码：______

职务：______ 手机号码：______

系______××建筑安装有限责任公司______（投标人名称）的法定代表人。

特此证明。

投标人：××建筑安装有限责任公司（盖单位公章）

______年____月____日

5. 授权委托书

授 权 委 托 书

本人×××（姓名）系 ××建筑安装有限责任公司（投标人名称）的法定代表人，现委托 ××（姓名）为我方代理人。代理人根据授权，以我方名义签署、澄清、说明、补正、递交、撤回、修改 ×××活动中心大楼 工程施工投标文件、签订合同和处理有关事宜，其法律后果由我方承担。

委托期限：____________。

代理人无转委托权。

附：法定代表人身份证明

投标人：××建筑安装有限责任公司______（盖单位章）

法定代表人：____________（签字）

身份证号码：____________

委托代理人：____________（签字）

身份证号码：____________

______年____月____日

6. 联合体协议书

联 合 体 协 议 书

(所有成员单位名称)______自愿组成______(联合体名称)联合体，共同参加______(项目名称)标段施工投标。现就联合体投标事宜订立如下协议。

1. ______(某成员单位名称)为______(联合体名称)牵头人。

2. 联合体牵头人合法代表联合体各成员负责本招标项目投标文件编制和合同谈判活动，并代表联合体提交和接收相关的资料、信息及指示，并处理与之有关的一切事务，负责合同实施阶段的主办、组织和协调工作。

3. 联合体将严格按照招标文件的各项要求，递交投标文件，履行合同，并对外承担连带责任。

4. 联合体各成员单位内部的职责分工如下：______。

5. 本协议书自签署之日起生效，合同履行完毕后自动失效。

6. 本协议书一式______份，联合体成员和招标人各执一份。

注：本协议书经委托代理人签字的，应附法定代表人签字的授权委托书。

牵头人名称：______(盖单位章)

法定代表人或其委托代理人：______(签字)

成员一名称：______(盖单位章)

法定代表人或其委托代理人：______(签字)

成员二名称：______(盖单位章)

法定代表人或其委托代理人：______(签字)

……

______年____月____日

7. 投标保证金

投标保证金格式有①某省建筑业龙头企业年度投标保证金收讫证明(见附件1)；②投标保证金银行保函(见附件2)；③投标保证金担保保函(格式)；④投标保证保险(凭证)(格式)。

附件1　××省房建和市政工程
年度投标保证金收讫证明

编号：

(投标人)______已于______年____月____日将投标保证金：大写：______万元人民币(¥______万元)交纳至××省公共资源交易中心统一设立的建设工程投标保证金专用账户(开户银行为______；开户名称为______；开户账号为______)。

年度投标保证金使用期限为____年____月____日0时至____年____月____日24时。

特此证明

查询网址：

联系电话：

传　　真：

××省公共资源交易中心

年　　　月　　　日

附件2　投标保证金银行保函

保函编号：＿＿＿＿＿＿

＿＿＿＿＿＿（招标人名称）：

鉴于＿＿＿＿＿＿（投标人名称）（以下简称"投标人"）参加你方＿＿＿＿（项目名称及标段）标段的施工投标，＿＿＿＿＿＿（银行名称）（以下简称"我方"）受该投标人委托，在此无条件地、不可撤销地保证：一旦收到你方提出的下述任何一种事实的书面通知，在7日内无条件地向你方支付总额不超过＿＿＿＿＿＿（投标保函额度）的任何你方要求的金额：

1. 投标人在投标有效期内撤销或修改其投标文件的；

2. 投标人中标后，非因不可抗力原因放弃中标、无正当理由不与招标人订立合同、在签订合同时向招标人提出附加条件或者不按照招标文件要求提交履约担保金的；

3. 投标人中标后，因违法行为导致中标被依法确认无效的；

4. 法律、法规规定的其他没收投标保证金情形。

本保函在投标有效期到期后28日（含）内或招标人延长投标有效期后的到期日后28日（含）内保持有效，延长投标有效期无须通知我方，但任何索款要求应在投标有效期内送达我方。保函失效后请将本保函交投标人退回我方注销。

本保函项下所有权利和义务均受中华人民共和国法律管辖和制约。

查验保函网址：＿＿＿＿（必填）＿＿＿＿

银行名称：＿＿＿＿＿＿（盖单位章）

法定代表人或其委托代理人：＿＿＿＿＿＿（签字）

地　　址：＿＿＿＿＿＿

邮政编码：＿＿＿＿＿＿

电　　话：＿＿＿＿＿＿

传　　真：＿＿＿＿＿＿

＿＿＿年＿＿月＿＿日

8. 工程量清单报价表

投　标　总　价

招标人：＿＿＿＿＿＿

工程名称：＿＿＿＿＿＿

投标总价(小写)：＿＿＿＿＿＿

(大写)：＿＿＿＿＿＿

投标人：________________（单位盖章）
法定代表人：____________（签字或盖章）
编制人：______（造价人员签字盖专用章）
编制时间：________年_____月_____日

投 标 报 价 说 明

1. 本报价依据本工程工程量清单、甲方提供的图纸和招标文件的有关条款进行编制。

2. 投标报价汇总表中的价格为完成该工程项目的成本、措施费、利润、税金、一定的风险费等全部费用。

3. 措施项目报价表中所填入的措施项目报价，包括《建设工程工程量清单计价规范》和施工组织设计所采用方案的全部费用。

4. 单价报价依据《××省建设工程工程量清单综合单价》（建筑工程和装饰装修工程）、《××省安装工程工程量清单综合单价》。

4.1 工程项目投标报价汇总表（表 3.10）

4.2 单项工程投标报价汇总表（表 3.11）

4.3 单位工程投标报价汇总表（表 3.12）

4.4 综合单价分析表（表 3.13）

表 3.10 **工程项目投标报价汇总表**

工程名称： 第 1 页 共 1 页

序号	工程项目名称	金额/元	其 中		
			暂估价/元	安全文明施工费/元	规费/元
1	38 号住宅楼				
2					
合 计					

表 3.11 **单项工程投标报价汇总表**

工程名称：（土建、给排水、电气、采暖） 第 1 页 共 1 页

序号	汇总内容	金额/元	其中：暂估价/元
1	分部分项工程		
1.1			
2	措施项目		
2.1	安全文明施工费		
3	税金		
合 计			

表3.12 **单位工程投标报价汇总表**

工程名称： 第1页 共1页

序号	汇总内容	金额/元	其中：暂估价/元
1	分部分项工程		
1.1			
1.2			
2	措施项目		
2.1	安全文明施工费		
2.2			
3	其他项目		
4	规费		
5	税金		
合 计			

表3.13 **综合单价分析表**

项目编码	010101001001	项目名称	平整场地				计量单位	m²		工程量	603.52		
清单综合单价组成明细													
定额编号	定额子目名称	定额单位	数量	单价/元					合价/元				
				人工费	材料会	机械费	企业管理费	利润	人工费	材料会	机械费	企业管理费	利润
1-2	定额1												
人工单位		小 计											
综合工日 73元/工日		未计价材料费											
清单项目综合单价/元													
材料费明细	主要材料名称、规格、型号							单位	数量	单价/元	合价/元	暂估单价/元	暂估合价/元
	其他材料												
	材料费小计												

4.5 分部分项工程量清单计价表（土建、给排水、电气、采暖）（略）

4.6 措施项目清单计价表（土建、给排水、电气、采暖）（略）

4.7 其他项目清单计价表（土建、给排水、电气、采暖）（略）

4.8 暂列金额明细表（土建、给排水、电气、采暖）（略）

4.9 计日工表（土建、给排水、电气、采暖）（略）

4.10 分部分项工程量清单综合单价分析表（土建、给排水、电气、采暖）（略）

4.11 主要材料价格表（土建、给排水、电气、采暖）（略）

5. 合同实质性条款承诺书

××建设房地产开发公司：

我公司完全响应本工程招标文件中关于合同主要条款的要求并认真履行。具体承诺如下：（略）

5.1 工程合同价

（1）合同总价。本工程采用工程量清单报价，我公司投标的投标报价即为中标合同总价。我公司的投标报价中已包括按招标文件及技术规范、设计图纸等规定，实施和完成合同工程所需的人工、材料、材料检验实验、机械、措施检验试验、规费、管理、保险、利润、税金等全部费用，以及合同文件规定的应有我公司承担的所有责任、义务和一定的风险。这些费用均已包含在分部分项工程费、措施项目费、其他项目费和规费、税金等组成部分中。除工程发生变更可按合同约定调整外，其他情况不再调整承包合同总价。

（2）合同单价。工程量清单计价报价中的单价，应包括人工费、材料费、机械费、管理费、利润和一定的风险费。在竣工结算时，不因工程量发生任何增加和减少而变更所投报的工程量清单单价。

5.2 预付工程款、拨付工程进度款的数额、支付时限及抵扣方式

招标人在本工程合同签订后一个月内或不迟于开工前7日内，向我公司预付工程合同价款的10%作为工程预付款，预付款待工程款支付至合同价的60%时一次扣回。工程款支付采用按月进度付款方式：每月25日我公司向招标人报送已完工程量报表，经监理工程师、招标人验收合格并签字认可后，按实际完成量的80%付款。待工程竣工经验收合格，且结算完毕后一个月内付至工程价款的97%，剩余3%留做质量保修金，待缺陷责任期满且无质量问题后一月内一次付清（无息）。

5.3 工程量和工程价款的调整方法

工程施工中发生变更时，工程量和工程价款的调整方法如下。

（1）工程量的调整。当招标范围内的工程发生变更时，按设计单位出具的经建设单位认可的设计变更通知单增减工程量；招标范围未包括且不符合另行招标条件的相关工程，如果招标人交由我公司施工，按《建设工程工程量清单计价规范》（GB 50500—2008）计算新发生的工程量。

（2）工程价款的调整。合同中已有适用于新增工程和变更工程的价格，按合同已有的价格变更合同价款；合同中只有类似于变更工程的价格，可以参照类似价格变更合同价款；合同中没有相同或类似于变更工程的价格，由公司或发包人提出适当的变更价格，经对方确认后执行。

5.4 材料供应

（1）本工程所需材料均由我公司自行采购保管，采购前需经建设单位、监理单位认可。

（2）所用材料必须符合设计要求，并且具备有关的出厂合格证、质量证明文件及复试

报告等。

5.5 质量要求

我公司保证质量达到________________合格标准。

5.6 工期要求

工期按照招标人要求从×××年×月×日开工至×××年×月×日竣工，共345个日历天。具体开工日期在合同签订后另定，合同竣工日期以开工日期加中标日历工期确定。

5.7 我公司承担总包责任，不转包工程

若发现我公司转包工程，视为我公司违约，招标人有权终止合同，另选施工队伍，履约保证金不予退还。

5.8 验收合格后五年内为缺陷责任期

在缺陷责任期内如出现施工质量缺陷或由于施工质量而引起的纠纷，我公司承担责任及损失。

5.9 足额缴纳农民工工资保障金

根据规定，一旦中标，我公司承诺按照中标价的2%足额缴纳农民工工资保障金。如果承包的工程项目中出现拖欠农民工工资的情况，可由建设行政主管部门从该保障金中先予划支。

5.10 履行履约义务的担保

我公司接到中标通知书后，保证在7个工作日内向招标人交纳合同总价10%的履约保证金，作为我公司在合同期内履行履约义务的担保，招标人同时向我公司提供相应的支付担保，若不能按时足额交纳履约保证金，投标保证金将被没收，且招标人有权另选中标人。

9. 施工组织设计

1. 投标人编制施工组织设计的要求

编制时应采用文字并结合图表形式说明施工方法；拟投入本标段的主要施工设备情况、拟配备本标段的试验和检测仪器设备情况、劳动力计划等；结合工程特点提出切实可行的工程质量、安全生产、文明施工、工程进度、技术组织措施，同时应对关键工序、复杂环节重点提出相应技术措施，如冬雨季施工技术、减少噪声、降低环境污染、地下管线及其他地上地下设施的保护加固措施等。

1.1 工程概述：×××活动中心大楼工程，位于某市××区。结构类型：砖混结构；层数：六层；建筑面积：3707.58m²。

1.2 合同工期

合同工期：本工程总工期为345日历天（节假日、高温、雨天等均包括在内）。计划工期从2015年5月17日开工至2016年4月26日竣工。

1.3 质量要求：按与该工程有关的施工及验收规范，工程质量达到________合格标准。

2. 施工组织设计图表

施工组织设计除采用文字表述外，可附下列图表，图表及格式要求附后。

2.1 各分部分项工程的主要施工方法（略）

2.2 确保工程质量的技术组织措施（略）

2.3 确保安全生产的技术组织措施（略）

2.4 确保工程工期的技术组织措施（略）

2.5 确保文明施工的技术组织措施（略）

2.6 施工总进度计划表或施工网络图（略）

2.7 工程拟投入的主要施工机械计划表（表3.14）

表3.14 **工程拟投入的主要施工机械计划表**

×××活动中心大楼________工程

序号	机械或设备名称	规格型号	数量	国别产地	制造年份	额定功率/kW	生产能力	用于施工部位	备注
1	塔式起重机	轨道式	2					基础	
2	施工电梯	4RX	6					主体	
3	履带式挖掘机	R984C	2					基础	
4	推土机	SG19	4					基础	
5	汽车式起重机	5t	1					主体	
6	电动夯实机	20-6NM	2					基础	
7	自卸汽车	10t	2					基础	
8	卸货汽车	6t	5					主体和基础	
9	灰浆搅拌机	400L	2					基础	
10	潜水泵	DN100	4					主体	

2.8 拟配备本标段的试验和检测仪器设备表（表3.15）

表3.15 **拟配备本标段的试验和检测仪器设备表**

×××活动中心大楼________工程

序号	仪器设备名称	型号规格	数量	国别产地	制造年份	已使用台时数	用途	备注

2.9 劳动力安排计划表（表3.16）

表3.16 **劳动力安排计划表**

×××活动中心大楼________工程　　单位：人

工种	按工程施工阶段投入劳动力情况					
	基础工程施工阶段	主体工程施工	层面工程施工	安装工程施工	装饰工程施工	验收工程施工
项目管理	10	50	40	40	30	30
机械工	40	60	50	80	50	30
测量员	60	50	30	10	20	20

2.10 计划开、竣工日期和施工进度网络图（图3.4）

×××活动中心大楼________________工程

序号	分部分项工程名称	计划工期	计划开工日期：2015年5月17日（以开工令为准） 计划竣工日期：2016年4月26日，总工期为345天（日历天）											
		年份	2015年								2016年			
		月期	5	6	7	8	9	10	11	12	1	2	3	4
		日期	10	20	25	22	20	18	23	21	5	20	15	16
1	施工准备	10	—											
2	土石方工程	80		—		—	—							
3	其他工程	60			—		—	—	—					
4														
5														

图3.4 计划开、竣工日期和施工进度网络图

2.10.1 投标人应递交施工进度网络图或施工进度表，说明按招标文件要求的计划工期进行施工的各个关键日期。

2.10.2 施工进度表可采用网络图（或横道图）表示。

2.11 施工总平面图（图3.5）

×××活动中心大楼________________工程

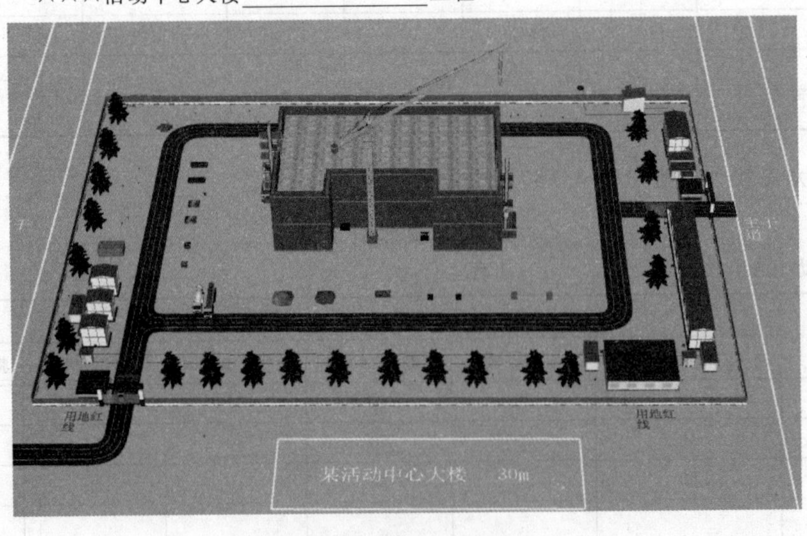

图3.5 施工总平面图

2.11.1　投标人应递交一份施工总平面图，绘出现场临时设施布置图表并附文字说明，说明临时设施、加工车间、现场办公、设备及仓储、供电、供水、卫生、生活、道路、消防等设施的情况和布置。

2.11.2　施工平面图设计步骤

2.11.2.1　熟悉、分析有关资料

2.11.2.2　决定起重机械位置

2.11.2.3　选择砂浆及混凝土搅拌站位置

2.11.2.4　确定材料及半成品位置

2.11.2.5　确定场内运输道路

2.11.2.6　确定各类临时设施位置

2.12　临时用地表（表3.17）

表3.17　　**临 时 用 地 表**

×××活动中心大楼______________工程

用途	面积/m^2	位置	需用时间

10. 项目管理机构

（1）项目管理机构组成表（表3.18）。

表3.18　　**项目管理机构组成表**

×××活动中心大楼____________工程

职务	姓名	职称	执业或职业资格证明					备注
			证书名称	级别	证号	专业	养老保险	
项目经理								
技术负责人								

（2）主要人员简历表（表3.19）。主要人员简历表中的项目经理应附项目经理证、身份证、职称证、学历证、养老保险复印件，管理过的项目业绩须附合同协议书复印件；技术负责人应附身份证、职称证、学历证、养老保险复印件，管理过的项目业绩须附证明其所任技术职务的企业文件或用户证明；其他主要人员应附职称证（执业证或上岗证书）、养老保险复印件。

表 3.19　　　　　　　　**主要人员简历表**

×××活动中心大楼＿＿＿＿＿＿＿＿＿工程

姓 名		身份证号码			
职 称		职称证书编号		性别	
注册建造师执业资格等级			级	建造师专业	
建造师注册证书号				安全生产考核合格证书	
手机号码				最高学历	
毕业学校	年毕业于		学校	专业	

主要工作经历			
时 间	参加过的类似项目名称	工程概况说明	发包人名称

11. 拟分包项目情况表（表 3.20）

表 3.20　　　　　　　　**拟分包项目情况表**

×××活动中心大楼＿＿＿＿＿＿＿＿＿工程

分包人名称	（公章）		地址	
法定代表人		营业执照号码		资质等级证书号码
拟分包的工程项目	主要内容		预计造价/万元	已经做过的类似工程

12. 资格审查

(1) 投标人基本情况表（表 3.21）。

(2) 近年财务状况表（表 3.22）。

(3) 近年完成的类似项目情况表（表 3.23）。

(4) 正在施工的和新承接的项目情况表（表 3.24）。

（5）近年发生的诉讼及仲裁情况（表3.25）。

表3.21　　　　　　　　　　投标人基本情况表

<table>
<tr><td>投标人名称</td><td colspan="6"></td></tr>
<tr><td>注册地址</td><td colspan="3"></td><td>邮政编码</td><td colspan="2"></td></tr>
<tr><td rowspan="2">联系方式</td><td>联系人</td><td colspan="2"></td><td>电话</td><td colspan="2"></td></tr>
<tr><td>传真</td><td colspan="2"></td><td>网址</td><td colspan="2"></td></tr>
<tr><td>组织结构</td><td colspan="6"></td></tr>
<tr><td>法定代表人</td><td>姓名</td><td></td><td>技术职称</td><td></td><td>电话</td><td></td></tr>
<tr><td>技术负责人</td><td>姓名</td><td></td><td>技术职称</td><td></td><td>电话</td><td></td></tr>
<tr><td>成立时间</td><td colspan="2"></td><td colspan="4">员工总人数：</td></tr>
<tr><td>企业资质等级</td><td colspan="2"></td><td rowspan="5">其中</td><td colspan="2">项目负责人</td><td></td></tr>
<tr><td>营业执照号</td><td colspan="2"></td><td colspan="2">高级职称人员</td><td></td></tr>
<tr><td>注册资金</td><td colspan="2"></td><td colspan="2">中级职称人员</td><td></td></tr>
<tr><td>开户银行</td><td colspan="2"></td><td colspan="2">初级职称人员</td><td></td></tr>
<tr><td>账号</td><td colspan="2"></td><td colspan="2">技工</td><td></td></tr>
<tr><td>是否存在招标文件第2章投标须知第4.3款规定的任何一种情形（第13项除外）。其中，投标人存在财产被司法机关接管或冻结的，应当如实填写具体情况，由评标委员会对是否会导致中标后合同无法履行作出判断</td><td colspan="6"></td></tr>
</table>

表3.22　　　　　　　　　　近年财务状况表

单位名称：　　　　　　　　　　　　　　　　　　　　　　金额单位：　　元

财务指标	2014年	2015年	2016年
流动资产			
非流动资产			
资产总计			
流动负债			
非流动负债			
负债总计			
所有者权益			
营业收入			
营业利润			
利润总额			
净利润			

表 3.23　　近年完成的类似项目情况表

单位名称：

项目名称	
项目所在地	
发包人名称	
发包人地址	
发包人电话	
合同价格	
开工日期	
竣工日期	
承担的工作	
工程质量	
项目经理	
技术负责人	
总监理工程师及电话	
项目描述	
备注	

表 3.24　　正在施工的和新承接的项目情况表

单位名称：

项目名称	
项目所在地	
发包人名称	
发包人地址	
发包人电话	
签约合同价	
开工日期	
计划竣工日期	
承担的工作	
工程质量	
项目经理	
技术负责人	
总监理工程师及电话	
项目描述	
备注	

表 3.25　近年发生的诉讼及仲裁情况

单位名称：

类别	发生时间	情况简介	证明材料索引
诉讼情况			
仲裁情况			

13. 其他材料

略。

习　题

一、单项选择题

1. 在招标投标过程中，投标人发生合并、分立、破产等重大变化的，应当（　）。

A. 撤回投标　　B. 提高投标保证金额

C. 撤销投标　　D. 及时书面告知招标人

2. 下列情况下的投标文件会被视为废标的是（　）。

A. 没有法人印章或法人签字　　B. 没有法人签字或授权人签名

C. 有单位公章和项目部印章　　D. 有项目部印章但未加盖单位公章

3. 关于投标的说法，正确的是（　）。

A. 投标文件未经投票单位盖章和负责人签字的，招标人应当拒收

B. 投标文件未按照招标文件要求严密的，招标人应当拒收

C. 投标人逾期送达投标文件的，应当向招标人作出合理说明

D. 联合体投标的，可以在评标委员会提出书面评标报告前更换成员

4. 下列建设单位向施工单位作出的意思表示中，为法律、行政法规所禁止的是（　）。

A. 明示报名参加投标的各施工单位低价竞标

B. 明示施工单位在施工中应优化工期

C. 暗示施工单位不采用《建设工程施工合同（示范文本）》签订合同

D. 暗示施工单位在非承重结构部位使用不合格的水泥

5. 下列评标委员会成员中符合《招标投标法》规定的是（　）。

A. 某甲，由投标人从省人民政府有关部门提供的专家名册的专家中确定

B. 某乙，现任某公司法定代表人，该公司常年为某投标人提供建筑材料

C. 某丙，从事招标工程项目领域工作满10年

D. 某丁，在开标后，中标结果确定前将自己担任评标委员会成员的事告诉了某投标人

6. 关于联合体投标的说法，正确的是（　　）。

A. 招标人接受联合体投标并进行资格评审的，联合体应当在提交资格评审申请文件后组成

B. 招标人应当在资格评审公告，招标公告或者投标邀请书中载明是否接受联合体投标

C. 联合体某成员在同一招标项目中以自己名义单独投标，其投标有效

D. 由同一专业的单位组成的联合体，按照资质等级较高的单位确定其资质等级

7. 关于投标保证金的说法，正确的是（　　）。

A. 投标保证金有效期应当与投标有效期一致

B. 招标分两阶段进行，招标人要求投标人提交投标保证金的，应当在第一阶段提出

C. 投标保证金有效期从提交投标文件之日起算

D. 招标人终止招标的，应当及时退还已收取的投标保证金，招标文件未规定利息的，可以补发利息

8. 关于投标文件撤回和撤销的说法，正确的是（　　）。

A. 投标人可以选择电话或书面方式通知招标人撤回投标文件

B. 招标人收取的投标保证金，应当自收到投标人撤回通知之日起10日内退还

C. 投标截止时间后，投标人撤销投标文件的，招标人应当退还投标保证金

D. 投标人撤回已提交的投标文件，应当在投标截止时间前通知招标人

9. 关于投标报价的说法，正确的是（　　）。

A. 报价可以低于成本，但不可以高于最高投标限价

B. 低于成本报价是指低于社会平均成本报价

C. 报价低于成本的，评标委员会应当否决其投标

D. 报价不可以低于成本，但可以高于最高投标限价

10. 投标人对开标有异议的，依法应当先向（　　）提出异议。

A. 招标人　　　　　　　　　　B. 评标委员会

C. 纪律检查委员会　　　　　　D. 有关行政监督部门

二、多项选择题

1. 下列各项，属于投标人之间串通投标的行为有（　　）。

A. 投标者之间相互约定，一致抬高或者压低投标价

B. 投标者之间相互约定，在招标项目中轮流以低价位中标

C. 两个以上的投标者签订共同投标协议，以一个投标人的身份共同投标

D. 投标者借用其他企业的资质证书参加投标

E. 投标者之间进行内部竞价，内定中标人，然后参加投标

2. 关于联合体投标的说法，正确的有（　　）。

A. 多个施工单位可以组成一个联合体，以一个投标人的身份共同投标

B. 中标的联合体各方应当就中标项目向投标人承担连带责任

C. 联合体各方的共同投标协议属于合同关系

D. 联合体中标的，应当由联合体各方共同与投标人签订合同

E. 由不同专业的单位组成的联合体，按资质低的一方确定业务许可范围

3. 下列情形中，招标人应当拒收的投标文件有（　　）。

A. 逾期送达的

B. 投标人未提交投标保证金的

C. 投标人的法定代表人未到场的

D. 未按招标文件要求密封的

E. 投标人对招标文件有异议的

4. 下列情形中，视为投标人相互串通投标的有（　　）。

A. 不同投标人的投标文件由同一人编制

B. 不同投标人的投标文件的报价呈规律性差异

C. 不同投标人的投标文件相互混装

D. 属于同一组织的成员按照该组织要求协同投标

E. 投标人之间约定部分投标人放弃投标

5. 下列投标人投标的情形中，评标委员会应当否决的有（　　）。

A. 投标人主动提出了对投标文件的澄清、修改

B. 联合体未提交共同投标协议

C. 投标报价高于投标文件设定的最高投标限价

D. 投标文件未经投标人盖章和单位负责人签字

E. 投标文件未对招标文件的实质性要求和条件作出响应

三、简答题

1. 简述建设工程投标的一般程序。

2. 建设工程投标决策的依据有哪些？

3. 常用的投标技巧有哪几种？

4. 简述投标报价的编制方法。

5. 建设工程投标报价的组成有哪些？

第4章　建设工程开标、评标和中标

【学习目标】 通过本章教学，使学生明确建设工程开标、评标和中标的基本程序、评标方法以及工程量清单评标及计算机辅助评标的最新知识。

4.1　建设工程开标

开标亦称揭标，就是招标人依据招标文件规定的时间和地点，在投标人出席的情况下，当众开启各份有效投标书（即在规定的时间内寄送的且手续符合规定的投标书），公开宣布各投标人的名称、投标报价和投标文件中的其他主要内容的行为。

4.1.1　开标的时间、地点和会议

《招标投标法》第三十四条规定，开标应当在招标文件确定的提交投标文件截止时间的同一时间公开进行；开标地点应当为招标文件中预先确定的地点。

1. 开标时间

关于开标时间的规定包含以下三层意思。

（1）开标时间应当在提供给每一个投标人的招标文件中事先确定，以使每一投标人都能事先知道开标的准确时间，以便届时参加，确保开标过程的公开、透明。

（2）开标时间应与提交投标文件的截止时间相一致。将开标时间规定为提交投标文件截止时间的同一时间，目的是为了防止招标人或者投标人利用提交投标文件的截止时间以后与开标时间之前的一段时间进行暗箱操作。关于开标的具体时间，实践中可能会有两种情况，如果开标地点与接受投标文件的地点相一致，则开标时间与提交投标文件的截止时间应一致；如果开标地点与提交投标文件的地点不一致，则开标时间与提交投标文件的截止时间应有一合理的间隔。

（3）开标应当公开进行。所谓公开进行，就是开标活动都应当向所有提交投标文件的投标人公开。招标人应当邀请所有提交投标文件的投标人到场参加开标。

2. 开标地点

开标地点应与招标文件中规定的地点相一致，是为了防止投标人因不知地点变更而不能按要求准时提交投标文件。

3. 开标会议

开标应以召开会议的形式进行。开标会议由招标人或委托招标代理机构主持，开标会议应在有关管理部门的监督并邀请全部投标单位参加下公开进行，当众启封投标书，检查并宣布投标书是否有效。

4.1.2　开标的程序

《招标投标法》第三十五条规定，开标由招标人主持，邀请所有投标人参加。开标由

招标人负责主持。招标人自行办理招标事宜的，当然得自行主持开标；招标人委托招标代理机构办理招标事宜的，可以由招标代理机构按照委托招标合同的约定负责主持开标事宜。在招标文件规定的提交投标文件截止时间的同一时间在有形建筑市场公开进行，有形建筑市场工作人员提供数据录入、现场见证等服务。

《招标投标法》第三十六条还规定，开标时，由投标人或者其推选的代表检查投标文件的密封情况，也可以由招标人委托的公证机构检查并公证；经确认无误后，由工作人员当众拆封，宣读投标人名称、投标价格和投标文件的其他主要内容。招标人在招标文件要求提交投标文件的截止时间前收到的所有投标文件，开标时都应当当众予以拆封、宣读。开标过程应当记录，并存档备查。

由此可知开标会按下列程序进行。

(1) 招标人签收投标人递交的投标文件。在开标当日且在开标地点递交的投标文件的签收应当填写投标文件报送签收一览表，招标人专人负责接收投标人递交的投标文件。提前递交的投标文件也应当办理签收手续，由招标人携带至开标现场。在招标文件规定的截标时间后递交的投标文件不得接收，由招标人原封退还给有关投标人。

在截标时间前递交投标文件的投标人少于3家的，招标无效，开标会即告结束，招标人应当依法重新组织招标。

(2) 投标人出席开标会的代表签到。投标人授权出席开标会的代表本人填写开标会签到表，招标人专人负责核对签到人身份，应与签到的内容一致。

(3) 主持人宣布开标会开始，并宣布开标人、唱标人、记录人和监督人员。主持人一般为招标人代表，也可以是招标人指定的招标代理机构的代表。开标人一般为招标人或招标代理机构的工作人员，唱标人可以是投标人的代表或者招标人或招标代理机构的工作人员，记录人由招标人指派，有形建筑市场工作人员同时记录唱标内容，招标办监管人员或招标办授权的有形建筑市场工作人员进行监督。记录人按开标会记录的要求开始记录。

(4) 开标会主持人介绍主要与会人员。主要与会人员包括到会的招标人代表、招标代理机构代表、各投标人代表、公证机构公证人员、见证人员及监督人员等。

(5) 主持人宣布开标会程序、开标会纪律和当场废标的条件。开标会纪律一般包括如下内容。

1) 场内严禁吸烟。

2) 凡与开标无关人员不得进入开标会场。

3) 参加会议的所有人员应关闭手机，开标期间不得高声喧哗。

4) 投标人代表有疑问应举手发言，参加会议人员未经主持人同意不得在场内随意走动。

(6) 核对投标人授权代表的身份证件、授权委托书、招标人代表出示法定代表人委托书和有效身份证件，同时招标人代表当众核查投标人的授权代表的授权委托书和有效身份证件，确认授权代表的有效性，并留存授权委托书和身份证件的复印件。法定代表人出席开标会的要出示其有效证件。主持人还应当核查各投标人出席开标会代表的人数，无关人员应当退场。

(7) 招标人领导讲话。重大项目有时会安排建设单位的领导讲话，一般可以不讲话。

(8) 主持人介绍招标文件、补充文件或答疑文件的组成和发放情况，投标人确认。主要介绍招标文件组成部分、发标时间、答疑时间、补充文件或答疑文件组成，发放和签收情况。可以同时强调主要条款和招标文件中的实质性要求。

(9) 主持人宣布投标文件截止和实际送达时间。宣布招标文件规定的递交投标文件的截止时间和各投标单位实际送达时间。在截标时间后送达的投标文件应当场废标。

(10) 招标人和投标人的代表共同（或公证机关）检查各投标书密封情况。密封不符合招标文件要求的投标文件应当场废标，不得进入评标。密封不符合招标文件要求的，招标人应当通知招标办监管人员到场见证。

(11) 主持人宣布开标和唱标次序。一般按投标书送达时间逆顺序开标、唱标。

(12) 唱标人依唱标顺序依次开标并唱标。开标由指定的开标人在监督人员及与会代表的监督下当众拆封，拆封后应当检查投标文件组成情况并记入开标会记录，开标人应将投标书和投标书附件以及招标文件中可能规定需要唱标的其他文件交唱标人进行唱标。唱标内容一般包括投标报价、工期和质量标准、质量奖项等方面的承诺、替代方案报价、投标保证金、主要人员等，在递交投标文件截止时间前收到的投标人对投标文件的补充、修改同时宣布，在递交投标文件截止时间前收到投标人撤回其投标的书面通知的投标文件不再唱标，但须在开标会上说明。

(13) 开标会记录签字确认。开标会记录应当如实记录开标过程中的重要事项，包括开标时间、开标地点、出席开标会的各单位及人员、唱标记录、开标会程序、开标过程中出现的需要评标委员会评审的情况，有公证机构出席公证的还应记录公证结果，投标人的授权代表应当在开标会记录上签字确认，对记录内容有异议的可以注明，但必须对没有异议的部分签字确认。

(14) 公布标底。招标人设有标底的，标底必须公布。唱标人公布标底。

(15) 投标文件、开标会记录等送封闭评标区封存。实行工程量清单招标的，招标文件约定在评标前先进行清标工作的，封存投标文件正本，副本可用于清标工作。

(16) 主持人宣布开标。

4.1.3 可在开标会上宣布为“废标”的几种情况

(1) 在开标时，投标文件有下列情形之一的，招标人应当拒收。

1) 逾期送达。

2) 未按招标文件要求密封。

(2) 有下列情形之一的，评标委员会应当否决其投标。

1) 投标文件未经投标单位盖章和单位负责人签字。

2) 投标联合体没有提交共同投标协议。

3) 投标人不符合国家或者招标文件规定的资格条件。

4) 同一投标人提交两个以上不同的投标文件或者投标报价，但招标文件要求提交备选投标的除外。

5) 投标报价低于成本或者高于招标文件设定的最高投标限价。

6) 投标文件没有对招标文件的实质性要求和条件作出响应。

7) 投标人有串通投标、弄虚作假、行贿等违法行为。

4.2 评　　标

4.2.1 概述

所谓评标，就是依据招标文件的规定和要求，对投标文件所进行的审查、评审和比较。评标是审查确定中标人的必经程序，是保证招标成功的重要环节。评标由招标人依法组建的评标委员会负责。视评标内容的繁简，可在开标后立即进行，也可在随后进行，对各投标人进行综合评价，为择优确定中标人提供依据。

4.2.2 评标委员会

1. 评标委员会的组成

《招标投标法》第三十七条规定，评标由招标人依法组建的评标委员会负责。依法必须进行招标的项目，其评标委员会由招标人的代表和有关技术、经济等方面的专家组成，成员人数为五人以上单数，其中技术、经济等方面的专家不得少于成员总数的三分之二。

评标委员会负责人由评标委员会成员推荐产生或由招标人确定，评标委员会负责人与评标委员会的其他成员有同等的表决权。招标投标管理机构派人参加评标会议，对评标活动进行监督。

为了防止招标人在选定评标专家时的主观随意性，招标人应从国务院或省级人民政府有关部门提供的专家名册或者招标代理机构的专家库中，确定评标专家。一般招标项目可以采取随机抽取的方式确定；有些特殊的招标项目，如科研项目，技术特别复杂的项目等，由于采取随机抽取方式确定的专家可能不能胜任评标工作或只有少数专家能够胜任，因此招标人可以直接确定专家人选。

这里尤为注意的是，现在实行电子招投标，各省又加了一些相关规定。如福建省规定评标委员会中的招标人代表，应为招标人本单位人员，具有工程建设类中级及以上技术职称或注册执业资格，并能熟悉电子评标系统操作。招标人代表在进入评标室评标时，应当将招标人代表的授权委托书和职称（或资格）证书复印件（需加盖招标人单位公章）提交给公共资源交易中心。

对评标委员会成员的选取，每个省对此有不同实施办法，福建省在《福建省房屋建筑和市政基础设施工程施工招标投标若干规则（试行）》中第十七条规定，招标人应当按照省综合评标专家库的规定抽取评标委员会的专家成员。技术特别复杂、专业性要求特别高或者国家有特殊要求，采取随机抽取难以保证胜任评标工作或者省综合评标专家库中相应专业的评标专家数量无法满足评标需要的工程，招标人应按照《福建省综合性评标专家库管理办法（试行）》（闽政办〔2007〕221号）的规定直接确定评标委员会的专家成员。

2. 评标委员会成员的职责

评标委员会仅仅是为某项招标任务而设立的临时性机构，应当让所有的评标委员会成员都能充分地运用自己的知识、经验，对所有递交来的投标文件作出分析、判断，在委员会内部充分发表意见，客观地确定推荐的中标人。任何一位评标委员会成员都应当遵守职业道德，公平、公正地履行职责，并根据招标文件规定的评标办法和合同授予标准（凡在招标文件中没有规定的标准和方法均不得作为评标的依据)，对投标文件系统地进行评审和比较，评标委员会成员应当对所提出的评审意见承担个人责任。

评标委员会完成评标后，应向招标人提出书面评标报告，向招标人推荐中标候选人或据招标人的授权直接确定中标人。评标报告由评标委员会全体成员签字。评标委员会提出书面评标报告后，招标人一般应当在5日内确定中标人，但最迟应当在投标有效期结束日30个工作日前确定。

3. 评标委员会成员的回避更换制度

所谓回避更换制度，就是指与投标人有利害关系的人应当回避，不得进入评标委员会；已经进入的，应予以更换。

根据《评标委员会和评标办法暂行规定》，有下列情形之一的，应主动提出回避，不得担任评标委员会成员。

(1) 投标人或投标主要负责人的近亲属。

(2) 项目主管部门或者行政监督部门的人员。

(3) 与投标人有经济利益关系，可能影响对投标公正评审的。

(4) 曾因在招标、投标以及其他与招标投标有关活动中从事违法行为而受过行政处分或刑事处罚的。

4. 评标委员会成员的资格条件

《招标投标法》第三十七条还规定，评标专家应当从事相关领域工作满8年并具有高级职称或者具有同等专业水平，由招标人从国务院有关部门或者省（自治区、直辖市）人民政府有关部门提供的专家名册或者招标代理机构的专家库内的相关专业的专家名单中确定；一般招标项目可以采取随机抽取方式，特殊招标项目可以由招标人直接确定。

为了保证评标的顺利进行，就必须保证评标人员的素质，必须对参加评标委员会的专家的资格进行一定的限制，并非所有的专业技术人员都可以进入评标委员会。进入专家名册或专家库的专家应具备以下资格条件。

(1) 从事相关专业领域工作满8年并且具有高级职称或同等专业水平。

(2) 熟悉有关招标投标法律法规。

(3) 能够认真、公正、诚实、廉洁地履行职责。

(4) 身体健康，能够承担评标工作。

5. 评标委员会成员的权利

(1) 接受招标人或其招标代理机构聘请，担任评标委员会成员。

(2) 对投标文件进行独立评审，提出评审意见，不受任何单位或者个人的干预。

(3) 接受参加评标活动的劳务报酬。

(4) 法律、行政法规规定的其他权利。

6. 评标委员会成员的义务

(1) 评标委员会成员的一般职业道德。评标委员会成员应当客观、公正地履行职务，遵守职业道德，即评标要出于公正之心，客观全面，不得倾向或排斥某一特定的投标，并对个人的评标意见承担个人责任。

(2) 评标委员会成员的禁止性义务。为了保证评标的公正和公平性，评标委员会成员

不得与任何投标人或者与投标结果有利害关系的人进行私下接触，不得收受投标人、中介人、其他利害人的财物或者其他好处。

（3）《招标投标法》第三十七条对评标的保密性还作了相应的规定，与投标人有利害关系的人不得进入相关项目的评标委员会；已经进入的应当更换。评标委员会成员的名单在中标结果确定前应当保密。

按照本条的规定，与投标人有利害关系的人不得进入相关项目的评标委员会。与投标人有利害关系的人，包括投标人的亲属、与投标人有隶属关系的人员或者中标结果的确定涉及其利益的其他人员。与投标人有利害关系的人已经进入评标委员会，经审查发现以后，应当按照法律规定更换，评标委员会的成员自己也应当主动退出。

而且很重要的是要注意评标委员会的专家名单在中标结果确定前应当保密，以保证评标的公正性。

7. 评标委员会成员对其违法行为应承担的法律责任

（1）评标委员会成员的违法行为有如下几种。

1）在评标过程中擅离职守，影响评标程序的正常进行。

2）在评标过程中不能客观公正地履行职责。

3）评标委员会成员收受投标人、其他利害关系人的财物或者其他好处的。

4）评标委员会成员或者参加评标工作的有关工作人员向他人透漏对投标文件的评审和比较、中标候选人的推荐以及与评标有关的其他情况的。

（2）评标委员会成员应承担的法律责任有如下几种形式。

1）警告。评标委员会成员或者参加评标的有关工作人员有前述违法行为的，有关行政监督部门应当给予警告，即以书面的形式给予训诫和谴责。

2）没收收受的财物。评标委员会成员收受的财物应当予以没收，收归国家所有。

3）罚款。评标委员会的成员或者参加评标的有关工作人员有上述违法行为的，有关行政监督部门可以根据具体情况对其处罚款。罚款数额在一万元以下或者三千元以上五万元以下，由有关行政监督部门视违法行为的轻重而定。如果采取警告、没收馈赠的财物等处罚措施足以达到制裁违法行为的目的，可以不予罚款。

4）取消资格。对有前述第一、第二条情节严重的和第二、第四条违法行为的评标委员会成员，有关行政监督部门应当取消其担任评标委员会成员的资格。被取消担任评委会成员资格的人，应当从国家专家库或者招标代理机构设立的专家库中除名。不得再从事依法必须进行招标的任何项目的评标工作，招标人也不得再聘请其担任评标委员。

5）依法追究刑事责任。评标委员会的成员或参加评标工作的有关人员的违法行为情节严重，构成犯罪的，应当依据相关的刑法条文，由司法机关依法追究刑事责任。

4.2.3 评标的原则

国家发展计划委员会等七部委令12号《评标委员会和评标办法暂行规定》第二条规定："评标活动遵循公平、公正、科学、择优的原则。"

（1）公平。评标组织机构要严格按照招标文件规定的要求和条件，对投标文件进行评审，不带任何主观意愿，不得以任何理由排斥和歧视任何一方，对所有投标人应一视同仁。保证投标人在平等的基础上竞争。

(2) 公正。评标组织机构成员具有公正之心，评标要客观全面，不倾向或排斥某特定的投标。要做到客观公正，必须做到以下几点。

1) 要培养良好的职业道德，不为私利而违心地处理问题。

2) 要坚持实事求是的原则，不唯上级或某些方面的意见是从。

3) 要提高综合分析问题的能力，不为局部问题或表面现象而模糊自己的"观点"。

4) 要不断提高自己的专业技术能力，尤其是要尽快提高综合理解、熟练运用招标文件和投标文件中有关条款的能力，以便以招标文件和投标文件为依据，客观公正地综合评价标书。

(3) 科学。评标工作要依据科学的方案，要运用科学的手段，要采取科学的方法。对于每个项目的评价要有可靠的依据，要用数据说话。只有这样，才能做出科学合理的综合评价。

1) 科学的计划。就一个招标工程项目的评标工作而言，科学的计划主要是指评标细则。它包括：评标机构的组织计划、评标工作的程序、评标标准和方法。总之，在实施评标工作前，要尽可能地把各种可能出现的问题都列出来，并拟定解决办法，使评标工作中的每一项活动都纳入计划管理的轨道。更重要的是，要集思广益，充分运用已有的经验和知识，制定出切实可行、行之有效的评标细则，指导评标工作顺利进行。

2) 科学的手段。单凭人的手工直接进行评标，这是最原始的评标手段。科学技术发展到今天、必须借助于先进的科学仪器，才能快捷准确做好评标工作，如已经普遍使用的计算机等。

3) 科学的方法。评标工作的科学方法主要体现评标标准的设立以及评价指标的设置；体现在综合评价时，要"用数据说话"；尤其体现在要开发、利用计算机软件，建立起先进的软件库。

(4) 择优。所谓"择优"，就是用科学的方法、科学的手段，从众多投标文件中选择最佳的方案。评标时，评标组织机构成员应全面分析、审查、澄清、评价和比较投标文件，防止重价格、轻技术和重技术、轻价格的现象，对商务和技术不可偏一，要综合考虑。

4.2.4 评标的依据、标准、方法及细则

简单地讲，评标是对投标文件的评审和比较。根据什么样的标准和方法进行评审，是一个关键问题，也是评标的原则问题。在招标文件中，招标人列明了评标的标准和方法，目的就是让各潜在投标人知道这些标准和方法，以便考虑如何进行投标，最终获得成功。那么，这些事先列明的标准和方法在评标时能否真正得到采用，是衡量评标是否公正、公平的标尺。为了保证评标的这种公正和公平性，评标必须按照招标文件规定的评标标准和方法，不得采用招标文件未列明的任何标准和方法，也不得改变招标确定的评标标准和方法。这一点，也是世界各国的通常做法。所以，作为评标委员在评标时，必须弄清评标的依据和标准，熟悉并掌握评标的方法。

4.2.4.1 评标的依据

评标委员会成员评标的依据主要有下列几项。

(1) 招标文件。

(2) 开标前会议纪要。

(3) 评标定标的办法及细则。

(4) 标底。

(5) 投标文件。

(6) 其他有关资料。

4.2.4.2　评标的标准

评标的标准，一般包括价格标准和价格标准以外的其他有关标准（又称“非价格标准”），以及如何运用这些标准来确定中选的投标。

价值标准比较直观具体，都是以货币额表示的报价。非价格标准内容多而复杂，在评标时应尽可能使非价格标准客观和量化，并用货币额表示，或规定相对的权重，使定性化的标准尽量定量化，这样才能使评标具有可比性。

通常来说，在货物评标时，非价格标准主要有运费、保险费、付款计划、交货期、运营成本、货物的有效性和配套性、零配件和服务的供给能力、相关的培训、安全性和环境效益等。在服务评标时，非价格标准主要有投标人及参与提供服务的人员的资格、经验、信誉、可靠性、专业和管理能力等。在工程项目评标时，非价格标准主要有工期、施工方案、施工组织、质量保证措施、主要材料用量、施工人员和管理人员的素质、以往的经验、企业的综合业绩等。

4.2.4.3　评标的方法

《招标投标法》第四十一条规定，“中标人的投标应当符合下列条件之一：（一）能够最大限度地满足招标文件中规定的各项综合评价标准；（二）能够满足招标文件的实质性要求，并且经评审的投标价格最低；但是投标价格低于成本的除外。”

上述规定给出了确定中标人的两种思路，即两种方法。第一种方法可以称为综合评价法，第二种方法可以称为经评审的最低评标价法。

综合评估法和经评审的最低投标价中标法均分为 A、B 两类，A 类适用于应用省建筑施工企业信用综合评价分值的工程，B 类适用于未应用省建筑施工企业信用综合评价分值的工程。

具体到各个省份有各自的细化规定，会在国家规定的两种方法基础上有所增加，如在《××省房屋建筑和市政基础设施工程施工招标投标若干规则（试行）》中第三条规定：

技术、性能有特殊要求的工程，应当采用综合评价法评标。技术、性能有特殊要求工程的规模和标准由某省住房和城乡建设厅（以下简称“省住建厅”）另行发布。

具有通用技术、性能标准或招标人对其技术、性能没有特殊要求的工程，应当采用经评审的最低评标价法。其中，招标控制价在 800 万元及以下（省政府或省政府办公厅另有文件规定的，从其规定）的工程，可以采用简易评标法评标。

1. 综合评价法

综合评价法也称百分制评标法，由投标报价分、技术文件分（如有）、信用评标分（如有）和其他因素分（如有）组成。是根据工程规模大小、复杂程度、侧重点不同等因素，分别对投标商的工程报价、质量目标、工期目标、文明施工目标、安全生产目标、施工组织设计、优惠条件、企业资质、企业业绩、企业财务状况、人员设备组织等指标赋分

综合得出的，总分为 100 分。

A 类办法的投标报价分为 75～90 分，技术文件分为 0～10 分，信用评标分为 10 分，其他因素（如有，仅限设置类似工程业绩作为加分条件）满分值应不高于负偏离 Q 值且不超过 5 分。

B 类办法的投标报价分为 80～100 分，技术文件分为 0～10 分，其他因素分为 0～10 分。如有设置其他因素分的，原则上仅限设置类似工程业绩作为加分条件；对智能化、消防、空调等对维保要求较高的专业工程，可根据项目实际需要，另设置维保事项（包括延长年限等）作为加分条件。类似工程业绩、维保事项的满分值均应不高于负偏离 Q 值且不超过 5 分。

投标报价分的评标基准价计算方式分为甲、乙两种，在评标委员会完成资格文件评审、技术文件评审（如有）、商务文件评审后由招标人随机抽取一种确定。

(1) 甲种评标基准价＝AC＋[(招标控制价－暂列金额－专业工程暂估价－甲供材料费)(1－K)＋暂列金额＋专业工程暂估价＋甲供材料费](1－C)。

A 为在评标基准价计算取值范围内且通过资格文件评审、技术文件评审（如有）、商务文件评审的合格投标人中随机抽取 30%（取整数，即小数点后第一位四舍五入，第二位及以后不计）且不少于 3 家投标人的投标报价的算术平均值。

C 值的范围为：0.4、0.45、0.5、0.55、0.6。

(2) 乙种评标基准价＝(招标控制价－暂列金额－专业工程暂估价－甲供材料费)(1－K)＋暂列金额＋专业工程暂估价＋甲供材料费。

以上两种评标基准价计算方式中 K 的取值区间幅度为 2%～4%，具体幅度由招标人在招标文件中确定。K、C 值在评标委员会完成资格文件评审、技术评审（如有）、商务文件评审后，由招标人当众公开抽取确定。当所有的合格投标人的投标报价均在招标文件规定的评标基准价计算取值范围以外的，则 C 取 0。

商务文件详细评审时，评标委员会发现投标报价存在下列情形之一的，应当否决其投标：

(1) 安全文明施工费费率低于规定费率或安全文明施工费低于规定最低金额。

(2) 暂列金额、专业工程暂估价、甲供材料费不按照招标工程量清单中列出金额填写。

(3) 项目编码、项目名称、项目特征、计量单位、工程量与招标工程量清单相应内容不一致。

技术文件分应为所有评标委员会成员评分中分别去掉一个最高和一个最低评分后的算术平均值乘以技术文件分权重确定。

信用评标分应为企业按规定用于本招标项目的相应工程类别的信用分乘以信用评标分权重确定。

评标委员会对满足招标文件实质性要求的投标文件，按照招标文件规定汇总各投标人的技术标分（如有）、投标报价分、信用评标分（如有）、其他因素分（如有）之和，作为各投标人的最终总得分。按投标人最终总得分由高到低顺序推荐中标候选人，最终总得分最高的投标人为第一中标候选人，以此类推选择第二、第三中标候选人。

当出现两个或两个以上投标人的最终总得分相同时，由评标委员会依次按投标人的信用评标分（如有）高低、投标报价分高低、技术文件分（如有）高低、拟派出项目负责人的建造师级别高低、用于本招标项目的企业资质等级高低进行排序，若上述 5 项均相同时，由招标人随机抽取。

2. 经评审的最低评标价法

经评审的最低评标价法是国际招投标通常采用的评标办法，其招投标程序一般有：业主公开发布招标公告和资格预审文件→投标商递交资格预审申请文件→业主向通过资格预审的投标商发出投标邀请→投标商投标→开标→经评审后评标价最低者中标。在国内凡利用世界银行贷款的国际招标项目一般都采用这种招标定标办法，利用世界银行贷款的国内招标项目也多采用这种办法。

经评审的最低评标价法有以下优点。

（1）能最大限度地降低工程造价，节约建设投资。

（2）符合市场竞争规律、优胜劣汰、更有利于促使施工企业加强管理、注重技术进步和淘汰落后技术。

（3）可最大限度地减少招标过程中的腐败行为，将人为的干扰降低至最低，使招标过程更加公开、公正、公平。

每个省对评标活动有不同的实施办法，而××省对评标活动在《省房屋建筑和市政基础设施工程施工招标投标若干规则（试行）》中第五条规定：

评标活动应当遵守公平、公正的原则。评标委员会对每组投标文件按资格文件、技术文件（如有）、商务文件三阶段进行评审，前一阶段评审合格的，方可进入下一阶段的评审。对于技术文件采用暗标的方式进行评审的，经评标委员会同意，可以在资格文件评审之前进行技术文件评审。

经评审的最低投标价中标法设置评标基准价。评标基准价＝(招标控制价－暂列金额－专业工程暂估价－甲供材料费)$(1-K)$＋暂列金额＋专业工程暂估价＋甲供材料费。K 的取值区间幅度为 4%。K 值在所有投标文件按照招标文件规定的时间和方式进行解密后，由招标人公开抽取确定。

K 值为招标控制价中可竞争项目造价下降的幅度。K 的取值范围实行动态管理，由省住建厅根据市场情况变化等因素适时调整，并向社会公布。现阶段 K 的取值范围如下。

（1）装配式建筑施工总承包工程为 5%以内。

（2）房屋建筑施工总承包工程（装配式建筑施工总承包工程除外）为 10%以内。

（3）市政基础设施施工总承包工程为 12%以内。

（4）其他工程为 10%以内。

招标工程的 K 取值（或取值区间）由招标人（或其委托的专家组）、招标控制价编制（或审核）单位根据招标控制价构成并结合专业特点、工程环境、工程质量、施工工期、施工难易程度、企业合理利润、市场风险等因素，在规定的取值范围内取定并在招标文件中明确。

在 K 取值区间随机抽取 K 值的，分三次抽取，首先抽取整数位，其次抽取小数点后第一位，最后抽取小数点后第二位。

经评审的最低投标价中标法采取有限数量入围评审制。投标人数量不多于（含）50家时，全部入围；投标人数量多于50家时，应当采用以下方式确定入围的投标人名单：

采用A类办法的，当招标控制价＜0.3亿元，从投标报价在评标基准价计算取值范围内的所有投标人中随机抽取50家入围；当0.3亿元≤招标控制价＜1亿元时，从投标报价在评标基准价计算取值范围内且信用分排名前50家（第50家有多家信用分相同的，同时进入抽取，下同）的投标人中随机抽取15家入围，再从剩余投标报价在评标基准价计算取值范围内投标人（含第一次未被抽中的投标人）中随机抽取35家入围；当招标控制价≥1亿元时，从投标报价在评标基准价计算取值范围内且信用分排名前50家的投标人中随机抽取20家入围，再从剩余投标报价在评标基准价计算取值范围内投标人（含第一次未被抽中的投标人）中随机抽取30家入围。

采用B类办法的，从投标报价在评标基准价计算取值范围内的投标人中随机抽取50家入围。

采用A类办法的，评标委员会对入围的投标人按照其投标报价与评标基准价差价绝对值由小到大依次排序，选取前5名（若任一名次出现多家并列的，视为同一名，下同）投标人的投标文件进行评审。经评审若有效投标单数不足3家则按名次每次递补3名进行评审，直至经评审的合格投标人不少于3家为止。

采用B类办法的，实行100分评分制，由投标报价分组成。评标委员会对入围的投标人按照本办法第十一条规定计算的投标报价分由高到低排序，选取前5名投标人的投标文件进行评审，经评审若有效投标单位不足3家则按名次每次递补3名进行评审，直至经评审的合格投标人不少于3家为止。

$$投标报价分=投标报价分满分值-(|Ai-评标基准价|\div评标基准价)\times100Q$$

式中：Ai为各投标人的报价；Q值为投标报价每偏离评标基准价1%的取值。其中，投标报价小于评标基准价时，Q值不低于3（以下简称“负偏离Q值”）；投标报价大于评标基准价时，Q应为负偏离Q值的两倍。具体Q取值由招标人在招标文件中明确。

商务文件详细评审时，评标委员会发现投标报价存在下列情形之一的，应当否决其投标：

（1）影响工程质量安全的基础、主体结构等主要分部分项工程（具体项目在招标文件中明确）综合单价，低于招标控制价的相应综合单价85%；

（2）影响工程质量安全的脚手架、混凝土及钢筋混凝土模板、垂直运输机械、基坑支护等措施项目（具体项目在招标文件中明确）报价低于招标控制价相应项目费用85%；

（3）安全文明施工费费率低于规定费率或安全文明施工费低于规定最低金额；

（4）影响工程质量安全的钢筋、钢结构的钢材、商品混凝土、水泥、预制桩、装配式建筑的预制构件等主要材料、设备（具体项目在招标文件中明确）单价，低于招标控制价的相应材料、设备单价85%；

（5）暂列金额、专业工程暂估价、甲供材料费不按照招标工程量清单中列出金额填写；

（6）项目编码、项目名称、项目特征、计量单位、工程量与招标工程量清单相应内容不一致。

采用A类办法的，通过资格文件、商务文件评审均合格且投标报价乘以信用系数的取值最低的投标人为第一中标候选人，以此类推选择第二、第三中标候选人。当出现两个或两个以上投标人的投标报价乘以信用系数的取值相同时，由评标委员会依次按投标人的信用分高低、投标报价由低至高、拟派出项目负责人的建造师级别高低、用于本招标项目的企业资质等级高低进行排序，若上述四项均相同时，由招标人随机抽取。信用系数由省住建厅负责公布并适时调整，现阶段的信用系数详见附表。

采用B类办法的，对通过资格文件、商务文件评审均合格的投标人，按投标报价分由高到低顺序推荐中标候选人，得分最高为第一中标候选人，以此类推选择第二、第三中标候选人。当出现两个或两个以上投标人的投标报价分相同时，由评标委员会依次按投标报价由低到高、拟派出项目负责人的建造师级别高低、用于本招标项目的企业资质等级高低进行排序，若上述三项均相同时，由招标人随机抽取。

3. 简易评标法

简易评标法是指招标人依据招标控制价在合理造价区间内确定发包价，公开随机抽取进入评审的投标人名单和确定中标候选人名单。

招标人应当在招标文件中公布招标控制价及其组成、发包价及其组成和计算方法。

招标文件公布的发包价的计算公式为：发包价＝招标控制价中可竞争项目造价$(1-K)$＋招标控制价中不可竞争项目造价。

(1) 不可竞争项目包括：①暂列金额、专业工程暂估价、甲供材料费，应按招标工程量清单列出的金额填写；②措施项目清单中的安全文明施工费按有关规定计取。

(2) 可竞争项目是指不可竞争项目之外的项目。招标文件公布的发包价的可竞争项目综合单价＝招标控制价的相应项目综合单价 $(1-K)$。

采用简易评标法招标的项目，投标人无需编制投标报价和技术文件，只需根据招标文件要求提供资格文件和投标承诺等文件。

采用简易评标法招标的项目，从招标文件发出之日起至投标截止时间应不少于10日。招标人对已发出的招标文件进行必要的澄清、修改的，应当在招标文件要求提交投标文件截止时间至少5日前发布。如果澄清、修改发布的时间距投标截止时间不足5日，应相应延长投标截止时间。

简易评标法采取有限数量入围评审制。投标人数量少于20家时全部入围评审；投标人数量多于20家时，从所有投标人中随机抽取20家入围评审。经评审的合格投标人少于10家时，再从剩余的投标人中随机抽取10家入围评审，直至合格投标人不少于10家。

招标人在经评审合格的投标人中，根据招标文件规定的中标候选人数量和抽取办法，公开随机抽取确定中标候选人。

评标委员会未按照招标文件规定的评标办法和标准进行评审的，抽取、推荐的中标候选人和确定的中标人无效，招标人应当重新组建评标委员会进行评审，并按规定重新抽取、推荐中标候选人和确定中标人。

在国内的若干运用中也暴露出一些问题：一些国有施工企业为拿到工程不计成本盲目压价，中标后由于工期等要求，企业又不得不调整追加造价；有些企业以主厂投标，低价中标后用联营厂产品订合同，结果违背了招标的初衷。在评标过程中，评委除对技术标、综合标进行评审外，尤其对商务标要进行详细的评审，经评审后的价格才是评标价，而不是谁报价低谁就中标。

4.2.5　评标程序

正式的评标程序应该遵循如下步骤：组建评标委员会→评标准备→初步评审→详细评审→推荐中标候选人→评标报告。

1. 组建评标委员会

（1）评标委员会由招标人的代表和有关技术、经济等方面的专家组成，成员人数为 5 人（含）以上单数，其中技术、经济等方面专家不得少于成员总数的 2/3。评标委员会的专家成员，应当由招标人从省综合性评标专家库中抽取（招标人按规定直接确定的除外）。采用经评审的最低投标报价中标法的，工程造价类专家不少于 2 人。

在评标委员会成员进入评标室前，公共资源交易中心、招标人及招标代理机构的相关人员不得将评标项目及相关信息泄露给评标委员会成员。评标委员会成员的名单在中标结果确定之前应当保密。

（2）评标委员会采用推举或者随机抽取方式确定一名专家评委担任评标委员会负责人。评标委员会负责人负责组织开展评标活动，对在评标过程中产生的问题提请评标委员会讨论、表决，组织编写评标报告。评标委员会负责人与评标委员会的其他成员享有同等表决权。

（3）招标人或其委托的招标代理机构应当向评标委员会提供评标所必需的资料和信息，但不得利用提供信息的机会，干扰评标委员会客观公正地履行职责。招标人应当根据项目规模和技术复杂程度等因素合理确定评标时间。超过 1/3 的评标委员会成员认为评标时间不够的，招标人应当延长。

（4）评标委员会及其成员应当遵守下列工作规则。

1）评标委员会成员在评标前应当认真研究招标文件，应了解本工程招标的目标、范围、性质、主要技术要求、标准、商务条款，熟悉评标定标程序、标准、方法和在评标过程中考虑的相关因素。

2）严格按照招标文件规定的方法、评审因素、标准和程序，客观、公正地对投标文件提出评审意见。招标文件没有规定的方法、评审因素和标准，不得作为评标的依据。

3）评标过程中，评标委员会成员有回避事由、擅离职守或者因健康等原因不能继续评标的，应当及时更换。被更换的评标委员会成员作出的评审结论无效，由更换后的评标委员会成员重新进行评审。

4）招标文件条款存在含义不清或者相互矛盾的，评标委员会应当针对相应条款作出有利于相应投标人的结论。

5）投标文件中有含义不明确的内容、明显文字或者计算错误，评标委员会认为需要投标人作出必要澄清、说明的，应当通知该投标人。

6）评标委员会成员的评审意见不一致时，应以表决方式并按照少数服从多数的原则处理。对评标结果有不同意见的，应当在评标报告说明其不同意见和理由。评标委员会成员拒绝在评标报告上签字又不在评标报告说明其不同意见和理由的，视为同意评标结果。

7）对否决的投标或不采信投标人说明的情况，评标委员会应当在评标报告中作详细

说明。

8）通过评审合格的投标人少于3家（不含3家），评标委员会认为投标明显缺乏竞争的，可以否决全部投标。

9）评标结束后，由招标人向评标委员会成员支付劳务费。除此之外，评标委员会成员不得接受该项目招投标相关单位和个人的任何其他礼物、现金或者有价证券等财物。

2. 评标准备与初步评审

(1) 评标委员会成员应当编制供评标使用的相应表格，认真研究招标文件，至少应了解和熟悉以下内容。

1）招标的目标。

2）招标项目的范围和性质。

3）招标文件中规定的主要技术要求、标准和商务条款。

4）招标文件规定的评标标准、评标方法和在评标过程中考虑的相关因素。

(2) 招标人或者其委托的招标代理机构应当向评标委员会提供评标所需的重要信息和数据。招标人设有标底的，标底应当保密，并在评标时作为参考。

(3) 评标委员会应当根据招标文件规定的评标标准和方法，对投标文件进行系统地评审和比较。招标文件中没有规定的标准和方法不得作为评标的依据。

招标文件中规定的评标标准和评标方法应当合理，不得含有倾向或者排斥潜在投标人的内容，不得妨碍或者限制投标人之间的竞争。

(4) 评标委员会应当按照投标报价的高低或者招标文件规定的其他方法对投标文件排序。以多种货币报价的，应当按照中国银行在开标日公布的汇率中间价换算成人民币。

招标文件应当对汇率标准和汇率风险作出规定。未作规定的，汇率风险由投标人承担。

(5) 评标委员会可以书面方式要求投标人对投标文件中含义不明确、对同类问题表述不一致或者有明显文字和计算错误的内容作必要的澄清、说明或者补正，澄清、说明或者补正应以书面方式进行并不得超出投标文件的范围或者改变投标文件的实质性内容。

投标文件中的大写金额和小写金额不一致的，以大写金额为准；总价金额与单价金额不一致的，以单价金额为准，但单价金额小数点有明显错误的除外；对不同文字文本投标文件的解释发生异议的，以中文文本为准。

(6) 在评标过程中，评标委员会发现投标人以他人的名义投标、串通投标、以行贿手段谋取中标或者以其他弄虚作假方式投标的，该投标人的投标应作废标处理。

(7) 在评标过程中，评标委员会发现投标人的报价明显低于其他投标报价或者在设有标底时明显低于标底，使得其投标报价可能低于其个别成本的，应当要求该投标人作出书面说明并提供相关证明材料。投标人不能合理说明或者不能提供相关证明材料的，由评标委员会认定该投标人以低于成本报价竞标，其投标应作废标处理。

(8) 投标人资格条件不符合国家有关规定和招标文件要求的，或者拒不按照要求对投标文件进行澄清、说明或者补正的，评标委员会可以否决其投标。

(9) 评标委员会应当审查每一投标文件是否对招标文件提出的所有实质性要求和条件作出响应。未能在实质上响应的投标，应作废标处理。

(10) 评标委员会应当根据招标文件，审查并逐项列出投标文件的全部投标偏差。所谓的投标偏差分为重大偏差和细微偏差。其中下列情况属于重大偏差：

(1) 没有按照招标文件要求提供投标担保或者所提供的投标担保有瑕疵。

(2) 投标文件没有投标人授权代表签字和加盖公章。

(3) 投标文件载明的招标项目完成期限超过招标文件规定的期限。

(4) 明显不符合技术规格、技术标准的要求。

(5) 投标文件载明的货物包装方式、检验标准和方法等不符合招标文件的要求。

(6) 投标文件附有招标人不能接受的条件。

(7) 不符合招标文件中规定的其他实质性要求。

投标文件有上述情形之一的，为未能对招标文件作出实质性响应，并按《招标投标法》第二十三条规定作废标处理。招标文件对重大偏差另有规定的，从其规定。

而所谓的细微偏差是指投标文件在实质上响应招标文件要求，但在个别地方存在漏项或者提供了不完整的技术信息和数据等情况，并且补正这些遗漏或者不完整不会对其他投标人造成不公平的结果。细微偏差不影响投标文件的有效性。

评标委员会应当书面要求存在细微偏差的投标人在评标结束前予以补正。拒不补正的，在详细评审时可以对细微偏差作不利于该投标人的量化，量化标准应当在招标文件中规定。

评标委员会根据规定否决不合格投标或者界定为废标后，因有效投标不足三个使得投标明显缺乏竞争的，评标委员会可以否决全部投标。投标人少于3个或者所有投标被否决的，招标人应当依法重新招标。

3. 详细评审

经初步评审合格的投标文件，评标委员会应当根据招标文件确定的评标标准和方法，对其技术部分和商务部分作进一步评审、比较。评标方法包括经评审的最低投标价法、综合评估法或者法律、行政法规允许的其他评标方法。

(1) 经评审的最低投标价法。

1) 经评审的最低投标价法一般适用于具有通用技术、性能标准或者招标人对其技术、性能没有特殊要求的招标项目。

2) 根据经评审的最低投标价法，能够满足招标文件的实质性要求，并且经评审的最低投标价的投标（但低于企业个别成本的除外），应当推荐为中标候选人。

3) 采用经评审的最低投标价法的，评标委员会应当根据招标文件中规定的评标价格调整方法，对所有投标人的投标报价以及投标文件的商务部分作必要的价格调整。采用经评审的最低投标价法的，中标人的投标应当符合招标文件规定的技术要求和标准，但评标委员会无需对投标文件的技术部分进行价格折算。

4) 根据经评审的最低投标价法完成详细评审后，评标委员会应当拟定一份“标价比较表”，连同书面评标报告提交招标人。“标价比较表”应当载明投标人的投标报价、对商务偏差的价格调整和说明以及经评审的最终投标价。

(2) 综合评估法。

1) 不宜采用经评审的最低投标价法的招标项目，一般应当采取综合评估法进行评审。

2）根据综合评估法，最大限度地满足招标文件中规定的各项综合评价标准的投标，应当推荐为中标候选人。衡量投标文件是否最大限度地满足招标文件中规定的各项评价标准，可以采取折算为货币的方法、打分的方法或者其他方法。需量化的因素及其权重应当在招标文件中明确规定。

3）评标委员会对各个评审因素进行量化时，应当将量化指标建立在同一基础或者同一标准上，使各投标文件具有可比性。对技术部分和商务部分进行量化后，评标委员会应当对这两部分的量化结果进行加权，计算出每一投标的综合评估价或者综合评估分。

4）根据综合评估法完成评标后，评标委员会应当拟定一份“综合评估比较表”，连同书面评标报告提交招标人。“综合评估比较表”应当载明投标人的投标报价、所作的任何修正、对商务偏差的调整、对技术偏差的调整、对各评审因素的评估以及对每一投标的最终评审结果。

5）根据招标文件的规定，允许投标人投备选标的，评标委员会可以对中标人所投的备选标进行评审，以决定是否采纳备选标。不符合中标条件的投标人的备选标不予考虑。

4. 评标报告

评标是指招标人按照规定的评标标准和方法，对各投标人的投标文件进行评价比较分析，从中选出最佳投标人的过程。评标由招标人依法组建的评标委员会负责。

评标报告是指评标委员会完成评标后向招标人提交的书面评审报告。

评标报告应当如实记载以下内容。

（1）基本情况和数据表。

（2）评标委员会成员名单。

（3）开标记录。

（4）符合要求的投标一览表。

（5）评标标准、评标方法或者评标因素一览表。

（6）经评审的价格或者评分比较一览表。

（7）经评审的投标人排名。

（8）推荐的中标候选人名单与签订合同前要处理的事宜。

（9）澄清、说明、补正事项纪要。

评标报告由评标委员会全体成员签字，对评标结论和建议持有异议的评标委员可以书面方式阐述其不同意见和理由。评标委员会成员拒绝在评标报告上签字且不陈述其不同意见和理由的，视为同意评标结论和建议。评标委员会负责人应当对此作出书面说明并记录在案。

4.2.6 评标中的注意事项

（1）投标人对投标文件的澄清提交投标文件截止时间以后，投标文件就不得被补充、修改，这是招标投标的基本规则。但评标时，若发现投标文件的内容有含义不明确、不一致或明显打字（书写）错误或纯属计算上的错误的情形，评标委员会则应通知投标人作出澄清或说明，以确认其正确的内容。对明显打字（书写）错误或纯属计算上错误，评标委员会应允许投标人补正。澄清的要求和投标人的答复均应采取书面的形式。投标人的答复必须经法定代表人或授权代理人签字，作为投标文件的组成部分。

但是，投标人的澄清或说明。仅仅是对上述情形的解释和补正，不得有下列行为。

1）超出投标文件的范围。如投标文件没有规定的内容，澄清时候加以补充；投标文件规定的是某一特定条件作为某一承诺的前提，但解释为另一条件等。

2）改变或谋求、提议改变投标文件中的实质性内容。所谓改变实质性内容，是指改变投标文件中的报价、技术规格（参数）、主要合同条款等内容。这种实质性内容的改变，就是为了使不符合要求的投标成为符合要求的投标，或者使竞争力较差的投标变成竞争力较强的投标。

如果需要澄清的投标文件较多，则可以召开澄清会。澄清会应当在招标投标管理机构监督下进行。在澄清会上由评标委员会分别单独对投标人进行质询，先以口头形式询问并解答，随后在规定的时间内投标人以书面形式予以确认，作出正式书面答复。

另外，投标人借澄清的机会提出的任何修正声明或者附加优惠条件不得作为评标定标的依据。投标人也不得借澄清机会提出招标文件内容之外的附加要求。

（2）禁止招标人与投标人进行实质性内容的谈判。《招标投标法》规定："在确定中标人前，招标人不得与投标人就投标价格、投标方案等实质性内容进行谈判。"其目的是为了防止出现所谓的"拍卖"方式，即招标人利用一个投标人提交的投标对另一个投标人施加压力，迫其降低报价或使其他方面变为更有利的投标。许多投标人都避免参加采用这种方法的投标，即使参加，他们也会在谈判过程中提高其投标价或把不利合同条款变为有利合同条款等。

虽然禁止招标人与投标人进行实质性谈判，但是，在招标人确定中标人前，往往需要就某些非实质性问题，如具体交付工具的安排，调试、安装人员的确定，某一技术措施的细微调整等，与投标人交换看法并进行澄清，这些则不在禁止之列。

另外，即使是在中标人确定后，招标人与中标人也不得进行实质性内容的谈判，以改变招标文件和投标文件中规定的有关实质性内容。

（3）评标无效。评标过程有下列情况之一的，评标无效，应当依法重新进行评标或者重新进行招标，有关行政监督部门可处 3 万元以下的罚款。

1）使用招标文件没有确定的评标标准和方法的。

2）评标标准和方法含有倾向或者排斥投标人的内容，妨碍或者限制投标人之间竞争，且影响评标结果的。

3）应当回避担任评标委员会成员的人参与评标的。

4）评标委员会的组建及人员组成不符合法定要求的。

5）评标委员会及其成员在评标过程中有违法行为，且影响评标结果的。

（4）废除所有投标及重新招标。通常情况下，招标文件中规定招标人可以废除所有的投标，但必须经评标委员会评审。评标委员会经评审，认为所有投标都不符合招标文件要求的，可以否决所有投标。

废除所有的投标一般有两种情况：一是缺乏有效的竞争，如投标不满三家；二是大部分或全部投标文件不被接受，主要有以下几种情况。

1）投标人不合格。

2）未依照招标文件的规定投标。

3）投标文件为不符合要求的投标。

4）借用或冒用他人名义或证件，或以伪造、变造的文件投标。

5）伪造或变造投标文件。

6）投标人直接或间接地提议、给予或同意给予招标人或其他有关人员任何形式的报酬或利益，促使招标人在采购过程中作出某行为或决定，或采取某一程序。

7）投标人拒不接受对计算错误所作的纠正。

8）所有投标价格或评标价大大高于招标人的期望价。

判断投标符不符合招标文件的要求，有两个标准：一是只有符合招标文件中全部条款、条件和规定的投标才是符合要求的投标；二是投标文件有些小偏离，但并没有根本上或实质上偏离招标文件载明的特点、条款、条件和规定，即对招标文件提出的实质性要求和条件作出了响应，仍可被看作是符合要求的投标。这两个标准，招标人在招标文件中应事先列明采用哪一个，并且对偏离尽量数量化，以便评标时加以考虑。

依法必须进行招标的项目的所有投标被否决的，招标人应当依照《招标投标法》重新进行招标。如果废标是因为缺乏竞争性，应考虑扩大招标广告的范围。如果废标是因为大部分或全部投标不符合招标文件的要求，则可以邀请原来通过资格预审的投标人提交新的投标文件。这里需要注意的是，招标人不得单纯为了获得最低价而废标。

（5）评标管理机构县级以上（含县级）人民政府建设行政主管部门是建设工程招标评标与定标管理的主管部门，所属招标投标管理机构为具体管理机构。各级招标投标管理机构在招标评标、定标管理工作中的主要职责如下。

1）审定招标评标、定标组织机构，审定招标文件、评标定标办法及细则。

2）审定标底。

3）监督开标、评标、定标过程。

4）裁决评标、定标分歧。

5）鉴证中标通知。

6）处罚违反评标、定标规定的行为。

4.3　工程量清单评标

《工程量清单计价规范》实施以来，工程造价已逐步由定额计价向清单计价转变。在工程量清单计价模式下，由于市场价、管理费、利润的全面放开，实行企业自主报价，对招投标特别是评标带来新的要求，评审的工作量、难度均比以前大幅度增加。

4.3.1　工程量清单的涵义

工程量清单是指建设工程的分部分项工程项目、措施项目、其他项目、规费项目和税金项目的名称和相应数量等的明细清单。

（1）工程量清单是把承包合同中规定的全部工程项目和内容，按工程部位、性质以及它们的数量、单价、合价等列表表示出来，用于投标报价和中标后计算工程价款的依据，工程量清单是承包合同的重要组成部分。

（2）工程量清单是按照招标要求和施工设计图纸要求，将拟建招标工程的全部项目和

内容依据统一的工程量计算规则和子目分项要求，计算分部分项工程实物量，列在清单上作为招标文件的组成部分，供投标单位逐项填写单价用于投标报价。

4.3.2　工程量清单的招投标模式

(1) 工程建设项目在招投标的程序中，将产生一系列重要的招投标文件，这些文件资料将直接影响工程造价的确定与控制，招标方应严密注意招标文件的编制，表达清楚，准确体现业主的意愿，做到与工程量清单相互对应与衔接，口径应一致，否则如果出现漏洞，即会成为施工单位追加工程款的突破口，从而造成纠纷，引起索赔。

(2) 工程量清单报价由投标方进行编制，投标应响应发标人发出的工程量清单，并遵照工程量清单，结合施工现场的实际情况，选定施工方案与施工组织设计，套用工料机消耗定额计算出综合单价、其中其他费用、间接成本、利润根据工程情况和市场行情决定，各种规费和税金按国家规定计算，另外还要考虑相应的风险费用。

(3) 工程量清单报价的评标过程中，价格是关键，是竞争的核心，要在公平竞争的市场环境下，实行合理低价中标，防止由于串标引起的高价中标，也要防止低于成本中标引起的一系列问题，切实保护业主自身的利益。

对工程量清单报价的审定应由评标委员会或发包人委托的造价咨询公司中的投资控制人员进行。发包人在评标之前应该先形成内部标底，得知招标工程的预期价格，能够对工程项目进行自我测算和控制，作为判断报价合理性的依据，如果报价均偏高，可以拒绝，如果报价过分偏低，则可要求投标方作出说明。

4.4　计算机辅助评标

4.4.1　计算机辅助评标概述

为适应市场的需求，各地都制定了符合工程量清单计价规范的评标规则。评标规则中需要评审的项目越来越细，不仅要评审工程总报价，还要对分部分项工程量清单总价、分部分项工程量清单的综合单价、措施项目清单总价、其他项目清单总价、主要材料价格以及计算错误进行检查。评标的项目越来越细，导致评委的工作量越来越大。投标单位报价策略越来越多，工作量巨大且繁琐，手工评分的难度越来越大。所以，实行计算机辅助评标，势在必行。

运用计算机评标系统对招投标数据的快速分析能力，将投标文件中有疑问的报价搜索出来，供评标专家评定，可以把评委从劳神耗时的找错工作中解脱出来，达到评标的最佳效果，体现公平、公正、科学、择优的原则。这样既充分发挥了专家的价值，又充分保证了招标人和投标人的利益。另一方面，电子标书可以降低业主和施工企业的招投标成本。执行工程量清单计价规范后，投标单位需要提交清单综合单价分析表和措施项目分析表，投标单位提交文字表格时，打印的文档量大大超过以前在定额模式下的评标时提供的文字文档。一个几千万的工程或单位工程较多的工程，投标单位在投标时都是抬着箱子投标，评委评审时也很困难。采用电子标书，则综合单价分析表等大量的数据不需打印，大大节省了投标单位的成本，也利于数据的分析整理。

在各种市场因素的促动下，评标工作的信息化建设日益显示出了它的重要性和必要性，清单环境下的评标工作，需要由专业、高效的电子评标系统来完成。它必须能帮助建筑交易市场创造“公平、公正、科学、择优”的市场环境，解决长期困扰建筑行业的信息陈旧、信息不灵、信息重复利用率低、利用成本高的问题。

4.4.2 计算机辅助评标系统的总体框架

现在推行的工程量清单计价模式与原有的定额计价模式相比，发生了很大的变化。一方面，市场价、管理费、利润的全面放开，实行企业自主报价，使清单综合单价、材料单价等项目评审的要求更规范、更严格，评审的工作量加大。另一方面，借助以工程量清单计价为核心功能的电子标书制作软件，可以生成具有统一数据规范的招标电子标书和投标电子标书，而在此基础上只需进一步开发基于统一数据规范的计算机辅助评标系统，就能使人工评标顺利转向计算机辅助评标。这种电子化招标投标模式不仅大大提高了招标、投标和评标的效率，也使评审过程变得更科学、更合理、更规范、更专业，使得评标定标过程中更能充分体现建设工程招标投标公开、公正、公平、择优的原则。

工程招标投标，实际上是形成合同的过程。实行工程量清单招投标，工程量清单是承发包合同的组成部分，受《合同法》的保护。招标人编制工程量清单是形成要约的过程。投标人投标、中标、签订合同，经历了形成合同的要约、承诺、订立的完整过程。电子化招投标的模式，有利于招标人和投标人严格按照规范的要求操作，形成建设工程承发包合同，规范招标投标操作。

首先，招标人使用符合招标投标规定和计价规范要求的工程量清单招标投标软件，编制符合规范要求的招标文件，形成招标电子标书，发给投标人。招标电子标书具有严格的数据保护功能，软件会在光盘上自动生成唯一标识码，防止投标人擅自修改。其次，投标人购买招标文件后，使用电子标书进行报价。电子标书保证了投标人能够按照招标人规定的格式进行报价，规范了投标人的操作，保证了投标质量和投标效率，大大降低了因投标人不规范操作而产生废标的可能性。

由于投标书实现了数字化，为实现科学、合理的评标分析创造了良好的条件。采用工程量清单招标投标，工程总报价不再是决定工程中标与否的唯一依据，应该对工程量清单计价中的总价、分部分项工程量清单报价、措施项目清单报价、主要材料单价和主要清单项目综合单价等进行分项评审。使用计算机辅助评标，可以对上述各项商务标指标进行快速分析计算，并把结果提交给评标专家，有利于评标专家科学判断各投标单位报价的合理性，最终实现“合理低价中标”的评标定标方式，为工程招标投标创造良好的市场环境。

4.4.3 计算机辅助评标系统流程

利用计算机辅助评标为工程量清单环境下的评标工作提供了专业、高效的评标方式。在整个招标投标活动中，由招标方制作电子招标文件，并且采用专用软件发标，投标方填报电子招标文件的价格数据形成电子投标文件，并用专用格式保存用专用软件平台加密发回给招标人，从而形成完整、安全、规范的电子招标、投标文件体系。完全开放的接口确保所有的投标方都可以准确、完整、快速地填报投标文件，公平地参加投标。

系统智能对比招标人提供的工程量清单与投标单位提供的工程量清单之间的一致性，

快速、准确地发现任何不符合招标人要求的部分，并自动加以标记，给出明确的不符合性说明。同时，系统自动检查投标报价的各种计算关系，自动判断并给出明确提示，自动汇总错误项的数量。系统可以为分部分项工程量清单、措施项目清单、主要材料单价等的评审提供横向、纵向等多种多样的对比参考数据，提供可自由设定范围、自由设定基准价的比较方法，在一定范围内保证有竞争能力的投标人的利益。清标小组通过对电子招标文件与电子投标文件系统的快速计算、对比分析，就可以很快得到清标分析报告，同时将清标报告提供给评标小组，按照招标文件规定的评标办法准确快速打分，由计算机按照综合排名向招标方推荐中标候选人。

计算机辅助评标在招标投标中的应用，一是提高了评标效率和准确性。同时，系统还可以实现评标中对项目经理、投标企业的资质及惩处情况等非人为因素的自动计算得分功能，避免了评委对同一资质等级的施工企业评价结果出现偏差等问题，保证了评定结果的公正性。二是投标、评标更加科学规范。在商务标和技术标的制作上统一格式，包括投标文件类型、字体、字号、间距等全部作了详细的规定。标书投递后由监督人员统一密封、编号，评委在评标室内通过自己面前的计算机就可以轻松地实现网上评标。所有的工程项目均实行暗标评标，以便评委在审阅标书时可以不带任何感情色彩，有效地杜绝人情标、关系标。三是节约了印刷和纸张的费用，降低了投标成本。

4.5 中　　标

4.5.1 投标有效期

招标文件应当规定一个适当的投标有效期，以保证投标人有足够的时间完成评标和与中标人签订合同。投标有效期从投标人提交投标文件截止日起计算。在原投标有效期结束前，出现特殊情况的，招标人可以书面形式要求所有投标人延长投标有效期。投标人同意延长的，不得要求或被允许修改其投标文件的实质性内容，但应当相应延长其投标保证金的有效期；投标人拒绝延长的，其投标失败，但是投标人有权收回其投标保证金。因延长投标有效期造成投标人损失的，招标人应当给予补偿，但因不可抗力需要延长投标有效期的除外。

4.5.2 确定中标人

评标委员会按评标办法对投标书进行评审后，提出评标报告，推荐中标候选人（一般为 1～3 个），并标明排列顺序。招标人应当接受评标委员会推荐的中标候选人，最后由招标人确定中标人，不得在评标委员会推荐的中标人之外确定中标人；在某些情况下，招标人也可以直接授权评标委员会直接确定中标人。评标委员会提出书面评标报告后，招标人一般应当在 15 日内确定中标人，但最迟应当在投标有效期结束日前 30 个工作日内确定。中标人确定后，由招标人向中标人发出中标通知书并同时将中标结果通知所有未中标的投标人（即发出未中标通知书）；要求中标人在规定期限内（中标通知书发出 30 日内）签订合同，招标人与中标人签订合同后 5 个工作日内，应向未中标的投标人退还投标保证金。另外招标人还要在发出中标通知书之日起 15 日内向招标投标管理机构提交书面报告备案，

至此招标即告圆满成功。

实行固定总价合同的招标工程，中标人应当在中标通知书发出之日起28日内就包干范围内的工程量向招标人或其委托的中介机构提出核对申请，逾期未提出申请的，视为对包干范围内的工程量无异议。经核对，工程量有变化的，由双方确认后应在施工合同中对合同价款作相应调整。

在抽取参与评审的投标人名单和中标候选人过程中，如出现由于招标人的工作失误、设备故障或其他不可抗力因素影响抽取结果的，抽取的参与评审的投标人名单和中标候选人无效，招标人应当重新抽取。

4.5.3 中标通知书

《招标投标法》第四十五条规定，中标人确定后，招标人应当向中标人发出中标通知书，并同时将中标结果通知所有未中标的投标人。中标通知书对招标人和中标人具有法律效力。中标通知发出后，招标人改变中标结果的，或者中标人放弃中标项目的，应当依法承担法律责任。

（1）中标通知书的性质。中标人确定后，招标人应迅速将中标结果通知中标人及所有未中标的投标人。目前一般规定7日内发出通知。中标通知书就是向中标的投标人发出的告知其中标的书面通知文件。

我国《合同法》规定，订立合同采取要约和承诺的方式。要约是希望和他人订立合同的意思表示，该意思表示内容具体，且表明经受要约人承诺，要约人即受该意思表示的约束；承诺是受要约人同意要约的意思表示，应当以通知的方式作出，但根据交易习惯或者要约表明可以通过行为作出承诺的除外。据此可以认为，投标人提交的投标属于一种要约，招标人的中标通知书则为对投标人要约的承诺。

（2）中标通知书的生效及合同的成立。中标通知书作为承诺，与合同法规定的一般性的承诺不同，它的生效不能采用“到达主义”，而应采用“发信主义”，即中标通知书发出时生效，对中标人和招标人产生法律约束力。理由是，按照“到达主义”的要求，即使中标通知书及时发出，也有可能在传送过程中并非因招标人的过错而出现延误、丢失或错投，致使中标人未能在投标有效期内收到该通知，招标人则丧失了对中标人的约束权。而按照“发信主义”的要求，招标人的上述权利可以得到保护。

《招标投标法》规定，中标通知书发出后，招标人改变中标结果的，或者中标人放弃中标项目的，应当依法承担法律责任。《合同法》规定，承诺生效时合同成立。因此，中标通知书发出时，即发生承诺生效、合同成立的法律效力。所以，中标通知书发生法律效力后，招标人不得改变中标结果，投标人不得放弃中标项目。招标人改变中标结果，变更中标人，实质上是一种单方面撕毁合同的行为；投标人放弃中标项目的，则是一种不履行合同的行为。两种行为都属于违约行为，所以应当承担违约责任。

4.5.4 中标人的义务

《招标投标法》第四十八条规定，中标人应当按照合同约定履行义务，完成中标项目。中标人不得向他人转让中标项目，也不得将中标项目肢解后分别向他人转让。中标人按照合同约定或者经招标人同意，可以将中标项目的部分非主体、非关键性工作分包给他人完

成。接受分包的人应当具备相应的资格条件，并不得再次分包。中标人应当就分包项目向招标人负责，接受分包的人就分包项目承担连带责任。

本条规定是关于中标人对中标项目不得转包和违法分包的规定。

(1) 招标投标实质上是一种特殊的签订合同的方式。招标人通过招标投标活动选择了适合自己需要的中标人并与之订立合同。中标人应当全面履行合同约定的义务，完成中标项目。中标人不得将合同转包给他人。所谓转包，是指中标人将其承包的中标项目倒手转让给他人，使他人实际上成为该中标项目的新的承包人的行为。从实践中看，转包行为有很大的危害性。中标人擅自将其承包的中标项目转包，也违反了合同法律的规定。中标人将中标项目转让给他人，是擅自变更合同主体的行为，违背了招标人的利益，是法律所禁止的行为。

(2) 所谓中标项目的分包，是指对中标项目实行总承包的单位，将其总承包的中标项目的某一部分或某几部分，再发包给其他的承包单位，与其签订总承包合同项下的分包合同，此时中标人就成为分包合同的发包人。对一些招标项目如大中型建设工程或结构复杂的建设工程来说，实行总承包与分包相结合的方式，允许承包人在遵守一定条件的前提下，将自己总承包工程项目中的部分非主体、非关键性工作项目分包给其他承包人，以发挥各自的优势，这对提高工作效率，降低工作造价，保证工程质量都有好处。但分包必须遵守法律规定的限制条件。招标投标法中对分包行为规定的限制条件为①中标人只能将中标项目的非主 体、非关键性工作分包给具有相应资质条件的单位；②分包的工程必须是招标采购合同 约定可以分包的工程，合同中没有约定的，必须经招标人认可；③中标项目的主体性、关键性工作必须由中标人自行完成，不得分包。④分包只能进行一次。

(3) 一般来说，分包人仅就分包合同的履行向中标人负责，并不直接向招标人承担责任。但为了维护招标人的权益，适当加重分包人的责任，本条规定，中标人与分包人应当就分包工程对招标人承担连带责任，也就是说因分包工程出现的问题，招标人既可以要求中标人承担责任，也可以直接要求分包人承担责任。

4.5.5　中标无效

1. 中标无效的含义

所谓中标无效，就是招标人确定的中标失去了法律约束力。也就是说依照违法行为获得中标的投标人丧失了与招标人签订合同的资格，招标人不再负有与中标人签订合同的义务；在已经与招标人签订了合同的情况下，所签合同无效。中标无效为自始无效。

2. 导致中标无效的情况

《招标投标法》规定中标无效主要有以下 6 种情况。

(1) 招标代理机构违反本法规定，泄露应当保密的与招标投标活动有关的情况和资料，或者与招标人、投标人串通损害国家利益、社会公共利益或者他人合法权益的行为影响中标结果的，中标无效。

(2) 招标人向他人透露已获取招标文件的潜在投标人的名称、数量或者可能影响公平竞争的有关招标投标的其他情况，或者泄露标底的行为影响中标结果的，中标无效。

(3) 投标人相互串通投标，投标人与招标人串通投标的，投标人以向招标人或者评标委员会行贿的手段谋取中标的，中标无效。

1）《工程建设项目施工招标投标办法》规定，下列行为均属投标人串通投标报价。

a. 投标人之间相互约定抬高或压低投标报价。

b. 投标人之间相互约定，在招标项目中分别以高、中、低价位报价。

c. 投标人之间先进行内部竞价，内定中标人，然后再参加投标。

d. 投标人之间其他串通投标报价的行为。

2）下列行为均属招标人与投标人串通投标。

a. 招标人在开标前开启招标文件，并将投标情况告知其他投标人，或者协助投标人撤换投标文件，更改报价。

b. 招标人向投标人泄露标底。

c. 招标人与投标人商定，投标时压低或抬高标价，中标后再给投标人或招标人额外补偿。

d. 招标人预先内定中标人。

e. 其他串通投标行为。

（4）投标人以他人名义投标或者以其他方式弄虚作假，骗取中标的，中标无效。以他人名义投标，指投标人挂靠其他施工单位，或从其他单位通过转让或租借方式获取资格或资质证书，或者由其他单位及其法定代表人在自己编制的投标文件上加盖印章和签字等行为。

（5）依法必须进行招标的项目，招标人违反本法规定，与投标人就投标价格、投标方案等实质性内容进行谈判的行为影响中标结果的，中标无效。

（6）招标人在评标委员会依法推荐的中标候选人以外确定中标人的，依法必须进行招标的项目在所有投标被评标委员会否决后自行确定中标人的，中标无效。

3. 中标无效的法律后果

中标无效的法律后果主要分两种情况，即没有签订合同时中标无效的法律后果和签订合同中标无效的法律后果。

（1）尚未签订合同中标无效的法律后果。在招标人尚未与中标人签订书面合同的情况下，招标人发出的中标通知书失去了法律约束力，招标人没有与中标人签订合同的义务，中标人失去了与招标人签订合同的权利。其中标无效的法律后果有以下两种。

1）招标人依照法律规定的中标条件从其余投标人中重新确定中标人。

2）没有符合规定条件的中标人的，招标人应依法重新进行招标。

（2）签订合同中标无效的法律后果。招标人与投标人之间已经签订合同的，所签合同无效。根据《民法通则》和《合同法》的规定，合同无效产生以下后果。

1）恢复原状。根据《合同法》的规定，无效的合同自始没有法律约束力。因该合同取得的财产，应当予以返还；不能返还或者没有必要返还的，应当折价补偿。

2）赔偿损失。有过错的一方应当赔偿对方因此所受的损失。如果招标人、投标人双方都有过错的，应当各自承担相应的责任。另外根据《民法通则》的规定，招标人知道招标代理机构从事违法行为而不作反对表示的，招标人应当与招标代理机构一起对第三人负连带责任。

3）重新确定中标人或重新招标。

4.5.6　签订合同

1. 合同的签订

《招标投标法》第四十六条规定，招标人和中标人应当自中标通知书发出之日起 30 日内，按照招标文件和中标人的投标文件订立书面合同。招标人和中标人不得再行订立背离合同实质性内容的其他协议。

如果投标书内提出的某些非实质性偏离的不同意见而发包人也接受时，双方应就这些内容通过谈判达成书面协议。通常的做法是，不改动招标文件中的通用条件和专用条件，将某些条款协商一致后改动的部分在合同协议书附录中予以明确。合同协议书附录经过双方签字后将作为合同的组成部分。

2. 投标保证

按照建设法规的规定，若招标人收取投标保证金，应当自合同签订之日起 7 日内，将投标保证金退还给中标人和未中标人。

3. 履约保证

履约保证是指发包人在招标文件中规定的要求承包人提交的保证履行合同义务的担保。履约担保一般有两种形式：银行履约保函、履约担保书。

(1) 银行履约保函。银行履约保函是由商业银行开具的担保证明，通常为合同金额的 10%左右。银行履约保函分为有条件的银行保函和无条件的银行保函。

有条件的保函是指在承包人没有实施合同或者未履行合同义务时，由发包人或监理工程师出具证明说明情况，并由担保人对已执行合同部分和未执行部分加以鉴定，确认后才能收兑银行保函，由招标人得到保函中的款项。建筑行业通常倾向于采用这种形式的保函。

无条件的保函是指在承包人没有实施合同或者未履行合同义务时，发包人不需要出具任何证明和理由。只要看到承包人违约，就可对银行保函进行收兑。

(2) 履约担保书。履约担保书的担保方式是：当承包人在履行合同中违约时，开出担保书的担保公司或者保险公司用该项担保金去完成施工任务或者向发包人支付该项保证金。工程采购项目保证金提供担保形式的，其金额一般为合同价的 30%～50%。

承包人违约时，由工程担保人代为完成工程建设的担保方式，有利于工程建设的顺利进行，因此是我国工程担保制度探索和实践的重点内容。

习　题

一、单选题

1. 根据《招标投标法》，中标通知书自(　　)发生法律效力。

A. 发出之日　　B. 作出之日　　C. 盖章之日　　D. 收到之日

2. 根据《招标投标法》，可以确定中标人的主体是(　　)。

A. 经招标人授权的招标代理机构　　B. 建设行政主管部门

C. 经招标人授权的评标委员会　　D. 招标投标有形市场

3. 下列有关施工招标程序正确的是(　　)。

A. 发布招标公告→招标预备会→踏勘现场→接收标书→开标→定标

B. 发布招标公告→招标预备会→踏勘现场→开标→接收标书→定标

C. 发布招标公告→踏勘现场→招标预备会→接收标书→开标→定标

D. 招标预备会→发布招标公告→踏勘现场→接收标书→开标→定标

4. 确定中标人的权利属于（　　）。

A. 招标人　　B. 评标委员会　　C. 招标代理机构　　D. 行政监督机构

5. 对于投标文件存在的下列偏差，评标委员会应书面要求投标人在评标结束前予以补正的情形是（　　）。

A. 未按招标文件规定的格式填写，内容不全的

B. 所提供的投标担保有瑕疵的

C. 投标人名称与资格预审时不一致的

D. 实质上响应招标文件要求但个别地方存在漏项的细微偏差

6. 对于依法必须招标的工程建设项目，排名第一的中标候选人（　　），招标人可以确定排名第二的中标候选人为中标人。

A. 提供虚假资质证明　　B. 向评标委员会成员行贿

C. 因不可抗力提出不能履行合同　　D. 与招标代理机构串通

7. 下列情形中，投标人已提交的投标保证金不予返还的是（　　）。

A. 在提交投标文件截止日后撤回投标文件的

B. 提交投标文件后，在投标截止日前表示放弃投标的

C. 开标后被要求对其投标文件进行澄清的

D. 评标期间招标人通知延长投标有效期，投标人拒绝延长的

8. 关于评标结果异议的说法，正确的是（　　）。

A. 对评标结果异议不是对评标结果投诉必然的前置条件

B. 只有投标人有权对项目的评标结果提出异议

C. 对评标结果有异议，应当在中标候选人公示期间提出

D. 招标人对评标结果的异议作出答复前，招标投标活动继续进行

9. 下列评标委员会成员的行为，合法的是（　　）

A. 向招标人征询确定中标人的意向　　B. 接受投标人提出的主动澄清

C. 对投标提出否决的主动澄清　　D. 接受个人所提出的询问意见

10. 下列情形中，投标人中标有效的是（　　）。

A. 投标人给予招标人金钱获取中标

B. 投标人在投标书中表面给予招标人折扣获取中标

C. 投标人在账外给予招标人回扣获取中标

D. 投标人在账外给予评标委员会财物获取中标

二、多项选择题

1. 中标人的投标应当符合（　　）。

A. 能够最大限度地满足招标文件中规定的各项综合评价标准

B. 投标价格最接近标底

C. 能够满足招标文件的实质性要求，并且经评审的投标价格最低

D. 投标价最低

E. 技术最先进

2. 根据《招标投标法》的有关规定，项目开标过程不符合开标程序的有（　　）。

A. 在招标文件确定的提交投标文件截止时间的同一时间公开开标

B. 由建设行政主管部门主持开标，邀请部分投标人参加

C. 在招标人检查投标文件的密封情况后开标

D. 当众拆封、宣读在投标截止时间前收到的所有投标文件

E. 有公证机构在场，因此未记录开标过程

3. 招标人不予受理投标文件的情形包括（　　）。

A. 未按招标文件要求提交投标保证金　　B. 逾期送达的或者未送达指定地点

C. 未按招标文件要求密封　　D. 投标文件无单位盖章

E. 投标人名称和资格预审不一致

4. 评标办法主要由（　　）组成。

A. 评标办法前附表　　B. 评标方法

C. 评审标准　　D. 评标程序

E. 评标委员会组成情况

5. 建设工程项目施工评标步骤主要包括（　　）。

A. 评标准备　　B. 资格预审　　C. 初步评审　　D. 详细评审

E. 编写评标报告

三、简答题

1. 中标人的投标应当符合什么条件？

2. 中标人的义务有哪些？

3. 评标报告应当如实记载哪些内容？

4. 开标的程序是什么？

5. 评标委员会成员的权利有哪些？

第5章　建设工程合同

【学习目标】

1. 熟悉建设工程合同的概念、特征、分类、作用及建设工程中主要的合同关系。

2. 掌握建设工程施工合同的概念、类型、订立的条件、原则和程序。

3. 熟悉2017版《建设工程施工合同（示范文本）》的主要内容。

5.1　建设工程合同概述

5.1.1　建设工程合同的基本概念

1. 建设工程合同的概念

我国《合同法》规定，建设工程合同是承包人进行工程建设，发包人支付价款的合同。即承包人按照发包人的要求完成工程建设，交付竣工工程，发包人给付报酬的合同。进行工 程建设的行为包括勘察、设计、施工等。对建设工程实行监理的，发包人也应当与监理人订立委托监理合同。

2. 建设工程合同的特征

(1) 合同主体资格的合法性。建设工程合同主体就是建设工程合同的当事人，即建设工程合同发包人和承包人。不同种类的建设工程合同具有不同的合同当事人。由于建设工程活动的特殊性，我国建设法律法规对建设工程合同的主体有非常严格的要求：所有建设工程合同主体资格必须合法，必须为法人单位，并且必须具备相应的资质。

(2) 合同客体的层次性。合同客体是合同法律关系的标的，是合同当事人权利和义务共同指向的对象，包括物、行为和智力成果。建设工程合同客体就是建设工程合同所指向的内容，如工程的施工、安装、设计、勘察、咨询和管理服务等。

(3) 合同的书面性。虽然我国《合同法》规定合法的合同可以是书面形式、口头形式和其他形式，但我国相关法律均规定建设工程合同应当采用书面形式。由于建设工程合同一般具有合同标的数额大、合同内容复杂、履行期较长等特点，以及在工程建设中经常会发生影响合同履行的纠纷，因此，建设工程合同应当采用书面形式。建设工程合同采用书面形式也是国家工程建设进行监督管理的需要。

(4) 合同交易的特殊性。建设工程合同，以施工承包合同为主，在签订合同时确定的价格一般为暂定的合同价格，等合同中工程全部结束并结算后才最终确定合同的实际价格。建设工程合同交易具有多次性、渐进性，与其他一次性交易合同有很大不同。即使低于成本价格的合同初始价格，在工程合同履行期间，通过工程变更、索赔和价格调整，承包人仍然可能获得可观利润。

(5) 合同的行政监督性。建设合同的行政监督性主要表现在，我国建设工程合同的订立、履行和结束等全过程都必须符合基本建设程序，接受国家相关行政主管部门的监督和管理。行政监督既涉及工程项目建设的全过程，如工程建设立项、规划设计、初步设计、施工图纸、土地使用、招标投标、施工、竣工验收等，也涉及工程项目的参与者，如参与者的资质等级、分包和转包、市场准入等。

(6) 合同履行的地域性。由于建设工程具有产品的固定性，工程合同履行需围绕固定的工程展开，同时工程咨询服务合同也应尽可能在工程所在地履行。因此，建设工程合同履行具有明显的地域性，这一特性影响合同履行效果、合同纠纷的解决方式。

3. 建设工程合同的种类

建设工程合同可从不同的角度进行分类。

(1) 按承发包的范围分类。按承发包的范围，建设工程合同可分为建设工程总承包合同、建设工程承包合同、分包合同。

(2) 按承包的内容分类。按承包的内容来划分，建设工程合同可分为建设工程勘察合同、建设工程设计合同和工程施工合同等。

(3) 按计价方式分类。发包人与承包商所签订的合同，按计价方式不同，可分为总价合同、单价合同和成本加酬金合同三大类。建设工程勘察、设计合同和设备加工采购合同一般为总价合同；建设工程委托监理合同大多为成本加酬金合同：而建设工程施工合同则根据招标准备情况和工程项目特点不同，可选择其适用的一种合同。

1) 总价合同。总价合同有时也称为约定总价合同，或称包干合同。一般要求投标人按照招标文件要求报一个总价在这个价格下完成合同规定的全部项目，即发包人支付给承包商的施工工程款项在承包合同中是一个规定的金额。

总价合同一般又分为固定总价合同、可调总价合同和固定工程量总价合同三种方式。对于各种总价合同，在投标时，投标人必须报出各子项工程价格，在合同执行过程中，对很小的分部工程，在完工后一次性支付；对较大的分部工程则按施工过程分阶段支付，或按完成的工程量百分比支付。

总价合同一般适用于两类工程。

一类是房屋建筑工程项目。在这类工程中，招标时要求全面而详细地准备好设计图纸，一般要求做到施工详图，还应准备详细的规范和说明，以便投标人能详细地计算工程量；工程技术不太复杂，风险不太大，工期不太长，一般在一年左右；同时要给予承包商各种方便。

这类工程对发包人来说，由于设计花费时间长，有时和施工期相同，因而开工期晚，开工后的变更容易带来索赔，而且在设计过程中也难以吸收承包商的建议，但对控制投资和工期比较方便，总的风险较小。

对承包商来说，由于总价固定，如果在订合同时不能争取到一些合理的承诺（如物价波动、地基条件恶劣时如何处理等)，则风险比较大，投标时应考虑足够的风险费，但承包商对整个工程的组织管理有着很大的控制权，因而可以通过高效率的组织实施工程和节约成本来获取更多的利润。

另一类是设计－建造或EPC交钥匙项目。这时发包人可以将设计与建造工作一并总包给一个承包商，此承包商则承担着更大的责任与风险。

2）单价合同。单价合同是指承包工程量报价单内分项工作内容填报单价，以实际完成工程量乘以所报单价计算结算款的合同。承包商所报单价应为计算各种摊销费用以后的综合单价，而非直接费单价。合同履行过程中如无特殊情况，一般不得变更单价。单价合同的执行原则是：工程量清单中分项开列的工程量在合同实施过程中允许有上下浮动变化，但该项工作内容的单价不变，结算支付时以实际完成的工程量为依据。因此，按投标书报价单中预计工程量乘以所报单价计算的合同价格，并不一定就是承包商保质保量按期完成合同中规定的任务后所获得的全部款项，可能比它多，也可能比它少。

通常，当准备发包的工程项目的内容和设计指标一时不能十分确定，或工程量可能出入较大时，则采用单价合同形式为宜。单价合同大多用于工期长、技术复杂、实施过程中发生各种不可预见因素较多的大型工程项目，或者发包人为了缩短项目的建设周期，初步设计完成后就进行施工招标的工程。单价合同的工程量清单内所列的工程量为估计工程量，而非准确的工程量。

常用的单价合同有近似工程量单价合同、纯单价合同、单价与子项包干混合式合同3种。

3）成本加酬金合同。成本加酬金合同是指发包人向承包商支付实际工程成本中的直接费（一般包括人工、材料及机械设备费），并按事先协议好的某一种方式支付管理费及利润的一种合同方式。对于工程内容及其技术经济指标尚未完全确定而又急于上马的工程，如旧建筑物维修、翻新的工程、抢险、救灾工程，或完全崭新的工程及施工风险很大的工程可采用这种合同。其缺点是发包人对工程总造价不易控制，而承包商在施工中也不注意精打细算。有的形式是按照一定比例提取管理费及利润的，往往成本越高，管理费及利润也越高。

按照酬金的计算方式不同，成本加酬金合同又可分为成本加固定百分比酬金合同、成本加固定酬金合同、成本加浮动酬金合同、目标成本加奖惩合同等。

5.1.2 合同在建筑工程中的作用

合同在建筑工程中发挥着越来越重要的作用，其主要体现在以下几个方面。

（1）合同确定了工程实施和工程管理的主要目标，是合同双方在工程中进行各种经济行为的依据。合同在工程实施前签订，它确定了工程所要达到的目标，以及和目标相关的所有主要的和细节的问题。合同确定的工程目标主要有3个方面。

1）工期、包括工程的总工期、工程开始、工程结束的具体日期及工程中的一些主要活动的持续时间。它们由合同协议书、总工期计划、双方一致同意的详细进度计划确定。

2）工程质量、工程规模和范围。详细而具体的质量、技术和功能等方面的要求。例如建筑面积、建筑材料、设计、施工等质量标准和技术规范等。它们由合同条件、图纸、规范、工程量表等定义。

3）价格。包括工程总价格，各分项工程的单价和总价等。它们由中标函、合同协议书或工程量报价单等定义，这是承包商按合同要求完成工程所应得的报酬。

（2）合同规定了双方在合同实施过程中的经济责任、利益和权力。签订合同，则双方处于一个统一体中，共同完成项目任务，双方的总目标是一致的。但从另一个角度看，合同双方的利益又是不一致的。

1）承包商的目标是尽可能多地取得工程利润，增加收益，降低成本。

2）发包人的目标是以尽可能少的费用完成尽可能多的、质量尽可能高的工程。

由于利益的不一致导致工程过程中的利益冲突，造成在工程实施和管理中双方行为的不一致、不协调和矛盾。合同双方常常都从各自利益出发考虑和分析问题，采用一些策略、手段和措施达到自己的目的。但合同双方的权利和义务是互为条件的，这一切又必然影响和损害对方利益，妨碍工程顺利实施。

合同是调节这种关系的主要手段。双方可以利用合同保护自己的权益，限制和制约对方。

(3) 合同是工程项目组织的纽带。合同将工程所涉及的生产、材料和设备供应、运输、各专业设计和施工的分工协作关系联系起来，协调并统一项目各参加者的行为。一个参加单位与项目的关系、它在项目中承担的角色、它的任务和责任、就是由与它相关的合同定义的。

(4) 合同是工程过程中双方的最高行为准则。工程过程中的一切活动都是为了履行合同，都必须按合同办事，双方的行为主要靠合同来约束，所以，工程管理以合同为核心。

由于社会化大生产和专业化分工，一个工程必须有几个、十几个，甚至几十个参加单位。在工程实施中，由于合同一方违约，不能履行合同责任，不仅会造成自己的损失，而且会殃及合同伙伴和其他工程参与者，甚至会造成整个工程的中断。如果没有合同和合同的法律约束力，就不能保证工程的各参加者在工程的各个方面、工程实施的各个环节上都按时、按质、按量地完成自己的义务，就不会有正常的施工秩序，就不可能顺利实现工程总目标。

(5) 合同是工程过程中双方解决争执的依据。由于双方经济利益的不一致，在工程过程中争执是难免的。合同争执是经济利益冲突的表现，它常常起因于双方对合同理解的不一致、合同实施环境的变化、有一方未履行或未正确地履行合同等。

合同对争执的解决有以下两个决定性作用。

1）争执的判定以合同作为法律依据，即以合同条文判定争执的性质，谁对争执负责，应负什么样的责任等。

2）争执的解决方法和解决程序由合同规定。

5.1.3 建设工程中的主要合同关系

工程建设是一个极为复杂的社会生产过程，它分别经历可行性研究、勘察设计、工程施工和运行等阶段；有土建、水电、机械设备、通信等专业设计和施工活动；需要各种材料、设备、资金和劳动力的供应。由于社会化大生产和专业化分工，一个工程必须有几个、十几个，甚至几十个、成百上千个参加单位，它们之间形成各式各样的经济关系。工程中维系这种关系的纽带就是合同。工程项目的建设过程实质上又是一系列经济合同的签订和履行过程。

在一个工程中，相关的合同可能有几份、几十份，甚至几百份、上千份，形成了一个复杂的合同网络。在这个网络中，发包人和承包商是两个最主要的节点。

1. 发包人的主要合同关系

发包人作为工程服务的买方，是工程的所有者，它可以是政府部门，企事业单位、几

个企业的组合、政府与企业的组合（例如合资项目，BOT 项目等）、私人投资者等。

发包人根据对工程的需求，确定工程项目的整体目标，这个目标是所有相关工程合同的核心。通常要实现工程总目标，发包人会将工程的勘察设计、施工、设备和材料供应等工作委托出去，从而形成了如下合同关系。

(1) 咨询（监理）合同。指发包人与咨询（监理）公司签订的合同。咨询（监理）公司负责工程的可行性研究，设计监理，招标和施工阶段监理等某一项或几项工作。

(2) 勘察设计合同。指发包人与勘察设计单位签订的合同。勘察设计单位负责工程的地质勘察和技术设计工作。

(3) 供应合同。指当由发包人负责提供工程材料和设备时，发包人与有关材料和设备供应商签订供应（采购）合同。

(4) 工程施工合同。指发包人与工程承包商签订的工程施工合同。一个或几个承包商分别承包土建、机电安装、装饰等工程施工。

(5) 货款合同。指发包人与金融机构签订的合同，后者向发包人提供资金保证。按照资金来源的不同，可能有货款合同、合资合同或 BOT 合同等。

(6) 按照工程承包方式和范围的不同，发包人可能将工程分专业、分阶段委托，将材料和设备供应分别委托，也可能将上述几个阶段合并委托，如把土建和安装委托给一个承包商，把整个设备供应委托给一个设备供应企业。发包人还可以将整个工程的设计、供应、施工甚至管理等工作委托给一个总承包商负责。

2. 承包商的主要合同关系

承包商是工程施工的具体实施者，是工程承包合同的执行者。承包商要完成承包合同的责任，包括由工程量表所确定的工程范围的施工、竣工和保修，为完成这些工程任务提供劳动力、施工设备、材料，有时也包括技术设计。对于承包商而言，它同样可以将许多专业工作委托出去，从而形成了如下合同关系。

(1) 分包合同。对于一些大的工程项目，承包商通常要与其他承包商合作才能顺利完成总承包的合同责任。承包商可以将其承接到的工程中的某些分项工程或工作分包给其他承包商来完成，因而要与其签订分包合同。

承包商在承包合同下可能订立许多分包合同，而分包商仅完成总承包商分包给自己的工程任务，向总承包商负责，与发包人无合同关系。总承包商仍就整个工程责任向发包人负责，并负责工程的管理和所属各分包商工作之间的协调。

(2) 供应合同。承包商通常与材料、设备供应商签订供应合同，来为工程提供相关的材料和设备。

(3) 运输合同。这是承包商为解决材料和设备的运输委托而与运输单位签订的合同。

(4) 加工合同。指承包商将建筑构配件、特殊构件的加工任务委托给加工承揽单位而签订的合同。

(5) 租赁合同。在建设工程中，承包商需要许多施工设备、运输设备、周转材料，当有些设备、周转材料在现场的使用率较低，或自己购置需要大量资金投入而自己又不具备这个经济实力时，可以采用租赁方式，与租赁单位签订租赁合同。

(6) 劳务供应合同。建筑产品往往在需要花费大量的人力、物力和财力。承包商不可

能全部采用固定工来完成该项工程，为了满足工程的临时需要，往往要与劳务供应商签订劳务供应合同，由劳务供应商向工程提供劳务。

(7) 保修合同。承包商按施工合同要求对工程进行保险，与保险公司签订保修合同。

承包商的这些合同都与工程承包合同相关，都是为了履行承包合同而签订的。

3. 建设工程的合同体系

按照上述的分析和项目任务的结构分解，就可以得到不同层次、不同种类的合同，它们共同构成了如图5.1所示的合同体系。

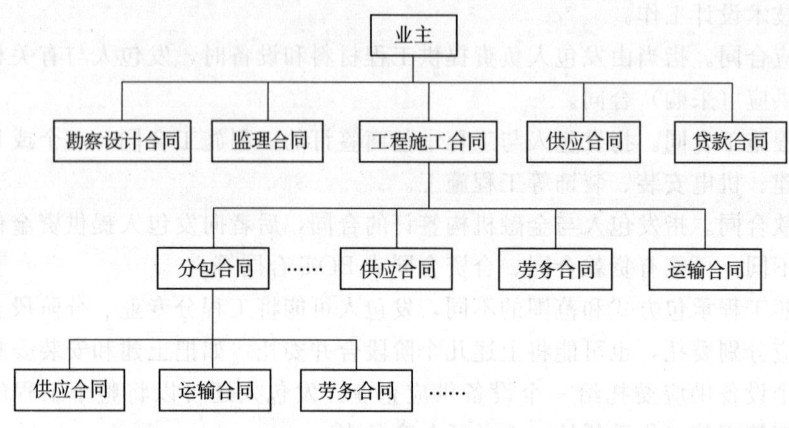

图5.1 建设工程的合同体系

在该合同体系中，这些合同都是为了完成发包人的工程项目目标而签订和实施的。由于这些合同之间存在着复杂的内部联系，因而构成了工程的合同网络。其中，建设工程施工合同是最有代表性、最普遍，也是最复杂的合同类型。它在建设工程合同体系中处于主导地位，是整个建设工程项目合同管理的重点。无论是发包人、监理工程师或承包商都将它作为合同管理的主要对象。

5.2 建设工程施工合同

5.2.1 建设工程施工合同概述

5.2.1.1 建设工程施工合同的概念

建设工程施工合同即建筑安装工程承包合同，是发包人与承包人之间为完成商定的建设工程项目，明确双方权利和义务的协议。依据施工合同，承包人应完成一定的建筑、安装工程任务，发包人应提供必要的施工条件并支付工程价款。

施工合同是建设工程合同的一种，它与其他建设工程合同一样，是一种劳务合同，在订立时也应遵循自愿、公平、诚实信用等原则。

建设工程施工合同是建筑工程合同中最重要，也是最复杂的合同。在整个建筑工程合同体系中，它起主干合同的作用，是工程建设质量控制、进度控制、投资控制的主要依据。通过合同关系，可以确定建设市场主体之间的相互权利义务关系，对规范建筑市场有重要作用。

5.2.1.2 建设工程施工合同的当事人

施工合同的当事人是发包人和承包人，双方是平等的民事主体。承、发包双方签订施工合同，必须具备相应的资质条件和履行施工合同的能力。对合同范围内的工程实施建设时，发包人必须具备组织协调能力；承包人必须具备有关部门核定的资质等级并持有营业执照等证明文件。

(1) 发包人。发包人是指在协议书中约定、具有工程发包主体资格和支付工程价款能力的当事人及取得该当事人资格的合法继承人。发包人可以是具备法人资格的国家机关、事业单位、国有企业、集体企业、私营企业、经济联合体和社会团体，也可以是依法登记的个人合伙、个体经营户或个人，即一切以协议、法院判决或其他合法手续取得发包人的资格，承认全部合同条件，并且愿意履行合同规定义务的合同当事人。与发包人合并的单位、兼并发包人的单位、购买发包人合同和接受发包人出让的单位和个人（即发包人的合法继承人），均可成为发包人，履行合同规定的义务，享有合同规定的权利。发包人既可以是建设单位，也可以是取得建设项目总承包资格的项目总承包单位。

(2) 承包人。承包人应是具备与工程相应资质和法人资格的、并被发包人接受的合同当事人及其合法继承人。

5.2.1.3 建设工程施工合同的类型

1. 根据合同所包括的工程或工作范围分类

建设工程施工合同按合同所包括的工程或工作范围可分为以下几种。

(1) 施工总承包。即承包商承担一个工程的全部施工任务，包括土建、水电安装、设备安装等。

(2) 专业承包。即单位工程施工承包和特殊专业工程施工承包。单位工程施工承包是最常见的工程承包合同，包括土木工程施工合同、电气与机械工程承包合同等。在工程发包中，发包人可以将专业性很强的单位工程分别委托给不同的承包商，这些承包商之间为平行关系，如管道工程、土方工程、桩基础工程等。但在我国不允许将一个工程肢解成分项工程分别承包。

(3) 分包。承包商将施工承包合同范围内的一些工程或工作委托给另外的承包商来完成，他们之间签订分包合同。分包合同是施工承包合同的分合同。

2. 根据合同计价方式分类

建设工程施工合同按合同的计价方式可以分为固定价格合同、可调价格合同和成本加酬金合同 3 种类型。

(1) 固定价格合同。固定价格合同是指在约定的风险范围内价款不再调整的合同。这种合同的价款并非绝对不可调整，而是约定范围内的风险由承包人承担。双方应当在专用条件内约定合同价款包括的风险费用、承担风险的范围及风险范围以外的合同价款调整方法。

(2) 可调价格合同。可调价格合同是指合同价格可以调整，合同双方应当在专用条件内约定合同价款的调整方法。

通常，可调价格合同中合同价款的调整范围包括：国家法律、法规和政策变化影响合同价款；工程造价管理部门公布的价格调整；一周内非承包人原因停水、停电、停气造成停工累计超过8小时；双方约定的其他调整因素等。

承包人应当在价款可以调整的情况发生后14日内，将调整原因、金额以书面形式通知工程师，工程师确认后作为追加合同价款，与工程款同期支付。工程师收到承包人通知后14日内不作答复也不提出修改意见，视为该项调整已经被批准。

(3) 成本加酬金合同。成本加酬金合同是由发包人向承包人支付工程项目的实际成本，并按事先约定的某一种方式支付金的合同类型。合同价款包括成本和酬金两部分，合同双方在专用条件中约定成本构成和酬金的计算方法。

3. 根据合同的性质分类

根据合同标的的性质，建设工程合同有以下几种类型。

(1) 建筑安装工程施工承包合同。

(2) 装饰工程施工承包合同。

(3) 劳务合同和技术服务合同

(4) 材料或设备供应合同

5.2.1.4 建设工程范工合同的订立

1. 订立施工合同的条件

(1) 初步设计已经批准。

(2) 工程项目已经列入年度建设计划。

(3) 有能够满足施工需要的设计文件和有关技术资料。

(4) 建设资金和主要建筑材料设备来源已经落实。

(5) 招投标工程中标通知书已经下达。

2. 订立施工合同应当遵守的原则

(1) 遵守国家法律、行政法规和国家计划原则。订立施工合同，必须遵守国家法律、行政法规，也应遵守国家的建设计划和其他计划（如贷款计划等)。建设工程施工对经济发展、社会生活有着多方面的影响，国家有许多强制性的管理规定，施工合同当事人必须遵守。

(2) 平等、自愿、公平的原则。签订施工合同当事人双方，都具有平等的法律地位，任何一方都不得强迫对方接受不平等的合同条件。当事人有权决定是否订立施工合同和施工合同的内容，合同内容应当是双方当事人真实意思的体现。合同内容应当是公平的，不能损害任何一方的利益，对于显失公平的施工合同，当事人一方有权申请人民法院或仲裁机构予以变更或撤销。

(3) 诚实信用原则。诚实信用原则要求在订立施工合同时要诚实，不得有欺诈行为，合同当事人应当如实将自身及工程的实际情况介绍给对方。在履行合同期间，施工合同当事人要守信用，严格履行合同。

3. 订立施工合同的程序

通常，施工合同的订立方式有两种：直接发包和招标发包。对于必须进行招标的建设工程项目，都应通过招标方式确定承包人。中标通知书发出后，中标人应当与建设单位及时签订合同。依据《招标投标法》规定，中标通知书发出30日内，中标人应与建设单位依据招标文件、投标书等签订工程承发包合同（施工合同)。签订合同的承包人必须是中

标人，投标书中确定的合同条款在签订时不得更改，合同价应与中标价相一致。如果中标人拒绝与建设单位签订合同，则建设单位可没收其投标保证金，建设行政主管部门或其投标机构还可给予一定的行政处罚。

【案例 5.1】

建设工程施工合同订立案例

某承包人和发包人签订了场地平整工程合同，规定工程按当地现行预算定额结算。在履行合同过程中，因发包人未解决好征地问题，使承包人 8 台推土机无法进入场地，窝工 90 天，从而导致承包人不能按期交工。经发包人和承包人口头交涉，在征得承包人同意的基础上按承包人实际完成的工程量变更合同，并商定按另一标准结算。工程完工结算时因为窝工问题和结算定额发生争议。承包人起诉，要求发包人承担全部窝工责任并坚持按第一次合同规定的定额结算，而发包人在答辩中则要求承包人承担延期交工责任。法院经审理判决第一个合同有效，第二个口头交涉的合同无效，工程结算定额应当依双方第一次签订的合同为准。

【解析】

本案的关键在于如何确定工程结算定额的依据，即当事人所订立的两份合同哪个有效。依据规定，建设工程合同订立的有效条件之一是书面形式，而且合同的签订、变更或解除，都必须采取书面形式。本案中第一个合同是有效的书面合同，而第二个合同是因口头交涉而产生的口头合同，未经书面认定，属无效合同。所以，法院判决第一个合同为有效合同。

5.2.2 《建设工程施工合同（示范文本）》的解读

5.2.2.1 《建设工程施工合同（示范文本）》基础知识

为了指导建设工程施工合同当事人的签约行为，维护合同当事人的合法权益，依据《合同法》《建筑法》《招标投标法》及相关法律法规，住房和城乡建设部、国家工商行政管理总局对 2013 版《建设工程施工合同（示范文本）》进行了修订，制定了 2017 版《建设工程施工合同（示范文本）》，并于 2017 年 10 月 1 日起正式实施，2013 版《建设工程施工合同（示范文本）》即行废止。

《建设工程施工合同（示范文本）》为非强制性使用文本，适用于房屋建筑工程、土木工程、线路管道和设备安装工程、装修工程等建设工程的施工承发包活动，合同当事人可结合建设工程具体情况，根据《建设工程施工合同（示范文本）》订立合同，并按照法律法规规定和合同约定承担相应的法律责任及合同权利义务。

5.2.2.2 《建设工程施工合同（示范文本）》的组成

《建设工程施工合同（示范文本）》是由合同协议书、通用合同条款、专用合同条款三部分组成，并附有三个附件。

1. 协议书

协议书是《建设工程施工合同（示范文本）》中总纲性的文件。虽然其文字量并不大，但它规定了合同当事人双方最主要的权利义务，规定了组成合同的文件及合同当事人对履行合同义务的承诺，并且合同当事人在这份文件上签字盖章，因此具有很高的法律效力。

协议书共计13条，内容包括工程概况、工程承包范围、合同工期、质量标准、合同价款、组成合同的文件等。

2. 通用合同条款

通用合同条款是合同当事人根据《建筑法》《合同法》等法律法规的规定，就工程建设的实施及相关事项，对合同当事人的权利义务作出的原则性约定。通用合同条款共计20条，是一般土木工程所共同具有的共性条款，具有规范性、可靠性、完备性和适用性的特点，该部分可适用于任何工程项目，并可作为招标文件的组成部分而予以直接采用。

3. 专用合同条款

考虑到建设工程的内容各不相同，工期、造价也随之变动，承包人、发包人各自的能力、施工现场的环境和条件也各不相同，通用合同条款不能完全适用于各个具体工程，因此，配之以专用合同条款，其可以对通用合同条款原则性约定进行细化、完善、补充、修改或另行约定。专用合同条款的编号应与相应的通用合同条款的编号一致；合同当事人可以通过对专用合同条款的修改，满足具体建设工程的特殊要求，避免直接修改通用合同条款。

4. 附件

《建设工程施工合同（示范文本）》的附件，是对施工合同当事人权利义务的进一步明确，并且使得施工合同当事人的有关工作一目了然，便于执行和管理。其包括11个附件：《承包人承揽工程项目一览表》《发包方供应材料设备一览表》《工程质量保修书》《主要建设工程文件目录》《承包人用于本工程施工的机械设备表》《承包人主要施工管理人员表》《分包人主要施工管理人员表》《履约担保格式》《预付款担保格式》《支付担保格式》《暂估价一览表》。

5.2.2.3　《建设工程施工合同（示范文本）》主要内容

1. 合同文件及优先解释顺序

合同的各项文件应互相解释，互为说明。除专用合同条款另有约定外，解释合同文件的优先顺序如下。

（1）合同协议书。

（2）中标通知书。

（3）投标函及其附录。

（4）专用合同条款及其附件。

（5）通用合同条款。

（6）技术标准和要求。

（7）图纸。

（8）已标价工程量清单或预算书。

（9）其他合同文件。

合同履行中，发包人与承包人有关工程的洽商、变更等书面协议或文件视为本合同的构成部分。当合同文件中出现不一致时，上面的顺序就是合同的优先解释顺序。当合同文件出现含糊不清或者当事人有不同理解时，按照合同争议的解决方式处理。

【案例 5.2】

合同文件优先解释案例

某建设工程，在施工招标文件中，按照工期定额计算，工期为 550 天，中标人投标书中写明的工期也是 550 天。但在施工合同中，开工日期为 2016 年 12 月 15 日，竣工日期为 2018 年 7 月 20 日，日历天数为 581 天。请问：如果您是总监理工程师，监理的工期目标应该为多少天？为什么？

【解析】

监理工期目标应为 581 天。因为我国施工合同文件组或部分包括：施工合同协议书和投标书，不包括招标文件，但现在投标书与施工合同协议书之间存在工期矛盾，根据合同文件解释的优先顺序，合同协议书比投标书具有优先权。所以监理的工期目标应定为 581 天。

2. 施工合同双方的一般权利和义务

了解施工合同中承发包双方的一般权利和义务，是对建筑施工企业项目经理最基本的要求。在市场经济条件下，施工任务的最终确认是以施工合同为依据的，项目经理必须代表施工企业（承包人）完成应当由施工企业完成的工作；了解发包人的工作则是项目经理在施工中要求发包人合作的基础，也是维护己方权益的基础。

（1）发包人的义务。根据专用条款约定的内容和时间，发包人应分阶段或一次完成以下的工作。

1）办理法律规定由其办理的许可、批准或备案，包括但不限于建设用地规划许可证、建设工程规划许可证、建设工程施工许可证、施工所需临时用水、临时用电、中断道路交通、临时占用土地等许可和批准。发包人应协助承包人办理法律规定的有关施工证件和批件。

2）提供施工现场和施工条件，将施工所需用水、电力、通信线路等接至专用条款约定的地点，保证施工期间的需要。开通施工场地与城乡公共道路的通道，以及专用条款约定的施工场地内的主要道路，满足施工运输需要，保证施工期间的畅通。

3）在移交施工现场前向承包人提供施工现场及工程施工所必需的毗邻区域内供水排水、供电、供气、供热、通信、广播电视等地下管线资料，气象和水文观测资料，地质勘察资料，相邻建筑物、构筑物和地下工程等有关基础资料，并对所提供资料的真实性、准确性和完整性负责。

4）协调处理施工现场周围地下管线和邻近建筑物、构筑物、古树名木的保护工作，并承担相关费用。

5）收到承包人要求提供资金来源证明的书面通知后 28 日内，向承包人提供能够合同约定支付合同价款的相应资金来源证明。

6）按照专用合同条款约定的期限、数量和内容向承包人免费提供图纸，并组织承包人、监理人和设计人进行图纸会审和设计交底。

7）在至迟不得晚于开工日期前 7 日通过监理人向承包人提供测量基准点、基准线水准点及其书面资料并对其真实性、准确性和完整性负责。

8）按合同约定向承包人及时支付合同价款。

9）按合同约定及时组织竣工验收。

10）与承包人、由发包人直接发包的专业工程的承包人签订施工现场统一管理协议，明确各方的权利义务。

发包人可以将上述部分工作委托承包人办理，具体内容由双方在专用条款内约定，费用由发包人承担，如发包人不按合同约定完成以上义务，应赔偿承包人的有关损失，延误的工期相应顺延。

【案例5.3】

施工合同案例

在某工程中，承包商按发包人提供的地质勘察报告做了施工方案，并投标报价。开标后发包人向承包商发出了中标函。由于该承包商以前曾在本地区进行过相关工程的施工，按照以前的经验，他觉得发包人提供的地质报告不准确，实际地质条件可能复杂得多。所以在中标后作详细的施工组织设计时，他修改了挖掘方案，为此增加了不少设备和材料费用。结果现场开挖完全证实了承包商的判断，承包商向发包人提出了两种方案费用差别的索赔。但被发包人否决，发包人的理由是：按合同规定，施工方案是承包商应负的责任，他应保证施工方案的可用性，安全、稳定和效率。承包商变换施工方案是从他自己的责任角度出发的，不能给予赔偿。

【解析】

实质上，承包商的这种预见性为发包人节约了大量的工期和费用。如果承包商不采取变更措施，施工中出现新的与招标文件不一样的地质条件，此时再变换方案，发包人要承担工期延误及与其相关的费用赔偿、原方案费用和新方案的费用，低效率损失等。

理由是地质条件是一个有经验的承包商无法预见的。但由于承包商行为不当，使自己处于一个非常不利的地位。如果要取得本索赔的成功，承包商在变更施工方案前应到现场试挖，做一个简单的勘察，拿出地质条件复杂的证据，向发包人提交报告，并建议作为不可预见的地质情况变更施工方案，则发包人必须慎重地考虑这个问题，并作出答复。无论发包人同意或不同意变更方案，承包商的索赔地位都十分有利。

(2) 承包人的义务。

1）办理法律规定应由承包人办理的许可和批准，并将办理结果书面报送发包人留存。

2）按法律规定和合同约定完成工程，并在保修期内承担保修义务。

3）按法律规定和合同约定采取施工安全和环境保护措施，办理工伤保险，确保工程及人员、材料、设备和设施的安全。

4）按合同约定的工作内容和施工进度要求，编制施工组织设计和施工措施计划，并对所有施工作业和施工方法的完备性和安全可靠性负责。

5）在进行合同约定的各项工作时，不得侵害发包人与他人使用公用道路、水源、市政管网等公共设施的权利，避免对邻近的公共设施产生干扰。

6）将发包人按合同约定支付的各项价款专用于合同工程，且应及时支付其雇用工资，

并及时向分包人支付合同价款。

7）按照法律规定和合同约定编制竣工资料，完成竣工资料立卷及归档，并按专用合同条款约定的竣工资料的套数、内容、时间等要求移交发包人。

8）对基于发包人提交的基础资料所作出的解释和推断负责，但因基础资料存在错误、遗漏导致承包人解释或推断失实的，由发包人承担责任。

9）自发包人向承包人移交施工现场之日起，承包人应负责照管工程及工程相关的材料、工程设备，直到颁发工程接收证书之日止。在承包人负责照管期间，因承包人原因造成工程、材料、工程设备损坏的，由承包人负责修复或更换，并承担由此增加的费用和（或）延误的工期。

10）根据专用合同条款中约定履约担保的方式、金额及期限，向发包人提供履约担保。

11）应履行的其他义务。

3. 项目经理及其职权

（1）项目经理应为合同当事人所确认的人选，经承包人授权后代表承包人负责履行合同。承包人应向发包人提交项目经理与承包人之间的劳动合同，以及承包人为项目经理缴纳社会保险的有效证明。

（2）项目经理应常驻施工现场，且每月在施工现场时间不得少于专用合同条款约定的天数。承包人需要更换项目经理的，应提前 14 日书面通知发包人和监理人，并征得发包人书面同意。通知中应当载明继任项目经理的注册执业资格、管理经验等资料，继任项目经理继续履行约定的职责。发包人有权书面通知承包人更换其认为不称职的项目经理。

（3）项目经理按合同约定组织工程实施。在紧急情况下为确保施工安全和人员安全，在无法与发包人代表和总监理工程师及时取得联系时，项目经理有权采取必要的措施保证与工程有关的人身、财产和工程的安全，但应在 48 小时内向发包人代表和总监理工程师提交书面报告。

4. 监理人

（1）工程实行监理的，发包人和承包人应在专用合同条款中明确监理人的监理内容及监理权限等事项。监理人应当根据发包人授权及法律规定，代表发包人对工程施工相关事项进行检查、查验、审核、验收，并签发相关指示，但监理人无权修改合同，且无权减轻或免除合同约定的承包人的任何责任与义务。

（2）监理人应按照发包人的授权发出监理指示。监理人的指示应采用书面形式，并经其授权的监理人员签字。紧急情况下，为了保证施工人员的安全或避免工程受损，监理人员可以口头形式发出指示，该指示与书面形式的指示具有同等法律效力，但必须在发出口头指示后 24 小时内补发书面监理指示，补发的书面监理指示应与口头指示一致。

监理人发出的指示应送达承包人项目经理或经项目经理授权接收的人员。因监理人未能按合同约定发出指示、指示延误或发出了错误指示而导致承包人费用增加和（或）工期延误的，由发包人承担相应责任。

承包人对监理人发出的指示有疑问的，应向监理人提出书面异议，监理人应在 48 小时内对该指示予以确认、更改或撤销，监理人逾期未回复的，承包人有权拒绝执行上述

指示。

(3) 合同当事人进行商定或确定时，总监理工程师应当会同合同当事人尽量通过协商达成一致，不能达成一致的，由总监理工程师按照合同约定审慎作出公正的确定。合同当事人对总监理工程师的确定没有异议的，按照总监理工程师的确定执行。任何一方合同当事人有异议，按照争议处理。争议解决前，合同当事人暂按总监理工程师的确定执行；争议解决后，争议解决的结果与总监理工程师的确定不一致的，按照争议解决的结果执行由此造成的损失由责任人承担。

5.2.3 建设工程施工合同的质量条款

工程施工中的质量管理是施工合同履行中的重要环节。施工合同的质量管理涉及许多方面的因素，任何一个方面的缺陷和疏漏，都会使工程质量无法达到预期的标准。《建设工程施工合同（示范文本）》中的大量条款都与工程质量有关。项目经理必须严格按照合同的约定抓好施工质量，施工质量好坏是衡量项目经理管理水平高低的重要标准。

建筑施工企业的经理，要对本企业的工程质量负责，并建立有效的质量保证体系。施工企业的总工程师和技术负责人要协助经理管好质量工作。施工企业应当逐级建立质量责任制。项目经理（现场负责人）要对本施工现场内所有单位工程的质量负责；项目技术负责人要对单位工程质量负责；生产班组要对分项工程质量负责。现场施工员、工长、质量检验员和关键工种工人必须经过考核取得岗位证书后，方可上岗。企业内各级职能部门必须按企业规定对各自的工作质量负责。

5.2.3.1 标准、规范和图纸

1. 合同适用标准、规范

按照《中华人民共和国标准化法》的规定，保障人体健康、人身财产安全的标准属于强制性标准。建设工程施工的技术要求和方法即为强制性标准，施工合同当事人必须执行。因此，施工中必须使用国家标准、规范；没有国家标准、规范，但有行业标准、规范的，使用行业标准、规范；没有行业标准、规范的，使用工程所在地的地方标准、规范。发包人应当按照专用条款约定的时间向承包人提供一式两份约定的标准、规范。

国内没有相应的标准、规范时，可以由合同当事人约定工程适用的标准。首先，应由发包人按照约定的时间向承包人提出施工技术要求，承包人按照约定的时间和要求提出施工工艺，经发包人认可后执行；若工程使用国外标准、规范时，发包人应当负责提供中文译本。

购买、翻译标准、规范或制定施工工艺的费用，由发包人承担。

2. 图纸

建设工程施工应当按照图纸进行。在施工合同管理中的图纸是指由发包人提供或者由承包人提供经工程师批准、满足承包人施工需要的所有图纸（包括配套说明和有关资料）。按时、按质、按量提供施工所需图纸，也是保证工程施工质量的重要方面。

(1) 发包人提供图纸。在我国目前的建设工程管理体制中，施工中所需图纸主要由发包人提供（发包人通过设计合同委托设计单位设计）。

在对图纸的管理中，发包人应当完成以下工作：①发包人应当按照专用条款约定的日

期和套数向承包人提供图纸；②承包人如果需要增加图纸套数，发包人应当代为复制，发包人代为复制意味着发包人应当为图纸的正确性负责；③如果对图纸有保密要求的，应当承担保密措施费用。

对于发包人提供的图纸，承包人应当完成以下工作：①在施工现场保留一套完整图纸，供工程师及其有关人员进行工程检查时使用；②如果专用条款对图纸提出保密要求的，承包人应当在约定的保密期限内承担保密义务；③承包人如果需要增加图纸套数，复制费用由承包人承担。

使用国外或者境外图纸，不能满足施工需要时，双方在专用条款内约定复制、重新绘制、翻译、购买标准图纸等责任及费用承担。

工程师在对图纸进行管理时，重点是按照合同约定按时向承包人提供图纸并据图纸检查承包人的工程施工。

（2）承包人提供图纸。有些工程，施工图的设计或者与工程配套的设计有可能由承包人完成。如果合同中有这样的约定，则承包人应当在其设计资质允许的范围内，按工程师的要求完成这些设计，经工程师确认后使用，发生的费用由发包人承担。在这种情况下，工程师对图纸的管理重点是审查承包人的设计。

5.2.3.2 材料设备供应的质量控制

工程建设的材料设备供应的质量控制，是整个工程质量控制的基础。建筑材料、构（配）件生产及设备供应单位对其生产或者供应的产品质量负责。而材料设备的需方则应根据买卖合同的规定进行质量验收。

1. 材料设备的质量及其他要求

（1）材料生产和设备供应单位应具备法定条件。建筑材料、构（配）件生产及设备供应单位必须具备相应的生产条件、技术装备和质量保证体系，具备必要的检测人员和设备，把好产品看样、订货、储存、运输和核验的质量关。

（2）材料设备质量应符合要求。

1）符合国家或者行业现行有关技术标准规定的合格标准和设计要求。

2）符合在建筑材料、构配件及设备或其包装上注明采用的标准，符合以建筑材料、构配件及设备说明、实物样品等方式表明的质量状况。

（3）材料设备或者其包装上的标识应符合要求。

1）有产品质量检验合格证明。

2）有中文标明的产品名称、生产厂家名和厂址。

3）产品包装和商标样式符合国家有关规定和标准要求。

4）设备应有产品详细的使用说明书，电气设备还应附有线路图。

5）实施生产许可证或使用产品质量认证标志的产品，应有许可证或质量认证的编号、批准日期和有效期限。

2. 发包人供应材料设备时的质量控制

（1）双方约定发包人供应材料设备的一览表。对于由发包人供应的材料设备，双方应当约定发包人供应材料设备的一览表，作为合同附件。一览表的内容应当包括材料设备种类、规格、型号、数量、单价、质量等级、提供的时间和地点。发包人按照一览表的约定

提供材料设备。

(2) 发包人供应材料设备的清点。发包人应当向承包人提供其供应材料设备的产品合格证明，对其质量负责。发包人应在其所供应的材料设备到货前 24 小时，以书面形式通知承包人，由承包人派人与发包人共同清点。

(3) 材料设备清点后的保管。发包人供应的材料设备经双方共同清点后由承包人妥善保管，发包人支付相应的保管费用。发生损坏时，由承包人负责赔偿。发包人不按规定通知承包人清点，发生的损失由发包人负责。

(4) 发包人供应的材料设备与约定不符时的处理。发包人供应的材料设备与约定不符时，应当由发包人承担有关责任，具体按照下列情况进行处理。

1) 材料设备单价与合同约定不符时，由发包人承担所有差价。

2) 材料设备种类、规格、型号、数量、质量等级与合同约定不符时，承包人可以拒绝接收保管，由发包人运出施工场地并重新采购。

3) 发包人供应材料的规格、型号与合同约定不符时，承包人可以代为调剂串换、发包人承担相应的费用。

4) 到货地点与合同约定不符时，发包人负责运至合同约定的地点。

5) 供应数量少于合同约定的数量时，发包人将数量补齐；多于合同约定的数量时，发包人负责将多出部分运出施工场地。

6) 到货时间早于合同约定时间，发包人承担因此发生的保管费用；到货时间迟于合同约定的供应时间，由发包人承担相应的追加合同价款。发生延误，相应顺延工期，发包人赔偿由此给承包方造成的损失。

(5) 发包人供应材料设备的重新检验。发包人供应的材料设备进入施工现场后需要重新检验或者试验的，由承包人负责检验或试验，费用由发包人负责。即使在承包人检验通过之后，如果又发现材料设备有质量问题的，发包人仍应承担重新采购及拆除重建的追加合同价款，并相应顺延由此延误的工期。

3. 承包人采购材料设备的质量控制

对于合同约定由承包人采购的材料设备，应当由承包人选择生产厂家或者供应商，发包人不得指定生产厂家或者供应商。

(1) 承包人采购材料设备的清点。承包方根据专用条款的约定及设计和有关标准要求采购工程需要的材料设备，取得产品合格证明，对其质量负责。承包人在材料设备到货前 24 小时通知工程师清点。

(2) 承包人采购的材料设备与要求不符时的处理。承包人采购的材料设备与设计或者标准要求不符时，由承包人按照工程师要求的时间运出施工场地，重新采购符合要求的产品，并承担由此发生的费用，由此延误的工期不予顺延。

工程师不能按时到场清点，事后发现材料设备不符合设计或者标准要求时，仍由承包人负责修复、拆除或者重新采购，并承担发生的费用，由此造成工期延误可以相应顺延。

承包人采购的材料设备在使用前，承包人应按工程师的要求进行检验或试验，不合格的不得使用，检验或试验费用由承包人承担。

(3) 承包人使用代用材料。承包人需要使用代用材料时，须经工程师认可后方可使

用，并以书面形式议定。

【案例 5.4】

建设工程施工合同案例

某建设单位欲建一办公楼，遂与某施工单位签订建设工程合同。合同规定工期为 288 天。工程开工后，为迎接上级检查，早日投入使用，建设单位便派专人检查监督施工进度，检查人员曾多次要求施工单位加快进度，缩短工期，均被施工单位以质量无法保证为由拒绝。为使工程尽早完工，建设单位所派检查人员遂以施工单位名义要求材料供应商提前送货至施工现场，结果造成材料堆积过多，管理困难，部分材料损坏。施工单位遂起诉建设单位，要求其承担损失赔偿责任。建设单位以检查作业进度，督促施工进度为由抗辩，法院判决建设单位抗辩不成立，应依法承担赔偿责任。

【解析】

本案涉及发包方如何行使检查监督权的问题。建设工程施工合同通用条款中一般都包含这样的规定：发包人在不妨碍承包人正常作业的情况下，可以随时对作业进度、质量进行检查。建设单位派专人检查工程施工进度的行为本身是行使检查权的表现。但是，检查人员的检查行为，已超出了法律规定的对施工进度和质量进行检查的范围，且以施工单位名义促使材料供应商提早供货，在客观上妨碍了施工的正常作业，因而构成权利滥用行为，理应承担损害赔偿责任。

5.2.3.3 工程验收的质量控制

工程验收是一项以确认工程是否符合施工合同规定为目的的行为，是质量控制的最重要的环节。

1. 工程质量标准

工程质量应当达到协议书约定的质量标准，质量标准的评定按国家或者专业的质量检验评定标准。发包人要求部分或者全部工程质量达到优良标准，应支付由此增加的追加合同价款，对工期有影响的应给予相应顺延。这是“优质优价”原则的具体体现。

达不到约定标准的工程部分，工程师一经发现，可要求承包人返工，承包人应当按照工程师的要求返工，直到符合约定标准。因承包人的原因达不到约定标准，由承包人承担返工费用，工期不予顺延。因发包人的原因达不到约定标准，由发包人承担返工的追加合同价款，工期相应顺延。因双方原因达不到约定标准，责任由双方分别承担。按照《建设工程质量管理办法》的规定，对达不到国家标准规定的合格要求的或者合同中规定的相应等级要求的工程，要扣除一定幅度的承包价。

双方对工程质量有争议，由专用条款约定的工程质量监督管理部门鉴定，所需费用及因此造成的损失，由责任方承担。双方均有责任，由双方根据其责任分别承担。

2. 施工过程中的检查和返工

在工程施工过程中，工程师及其委派人员对工程的检查检验，是他们的一项日常性工作和重要职能。

承包人应认真按照标准、规范和设计要求以及工程师依据合同发出的指令施工，随时

接受工程师及其委派人员的检查检验，为检查检验提供便利条件，并按工程师及其委派人员的要求返工修改、承担由于自身原因导致返工、修改的费用。

检查检验合格后，又发现因承包人引起的质量问题，由承包方承担的责任，赔偿发包人的直接损失，工期相应顺延。

检查检验不应影响施工正常进行，如影响施工正常进行，检查检验不合格时，影响正常施工的费用由承包人承担。除此之外影响正常施工的追加合同价款由发包人承担，相应顺延工期。因工程师指令失误和其他非承包人原因发生的追加合同价款，由发包人承担。

3. 隐蔽工程和中间验收

由于隐蔽工程在施工中一旦完成隐蔽，很难再对其进行质量检查（这种检查成本很大），因此必须在隐蔽前进行检查验收。对于中间验收，合同双方应在专用条款中约定需要进行中间验收的单项工程和部位的名称、验收的时间和要求，以及发包人应提供的便利条件。

工程具备隐蔽条件和达到专用条款约定的中间验收部位，承包人进行自检，并在隐蔽和中间验收前48小时以书面形式通知工程师验收。通知包括隐蔽和中间验收内容、验收时间和地点。承包人准备验收记录，验收合格，工程师在验收记录上签字后，承包人可进行隐蔽和继续施工。验收不合格，承包人在工程师限定的时间内修改后重新接受验收。

工程质量符合标准、规范和设计图纸等的要求，验收24小时后，工程师不在验收记录上签字，视为工程已经批准，承包人可进行隐蔽或者继续施工。

4. 重新检验

工程师不能按时参加验收，须在开始验收前24小时向承包人提出书面延期要求，延期不能超过两天。工程师未能按以上时间提出延期要求，不参加验收、承包人可自行组织验收，发包人应承认验收记录。

无论工程师是否参加验收，当其提出对已经隐蔽的工程重新检验的要求时，承包人应按要求进行剥露，并在检验后重新覆盖或者修复。检验合格，发包人承担由此发生的全部追加合同价款，赔偿承包人损失，并相应顺延工期。检验不合格，承包人承担发生的全部费用，但工期也予顺延。

【案例5.5】

建设工程施工合同案例

某建筑公司负责修建某高校学生宿舍楼一幢，双方签订建设工程合同。由于宿舍楼设有地下室，属隐藏工程，因而在建设工程合同中，双方约定了对隐蔽工程（地下层）的验收检查条款。规定地下室的验收检查工作由双方共同负责，检查费用由校方负担。地下室完工后，建筑公司通知校方检查验收，校方则答复：因校内事务繁多，由建筑公司自己检查并出具检查记录即可。其后15日，校方又聘请专业人员对地下室质量进行检查，发现未达到合同规定标准，遂要求建筑公司负担此次检查费用，并返工地下室工程。建筑公司则认为，合同约定的检查费用由校方负担，本方不应负担此项费用，但对返工重修地下室

的要求予以认可。校方多次要求公司付款未果，诉至法院。

【解析】

本案争议的焦点在于隐蔽工程（地下室）隐蔽后，发包方事后检查的费用由哪方负担的问题。按法律规定，承包方的隐蔽工程完工后，应通知发包方检查，发包方未及时检查，承包方可以顺延工程日期，并有权要求赔偿停工、窝工等损失。在本案中，对于校方不履行检查义务的行为，建筑公司有权停工待查，停工造成的损失应当由校方承担。但建筑公司未这样做，反而自行检查，并出具检查记录交与校方后，继续进行施工。对此，双方均有过错，至于校方的事后检查费用，则应视检查结果定，如果检查结果是地下室质量未达到标准，因这一后果是承包方所为，检查费用应由承包方承担；如果检查质量符合标准，重复检查的结果是校方未履行义务所致，则检查费用应由校方承担。

5．工程试车

(1) 试车的组织责任。对于设备安装工程，应当组织试车。试车内容应与承包人承包的安装范围相一致。

1) 单机无负荷试车。设备安装工程具备单机无负荷试车条件，由承包人组织试车，所有单机试运转达到规定要求，才能进行联试。承包人应在试车前48小时书面通知工程师。通知包括试车内容、时间、地点。承包人准备试车记录，发包人为试车提供必要条件。试车通过，工程师在试车记录上签字。

2) 联动无负荷试车。设备安装工程具备无负荷联动试车条件，由发包人组织试车，并在试车前48小时书面通知承包人。通知内容包括试车内容、时间、地点和对承包人的要求，承包人按要求做好准备工作和试车记录。试车通过，双方在试车记录上签字。

3) 投料试车。投料试车，应当在工程验收后由发包人全部负责。如果发包人要求承包人配合或在工程竣工验收进行时，应当征得承包人同意，另行签补充协议。

(2) 试车的双方责任。

1) 由于设计的原因试车达不到验收要求、发包人应要求设计单位修改设计，承包人按修改后的设计重新安装。发包人承担修改设计、拆除及重新安装全部费用和追加合同价款，工期相应顺延。

2) 由于设备制造原因试车达不到验收要求，由该设备采购一方负责重新购置和修理，承包人负责拆除和重新安装。设备由承包人采购，由承包人承担修理或重新购置、拆除及重新安装的费用，工期不予顺延；设备由发包人采购的，发包人承担上述各项追加合同价款，工期相应顺延。

3) 由于承包人施工原因试车达不到验收要求，工程师提出修改意见。承包人修改后重新试车，承担修改和重新试车的费用，工期不予顺延。

4) 试车费用除已包括在合同价款之内或者专用条款另有约定外，均由发包人承担。

5) 工程师未在规定时间内提出修改意见，或试车合格不在试车记录上签字，试车结束24小时后，记录自行生效，承包人可继续施工或办理竣工手续。

(3) 工程师要求延期试车。工程师不能按时参加试车，须在开始试车前24小时向承包人提出书面延期要求，延期不能超过48小时。工程师未能按以上时间提出延期要求，不参加试车，承包人可自行组织试车，发包人应当承认试车记录。

6. 竣工验收

竣工验收，是全面考核建设工作，检查是否符合设计要求和工程质量的重要环节。

(1) 竣工工程必须符合的基本要求。竣工交付使用的工程必须符合下列基本要求。

1) 完成工程设计和合同中规定的各项工作内容，达到国家规定的竣工条件。

2) 工程质量应符合国家现行有关法律、法规、技术标准、设计文件及合同规定的要求，并经质量监督机构核定为合格或优良。

3) 工程所用的设备和主要建筑材料、构件应具有产品质量出厂检验合格证明和技术标准规定必要的进场试验报告。

4) 具有完整的工程技术档案和竣工图、已办理工程竣工交付使用的有关手续。

5) 已签署工程保修证书。

(2) 竣工验收程序。国家计委《建设项目（工程）竣工验收办法》规定竣工验收程序如下。

1) 根据建设项目（工程）的规模大小和复杂程度、整个建设项目（工程）的验收可分为初步验收和竣工验收两个阶段进行。规模较大、较复杂的建设项目（工程）应先进行初验，然后进行全部建设项目（工程）的竣工验收。规模较小、较简单的项目（工程），可一次进行全部项目（工程）的竣工验收。

2) 建设项目（工程）在竣工验收之前，由建设单位组织施工、设计及使用等有关单位进行初验。初验前由施工单位按照国家规定，整理好文件技术资料，向发包方提交竣工报告。建设单位接到报告后，应及时组织初验。

3) 建设项目（工程）全部完成，经过各单项工程的验收，符合设计要求，并具备竣工图表、竣工决算，工程总结等必要文件资料，由项目（工程）主管部门或建设单位向负责验收的单位提出竣工验收申请报告。

(3) 竣工验收中承发包双方的具体工作程序和责任。工程具备竣工验收条件，承包人按国家工程竣工验收有关规定，向发包人提供完整竣工资料及竣工验收报告。双方约定由承包人提供竣工图，应当在专用条款内约定提供发包人收到竣工验收报告后28日内组织有关单位验收，并在验收后14日内给予认可或提出修改意见，承包人按要求修改。由于承包人原因，工程质量达不到约定的质量标准，承包人承担修改费用。

因特殊原因，发包人要求部分单位工程或者工程部位须甩项竣工时，双方另行签订双项竣工协议，明确各方责任和工程价款的支付办法。

工程未经竣工验收或竣工验收未通过的，不得交付使用。发包人强行使用的，发生的质量问题及其他问题，由发包人承担责任。

5.2.3.4 保修

建设工程办理交工验收手续后，在规定的期限内，因勘察、设计、施工、材料等原因造成的质量缺陷，应当由施工单位负责维修。所谓质量缺陷是指工程不符合国家或行业现行的有关技术标准、设计文件以及合同中对质量的要求。

1. 质量保修书的内容

承包人应当在工程竣工验收之前签订质量保修书，其主要内容包括如下几项。

(1) 质量保修项目内容及范围。

(2) 质量保修期。

(3) 质量保修责任。

(4) 质量保修金的支付方法。

2. 工程质量保修范围和内容

承包人与发包人签订质量保修书，作为合同附件。质量保修范围包括地基基础工程、主体结构工程、屋面防水工程和双方约定的其他土建工程，以及电气管线、上下水管线的安装工程，供热、供冷系统工程等项目。工程质量保修范围是国家强制性的规定，合同当事人不能约定减少国家规定的工程质量保修范围。工程质量保修的内容由当事人在合同中约定。

3. 质量保修期

质量保修期从工程竣工验收之日算起。分单项竣工验收的工程，按单项工程分别计算质量保修期。其中部分工程的最低质量保修期规定如下。

(1) 基础设施工程、房屋建筑的地基基础工程和主体结构工程，为设计文件规定该工程合理使用年限。

(2) 屋面防水工程、有防水要求的卫生间、房间和外墙面的防渗漏，为5年。

(3) 供热与供冷系统，为2个采暖期、供冷期。

(4) 电气管线、给排水管道、设备安装和装修工程等其他项目的保修期限由发包方和承包方约定。

4. 质量保修责任为2年

质量保修责任为2年的项目工程有以下几种情况。

(1) 属于保修范围和内容的项目，承包人应在接到修理通知之日后7天内派人修理，发包人可委托其他人员修理，修理费用从质量保修金内扣除。

(2) 发生须紧急抢修事故（如上水跑水、暖气漏水漏气、燃气漏气等)、承包人接到事故通知后，须立即到达事故现场抢修。非承包人施工质量引起的事故，抢修费用由发包人承担。

(3) 在工程合理使用期限内，承包人确保地基基础工程和主体结构的质量。因承包人原因致使工程在合理使用期限内造成人身和财产损害的，承包人应承担损害赔偿责任。

【案例5.6】

建设工程施工合同案例

A建设单位与B建筑公司签订施工合同，修建某住宅工程。工程完工后，经验收质量合格，工程使用3年后，发现楼房屋顶漏水，建设单位要求建筑公司负责无偿修理，并赔偿损失，建筑公司则以施工合同中并未规定质量保证期限，且工程已经验收合格为由，拒绝无偿修理要求。建设单位起诉至法院。法院判决施工合同有效，认为合同中虽然并没有约定工程质量保证期限，但依据《建设工程质量管理办法》的规定，屋面防水工程保修期限为5年，因此，工程使用3年出现的质量问题，应由施工单位承担无偿修理并赔偿损失的责任。

【解析】

本案争议的施工合同虽欠缺质量保证期条款，但并不影响双方当事人对施工合同主要义务的履行，故该合同有效。由于合同中没有质量保证期的约定，故应当依照法律、法规的规定或者其他规章确定工程质量保证期。法院依照《建设工程质量管理办法》的有关规定对欠缺条款进行补充，无疑是正确的。依据该办法规定，出现的质量问题属保修期内，故认定建筑公司应承担无偿修理和赔偿损失责任。

5.2.4 建设工程施工合同的经济条款

在一个合同中，涉及经济问题的条款总是双方关心的焦点。合同在履行过程中，项目经理仍然应当作好这方面的管理。其总的目标是降低施工成本，争取应当属于己方的经济利益。特别是后者，站在合同管理的角度，应当由发包人支付的施工合同价款，项目经理应当积极督促有关人员办理有关手续；对于应当追加的合同价款和应当由发包人承担的有关费用，项目经理应当准备好有关的材料，一旦发生争议，能够据理力争，维护己方的合法权益。当然，所有的这些工作都应当在合同规定的程序和时限内进行。

5.2.4.1 施工合同价款及调整

1. 施工合同价款的约定

施工合同价款，按有关规定和协议条款约定的各种取费标准计算，用以支付承包人按照合同要求完成工程内容的价款总额。这是合同双方关心的核心问题之一，招投标等工作主要是围绕合同价款展开的。合同价款应依据中标通知书中的中标价格和非招标工程的工程预算书确定。合同价款在协议书内约定后，任何一方不得擅自改变。合同价款可以按照固定价格合同、可调价格合同和成本加酬金合同三种方式约定。

(1) 固定价格合同。固定价格合同，是指在约定的风险范围内价款不再调整的合同。这种合同的价款并不是绝对不可调整，而是约定范围内的风险由承包人承担。双方应当在专用条款中约定合同价款包括的风险费用和承担风险的范围。风险范围以外的合同价款调整方法，应当在专用条款内约定。

(2) 可调价格合同。可调价格合同，是指合同价格可以调整的合同。合同双方应当在专用条款内约定合同价款的调整方法。

(3) 成本加酬金合同。成本加酬金合同，是由发包人向承包人支付工程项目的实际成本，并按事先约定的某一种方式支付酬金的合同类型。合同价款包括成本和酬金两部分，合同双方应在专用条款内约定成本构成和酬金的计算方法。

2. 可调价格合同中合同价款的调整

(1) 可调价格合同中价格调整的范围。

1) 法律、行政法规和国家有关政策变化影响合同价款。

2) 工程造价管理部门公布的价格调整。

3) 一周内非承包人原因停水、停电、停气造成停工累计超过8小时。

4) 双方约定的其他因素。

(2) 可调价格合同中价格调整的顺序。承包人应当在价款可以调整的情况发生后14日内，将调整原因、金额以书面方式通知工程师，工程师确认后作为追加合同价款，与工

程款同期支付。工程师收到承包人通知之后 14 日内不予确认也不提出修改意见，视为该项调整已经同意。

5.2.4.2 工程预付款

工程预付款主要是用于采购建筑材料。预付额度，建筑工程一般不得超过当年建筑（包括水、电、暖、卫等）工程工作量的 30%，大量采用预制构件以及工期在 6 个月以内的工程，可以适当增加；安装工程一般不得超过当年安装工程量的 10%，安装材料用量较大的工程，可以适当增加。

双方应当在专用条款内约定发包人向承包人预付工程款的时间和数额，开工后按约定的时间和比例逐次扣回。预付时间应不迟于约定的开工日期前 7 日。发包人不按约定预付，承包人在约定预付时间 7 日后向发包人发出要求预付的通知，发包人收到通知后仍不能按要求预付，承包人可在发出通知后 7 日停止施工，发包人应从约定应付之日起向承包人支付应付款及其贷款利息，并承担违约责任。

5.2.4.3 工程款（进度款）支付

1. 工程量的确认

对承包人已完成工程量的核实确认，是发包人支付工程款的前提，其具体的确认程序如下。

（1）承包人向工程师提交已完工程量的报告。承包人应按专用条款约定的时间，向工程师提交已完工程量的报告。该报告应当由《完成工程量报审表》和作为其附件的《完成工程量统计报表》组成。承包人应当写明项目名称、申报工程量及简要说明。

（2）工程师的计量。工程师接到报告后 7 日内按设计图纸核实已完工程量（以下称计量）、并在计量前 24 小时通知承包人，承包人为计量提供便利条件并派人参加。承包人不参加计量，发包人自行进行，计量结果有效，作为工程价款支付的依据。

工程师收到承包人报告后 7 日内未进行计量，从第 8 日起，承包人报告中开列的工程量即视为已被确认，作为工程价款支付的依据。工程师不按约定时间通知承包人，致使承包人未能参加计量，计量结果无效。

工程师对承包人超出设计图纸范围和（或）因自身原因造成返工的工程量，不予计量。

2. 工程款（进度款）结算方式

（1）按月结算。这种结算办法实行旬末或月中预支、月末结算、竣工后清算的办法。跨年度施工的工程，在年终进行工程盘点，办理年度结算。

（2）竣工后一次结算。建设项目或单项工程全部建筑安装工程建设期在 12 个月以内，或者建设工程施工合同价值在 100 万元以下，可以实行工程价款每月月中预支，竣工后一次结算的方法。

（3）分段结算。这种结算方式要求当年开工、当年不能竣工的单项工程或单位工程按照工程形象进度，划分不同阶段进行结算。分段的划分标准，由各部门和省（自治区、直辖市）、计划单列市规定，分段结算可以按月预支工程款。

实行竣工后一次结算和分段结算的工程，当年结算的工程应与年度完成工程量一致，年终不另清算。

(4) 其他结算方式。结算双方可以约定采用并经开户建设银行同意的其他结算方式。

3. 工程款（进度款）支付的程序和责任

发包人应在双方计量确认后14日内，向承包人支付工程款（进度款）。同期用于工程上的发包人供应材料设备的价款，以及按约定时间发包人应按比例扣回的预付款，与工程款（进度款）同期结算。合同价款调整、设计变更调整的合同价款及追加的合同价款，应与工程款（进度款）同期调整支付。

发包人超过约定的支付时间不支付工程款（进度款），承包人可向发包人发出要求付款的通知，发包人在收到承包人通知后仍不能按要求支付，可与承包人协商签订延期付款协议，经承包人同意后可以延期支付。协议须明确延期支付时间和从发包人计量签字后第15日起计算应付款的贷款利息。发包人不按合同约定支付工程款（进度款），双方又未达成延期付款协议，导致施工无法进行，承包人可停止施工，由发包人承担违约责任。

5.2.4.4 确定变更价款

1. 变更价款的确定程序

设计变更发生后，承包人在工程设计变更确定后14日内，提出变更工程价款的报告，经工程师确认后调整合同价款。承包人在确定变更后14日内不向工程师提出变更工程价款报告的，视为该项设计变更不涉及合同价款的变更。

工程师收到变更工程价款报告之日起14日内，予以确认。工程师无正当理由不确认时，自变更价款报告送达之日起14日后变更工程价款报告自行生效。

工程师不同意承包人提出的变更价款，按照合同约定的争议解决方法处理。

2. 变更价款的确定方法

变更合同价款按照下列方法进行。

(1) 合同中已有适用于变更工程的价格，按合同已有的价格计算、变更合同价款。

(2) 合同中只有类似于变更工程的价格，可以参照此价格确定变更合同价款。

(3) 合同中没有适用或类似于变更工程的价格，由承包人提出适当的变更价格，经工程师确认后执行。

【案例5.7】

工程变更案例

某工程合同总价格1000万元，由于工程变更使最终合同价达到1500万元，则变更增加了500万元，超过了15%。这里增加的500万元是按照原合同单价计算的。调整仅针对超过15%的部分，即1500−1000(1+15%)=350（万元），仅调整管理费中的固定费用。一般由于工作量的增加，固定费用分摊会减少；反之由于工作量的减少，固定费用的分摊会增加。所以当有效合同额增加时，应扣除部分管理费。经合同报价分析，350万元增加的工程款中含固定费用约62万元，经合同双方磋商，扣减一定数额的管理费。

5.2.4.5 施工中涉及的其他费用

1. 安全施工方面的费用

承包人按工程质量、安全及消防管理有关规定组织施工，并随时接受行业安全检查人

员依法实施的检查，采取必要的安全防护措施，消除事故隐患。由于承包人的安全措施不力造成事故的责任和因此造成安全事故或因此发生的费用，由承包人承担。

发生重大伤亡及其他安全事故，承包人应按有关规定立即上报有关部门并通知工程师，同时按政府有关部门要求处理，发生的费用由事故责任方承担。发包人与承包人对事故责任有争议时，应按政府有关部门的认定处理。

承包人在动力设备、输电线路、地下管道、密封防震车间、易燃易爆地段以及临街交通要道附近施工时，施工开始前应向工程师提出安全保护措施，经工程师认可后实施，防护措施费用由发包人承担。

实施爆破作业，在放射性、毒害性环境中施工（含储存、运输、使用）及使用毒害性腐蚀性物品施工时，承包人应在施工前 14 日以书面形式通知工程师，并提出相应的安全防护措施，经工程师认可后实施。安全防护措施费用由发包人承担。

2. 专利技术及特殊工艺涉及的费用

发包人要求使用专利技术或特殊工艺，须负责办理相应的申报手续、承担申报、试验、使用等费用。承包人按发包人要求使用，并负责试验等有关工作。承包人提出使用专利技术或特殊工艺报工程师认可后实施。承包人负责办理申报手续并承担有关费用。擅自使用专利技术侵犯他人专利权的相关责任者承担全部后果及所发生的费用。

3. 文物和地下障碍物

在施工中发现古墓、古建筑遗址等文物及化石或其他有考古、地质研究等价值的物品时，承包人应立即保护好现场并于 8 小时内以书面形式通知工程师，工程师应于收到书面通知后 24 小时内报告当地文物管理部门，承发包双方按文物管理部门的要求采取妥善保护措施。发包人承担由此发生的费用，延误的工期相应顺延。

如施工中发现古墓、古建筑遗址等文物及化石或其他有考古、地质研究等价值的物品，隐瞒不报的，致使文物遭受破坏，责任方、责任人依法承担相应责任。

施工中发现影响施工的地下障碍物时，承包人应于 4 小时内以书面形式通知工程师，同时提出处置方案，工程师收到处置方案后 24 小时内予以认可或提出修正方案。发包人承担由此发生的费用，延误的工期相应顺延。所发现的地下障碍物有归属单位时，发包人报请有关部门协同处置。

5.2.4.6 竣工结算

工程竣工验收报告经发包人认可后，承发包双方应当按协议书约定的合同价款及专用条款约定的合同价款调整方式，进行工程结算。

1. 承包人

工程竣工验收报告经发包人认可后 28 日内，承包人向发包人递交竣工结算报告及完整的结算资料。承包人未能向发包人递交竣工结算报告及竣工结算不能正常进行或工程竣工结算价款不能及时支付，发包人要求交付工程的，承包人应当交付；发包人不要求交付工程的，承包人承担保管责任。

发包人收到竣工结算报告及结算资料后 28 日内进行核实，给予确认或者提出修改竣工结算价款。发包人确认竣工结算报告后，通知经办银行向承包人支付工程竣工结算价款，承包人收到竣工结算价款后 14 日内将竣工工程交付发包人。

2. 发包人

发包人收到竣工结算报告及结算资料后28日内无正当理由不支付工程竣工结算价款，从第29日起按承包人同期向银行贷款利率支付拖欠工程价款的利息，并承担违约责任。

发包人收到竣工结算报告及结算资料后28日内不支付工程竣工结算价款，承包人可以催告发包人支付结算价款。发包人在收到竣工结算报告及结算资料后56日内仍不支付的，承包人可以与发包人协议将该工程折价，也可以由承包人申请人民法院将该工程依法拍卖，承包人就该工程折价或者拍卖的价款优先受偿。

5.2.4.7 质量保修金

1. 质量保修金的支付

保修金由承包人向发包人支付，也可由发包人从应付承包方工程款内预留，比例金额由双方约定，但不应超过施工合同价款的3%。

2. 质量保修金的结算与返还质量保修

工程的质量保修期满后，发包人应当及时结算和返还（如有剩余）质量保修金。发包人应当在质量保修期满后14日内，将剩余保修金和按约定利率计算的利息返还承包人。

5.2.5 建设工程施工合同的进度条款

进度管理是施工合同管理的重要组成部分。合同当事人应当在合同规定的工期内完成施工任务，发包人应当按时做好准备工作，承包人应当按照施工进度计划组织施工。为此，项目经理应当落实进度控制部门的人员、具体的控制任务和管理职能分工，编制合理的施工进度计划并控制其执行，即在工程进展全过程中，进行计划进度与实际进度的比较，对出现的偏差及时采取措施。施工合同的进度控制可以分为施工准备阶段、施工阶段和竣工验收阶段的进度控制。

5.2.5.1 施工准备阶段的进度控制

施工准备阶段的许多工作都对施工的开始和进度有直接的影响，包括双方对合同工期的约定，承包方提交进度计划，设计图纸的提供、材料设备的采购、延期开工的处理等。

1. 合同双方约定合同工期

施工合同工期，是指施工的工程从开工起到完成施工合同专用条款双方约定的全部内容，工程达到竣工验收标准所经历的时间。合同工期是施工合同的重要内容之一，故《建设工程施工合同文本》要求双方在协议书中作出明确约定。约定的内容包括开工日期、竣工日期和合同工期总日历天数。合同当事人应当在开工日期前做好一切开工的准备工作，承包人则应按约定的开工日期开工。

我国目前确定合同工期的依据是建设工期定额，它是由国务院有关部门按照不同工程类型分别编制的。所谓建设工程工期定额，是指在平均的建设管理水平和施工装备水平及正常的建设条件（自然的、经济的）下，一个建设项目从设计文件规定的工程正式破土动工，到全部工程建完，验收合格交付使用全过程所需的额定时间。

2. 承包人提交进度

承包人应当在专用条款约定的日期，将施工组织设计和工程进度计划提交工程师。群体工程中采取分阶段进行施工的工程，承包人则应按照发包人提供图纸及有关资料的时间，分阶段编制进度计则，分别向工程师提交。

3. 工程师对进度计划予以确认或者提出修改意见

工程师接到承包人提交的进度计划后，应当予以确认或者提出修改意见，时间限制则由双方在专用条款中约定。如果工程师逾期不确认也不提出书面意见，则视为已经工程师同意。

工程师对进度计划予以确认或者提出修改意见，并不免除承包人施工组织设计和工程进度计划本身的缺陷所应承担的责任。工程师对进度计划予以确认的主要目的是为工程师对进度进行控制提供依据。

4. 其他准备工作

在开工前，合同双方还应当做好其他各项准备工作。如发包人应当按照专用条款的规定，使施工现场具备施工条件、开通施工现场与公共道路，承包人应当做好施工人员和设备的调配工作。

对于工程师而言，特别需要做好水准点与坐标控制点的校验，按时提供标准、规范的图纸。为了能够按时向承包人提供设计图纸，工程师可能还需要做好设计单位的协调工作，按照专用条款的约定组织图纸会审和设计交底。

5. 延期开工

(1) 承包人要求的延期开工。如果是承包人要求的延期开工，则工程师有权批准是否同意延期开工。

承包人应当按协议书约定的开工日期开始施工。承包人不能按时开工，应在不迟于协议书约定的开工日期的前 7 日，以书面形式向工程师提出延期开工的理由和要求。工程师在接到延期开工申请后的 48 小时内以书面形式答复承包人。工程师在接到延期开工申请后的 48 小时内不答复，视为同意承包人的要求，工期相应顺延。

如果工程师不同意延期要求，工期不予顺延。如果承包人未在规定时间内提出延期开工的开工要求，如在协议书约定的开工日期前 5 日才提出，工期也不予顺延。

(2) 因发包人原因延期开工。因发包人的原因不能按照协议书约定的开工日期开工，工程师以书面形式通知承包人后，可推迟开工日期。承包人对延期开工的通知没有否决权，但发包人应当赔偿承包人因此造成的损失，相应顺延工期。

5.2.5.2 施工阶段的进度控制

工程开工后，合同履行即进入施工阶段，直至工程竣工控制施工任务在协议书规定的合同工期内完成。

1. 监督进度计划的执行阶段进度控制的任务

开工后，承包人必须按照工程师确认的进度计划组织施工，接受工程师对进度的检查、监督。这是工程师进行进度控制的一项日常性工作，检查、监督的依据是已经确认的进度计划。一般情况下，工程师每月检查一次承包人的进度计划执行情况，由承包人提交一份上月进度计划实际执行情况和本月的施工计划。同时，工程师还应进行必要的现场实

地检查。

工程实际进度与进度计划不符时，承包人应当按照工程师的要求提出改进措施，经工程师确认后执行。如果采用改进措施后，经过一段时间工程实际进展赶上了进度计划，则仍可按原进度计划执行。如果采用改进措施一段时间后，工程实际进展仍明显与进度计划不符，则工程师可以要求承包人修改原进度计划，并经工程师确认。但是，这种确认并不是工程师对工程延期的批准，而仅仅是要求承包人在合理的状态下施工。因此，如果修改后的进度计划不能按期完工，仍应承担相应的违约责任。

2. 暂停施工

在施工过程中，有些情况会导致暂停施工。暂停施工当然会影响工程进度，作为工程师应当尽量避免，暂停施工的原因是多方面的，归纳起来有以下三个方面。

(1) 工程师要求的暂停施工。工程师在主观上是不希望暂停施工的，但有时继续施工会造成更大的损失。工程师认为确有必要时，应当以书面形式要求承包人暂停施工，不论暂停施工的责任在发包人还是在承包人。工程师应当在提出暂停施工要求后48小时内提出书面处理意见。承包人应当按照工程师的要求停止施工，并妥善保护已完工程。承包人实施工程师作出的处理意见后，可提出书面复工要求，工程师应当在48小时内给予答复。工程师未能在规定时间内提出处理意见，或收到承包人复工要求后48小时内未予答复，承包人可以自行复工。

如果停工责任在发包人，由发包人承担所发生的追加合同价款，相应顺延工期；如果停工责任在承包人，由承包人承担发生的费用，工期不予顺延。因工程师不及时作出答复，导致承包人无法复工，由发包人承担违约责任。

(2) 由于发包人违约，承包人主动暂停施工。当发包人出现某些违约情况时，承包人可以暂停施工。这是承包人保护自己权益的有效措施。如发包人不按合同规定及时向承包方支付工程预付款、发包人不按合同规定及时向承包人支付工程进度款且双方未达成延期付款协议，承包人均可暂停施工。这时，发包人应当承担相应的违约责任。出现这种情况时，工程师应当尽量督促发包人履行合同，以尽量减少双方的损失。

(3) 意外情况导致的暂停施工。在施工过程中出现一些意外情况，如果需要暂停施工则承包人应暂停施工。在这些情况下，工期是否给予顺延应视风险责任的承担确定。如发现有价值的文物、发生不可抗力事件等，风险责任应当由发包人承担，故应给予承包人工期顺延。

3. 工程设计变更

在施工过程中如果发生设计变更，将对施工进度产生很大的影响。如果必须对设计进行变更，必须严格按照国家的规定和合同约定的程序进行。

(1) 变更的程序。施工中发包人如果需要对原工程设计进行变更，应不迟于变更前14日以书面形式向承包人发出变更通知。变更超过原设计标准或者批准的建设规模时，须经原规划管理部门和其他有关部门审查批准，并由原设计单位提供变更的相应图纸和说明。承包方应当严格按照图纸施工，不得对原工程设计进行变更。

(2) 设计变更事项及能够构成设计变更的事项。

1) 更改有关部分的标高、基线、位置和尺寸。

2）增减合同中约定的工程量。

3）改变有关工程的施工时间和顺序。

4）其他有关工程变更需要的附加工作。

由发包人对原设计进行变更，以及经工程师同意的、承包人要求进行的设计变更，导致合同价款的增减及造成的承包方损失，由发包人承担，延误的工期相应顺延。

4. 工期延误

承包人应当按照合同约定完成工程施工，如果由于其自身的原因造成工期延误，应当承担违约责任。但是，在有些情况下工期延误后，竣工日期可以相应顺延。

(1) 工期可以顺延的工期延误。因以下原因造成工期延误，经工程师确认，工期相应顺延。

1）发包人不能按专用条款的约定提供开工条件。

2）发包人不能按约定日期支付工程预付款、进度款，致使施工不能正常进行。

3）工程师未按合同约定提供所需指令、批准、图纸等，致使施工不能正常进行。

4）设计变更和工程量增加。

5）一周内非承包人原因停水、停电、停气造成停工累计超过 8 小时。

6）不可抗力。

7）专用条款中约定或工程师同意工期顺延的其他情况。

这些情况工期可以顺延的根本原因在于这些情况属于发包人违约或者是应当由发包方承担的风险。

(2) 工期顺延的确认程序。承包人在工期可以顺延的情况发生后 14 日内，就将延误的内容和因此发生的追加合同价款向工程师提出书面报告。工程师在收到报告后 14 日内予以确认，逾期不予确认也不提出修改意见，视为同意工期顺延。

当然，工程师确认的工期顺延期限应当是事件造成的合理延误，由工程师根据发生事件的具体情况和工期定额、合同等的规定确认。经工程师确认的顺延的工期应纳入合同工期，作为合同工期的一部分。如果承包人不同意工程师的确认结果，则按合同规定的争议解决方式处理。

5.2.5.3 竣工验收阶段的进度控制

竣工验收是发包人对工程的全面检验，是保修期外的最后阶段。在竣工验收阶段，项目经理进度控制的任务是督促完成工程扫尾工作，协调竣工验收中的各方关系，参加竣工验收。

1. 竣工验收的程序

工程应当按期竣工。工程按期竣工有两种情况：承包人按照协议书约定的竣工日期或者工程师同意顺延的工期竣工。工程如果不能按期竣工，承包人应当承担违约责任。

(1) 承包人提交竣工验收报告。当工程按合同要求全部完成后，工程具备了竣工验收条件，承包人按国家工程竣工验收的有关规定并按专用条款要求的日期和份数，向发包人提供完整的竣工资料和竣工验收报告，并向发包人提交竣工图。

(2) 发包人组织验收。发包人在收到竣工验收报告后 28 日内组织有关部门验收，并在验收 14 日内给予认可或者提出修改意见。竣工日期为承包方送交竣工验收报告日期。

需修改后才能达到验收要求的，竣工日期为承包人修改后提请发包人验收并达到验收要求的日期。

（3）发包人不按时组织验收的后果。发包人收到承包方送交的竣工验收报告后28日内不组织验收，或者在验收后14日内不提出修改意见，则视为竣工验收报告已经被认可。发包人收到承包人送交的竣工验收报告后28日内不组织验收，从第29日起承担工程保管及一切意外责任。

2. 发包人要求提前竣工

在施工中，发包人如果要求提前竣工，发包人应当与承包人进行协商，协商一致后应签订提前竣工协议。发包人应为赶工提供方便条件。提前竣工协议应包括以下方面的内容。

（1）提前的时间。

（2）承包人采取的赶工措施。

（3）发包人为赶工提供的条件。

（4）赶工措施的经济支出和承担。

（5）提前竣工的受益分享。

5.2.6 建设工程施工合同的编制

合同协议书

发包人（全称）：填写发包人名称（如××地产集团公司）

承包人（全称）：填写承包人名称（如××建筑安装工程有限公司）

根据《中华人民共和国合同法》《中华人民共和国建筑法》及有关法律规定，遵循平等、自愿、公平和诚实信用的原则，双方填写工程项目的详细名称（如××家园）工程施工及有关事项协商一致，共同达成如下协议：

一、工程概况

1. 工程名称：填写工程项目的详细名称（如××家园）

2. 工程地点：填写工程所在地详细地址（如××省××市××区××路××号）

3. 工程立项批准文号：填写立项批准文号（如政府投资工程，由发展和改革部门批准）

4. 资金来源：填写资金来源（如：财政拨款、金融机构借款、单位自筹、外商投资、国外金融机构借款、赠款、其他资金等）

5. 工程内容：填写工程结构、层数及建筑面积等（如框筒结构，32层，6000m^2）群体工程应附《承包人承揽工程项目一览表》（附件1）。

6. 工程承包范围：

填写项目承包的具体范围（如主体承包应包括主体结构的建筑、结构、电气安装、给排水工程、通风空调工程等；如果是招标项目，应以招标文件中的工程承包范围填写）

二、合同工期

计划开工日期：____年____月____日。（招标项目，应以招标文件中的要求填写）

计划竣工日期：______年______月______日。（招标项目，应以招标文件中的要求填写）

工期总日历天数：填写工期总日历天数（应与中标通知书确定的天数相同）天。工期总日历天数与根据前述计划开、竣工日期计算的工期天数不一致的，以工期总日历天数为准。

三、质量标准

工程质量符合填写工程质量要求：合格（争创××杯优质工程、鲁班奖优质工程等，其口径应与招标文件要求或投标人承诺中标的质量等级相同）标准。

四、签约合同价与合同价格形式

1. 签约合同价为：

人民币（大写）填写合同总金额（应与中标金额相同）（¥填写小写金额元）；

其中：

（1）安全文明施工费：

人民币（大写）按照中标通知书该部分金额填写（¥填写小写金额元）；

（2）材料和工程设备暂估价金额：

人民币（大写）按照中标通知书该部分金额填写（¥填写小写金额元）；

（3）专业工程暂估价金额：

人民币（大写）按照中标通知书该部分金额填写（¥填写小写金额元）；

（4）暂列金额：

人民币（大写）按照中标通知书该部分金额填写（¥填写小写金额元）；

2. 合同价格形式：填写合同价格形式，具体招标项目以招标文件为准（如总价合同、单价合同、成本加酬金合同）

五、项目负责人

承包人项目负责人：填写承担本项目的项目经理人姓名，招标项目无特殊原因，应是承包人投标时确定的拟承担该项目的项目经理

六、合同文件构成

本协议书与下列文件一起构成合同文件：

（1）中标通知书（如果有）；

（2）投标函及其附录（如果有）；

（3）专用合同条款及其附件；

（4）通用合同条款；

（5）技术标准和要求；

（6）图纸；

（7）已标价工程量清单或预算书；

（8）其他合同文件。

在合同订立及履行过程中形成的与合同有关的文件均构成合同文件组成部分。

上述各项合同文件包括合同当事人就该项合同文件所作出的补充和修改，属于同一类内容的文件，应以最新签署的为准。专用合同条款及其附件须经合同当事人签字或盖章。

七、承诺

1. 发包人承诺按照法律规定履行项目审批手续、筹集工程建设资金并按照合同约定的期限和方式支付合同价款。

2. 承包人承诺按照法律规定及合同约定组织完成工程施工，确保工程质量和安全，不进行转包及违法分包，并在缺陷责任期及保修期内承担相应的工程维修责任。

3. 发包人和承包人通过招投标形式签订合同的，双方理解并承诺不再就同一工程另行签订与合同实质性内容相背离的协议。

八、词语含义

本协议书中词语含义与第二部分通用合同条款中赋予的含义相同。

九、签订时间

本合同于××年××月××日签订。

十、签订地点

本合同在填写合同订立的具体地点签订。

十一、补充协议

合同未尽事宜，合同当事人另行签订补充协议，补充协议是合同的组成部分。

十二、合同生效

本合同自双方签字、盖章生效。

十三、合同份数

本合同一式填写份数（一般4份以上）份，均具有同等法律效力，发包人执填写份数（一般2份以上）份，承包人执填写份数（一般2份以上）份。

发包人：（公章）	承包人：（公章）
法定代表人或其委托代理人： （签字）	法定代表人或其委托代理人： （签字）
组织机构代码：________	组织机构代码：________
地　址：________	地　址：________
邮政编码：________	邮政编码：________
法定代表人：________	法定代表人：________
委托代理人：________	委托代理人：________
电　话：________	电　话：________
传　真：________	传　真：________
电子信箱：________	电子信箱：________
开户银行：________	开户银行：________
账　号：________	账　号：________

专用合同条款（部分）

1. 一般约定

1.1 词语定义

1.1.1 合同

1.1.1.10 其他合同文件包括：如没有，可以填“/”。一般会有补充条款明确发包人与承包人双方权利、义务的洽商、变更等书面协议或纪要，工程进行过程中的有关信件、数据电文（电报、电传、传真、电子数据交换和电子邮件）等资料。

1.1.2 合同当事人及其他相关方

1.1.2.4 监理人：

名　　称：填写监理单位名称；

资质类别和等级：根据建设行政主管部门批准的资质证书填写（如工程监理综合资质甲级）；

联系电话：填写监理单位联系人电话；

电子信箱：填写监理单位联系人电子信箱；

通信地址：填写监理单位联系人通信地址。

1.1.2.5 设计人：

名　　称：填写设计单位名称；

资质类别和等级：根据建设行政主管部门批准的资质证书填写（如工程设计综合资质甲级）；

联系电话：填写设计单位联系人电话；

电子信箱：填写设计单位联系人电子信箱；

通信地址：填写设计单位联系人通信地址。

1.1.3 工程和设备

1.1.3.7 作为施工现场组成部分的其他场所包括：按照招标文件的相关内容填写（如某一临时建筑）。

1.1.3.9 永久占地包括：按照招标文件的相关内容填写（一般应具体描述红线位置，写出具体坐标）。

1.1.3.10 临时占地包括：按照招标文件的相关内容填写（一般应具体描述红线位置，写出具体临时占地对于红线的相对位置，并写出具体坐标）。

1.3 法律

适用于合同的其他规范性文件：写出法律、法规、规范的具体名称［如《中华人民共和国建筑法》《中华人民共和国合同法》《建设工程量清单计价规范》（GB 50500—2013）等现行与本合同文件有关的所有法律、法规、规章、规范］。

1.4 标准和规范

1.4.1 适用于工程的标准规范包括：填写适用的现行国家有关标准、规范名称［如《地下工程防水技术规范》（GB 50108—2008）、《混凝土结构工程施工质量验收规范》（GB 50204—2002）等］。

1.4.2 发包人提供国外标准、规范的份数：根据招标文件或双方约定填写图纸份数；

发包人提供国外标准、规范的名称：填写国外标准、规范的名称和条款；

1.4.3 发包人对工程的技术标准和功能要求的特殊要求：填写比技术标准要求高或者功能要求特殊的内容。

1.5 合同文件的优先顺序

合同文件组成及优先顺序为：双方有关工程的洽商和变更书面协议；本合同协议书；中标通知书；投标书及其附件等；本合同专用条款；本合同通用条款；标准、规范及有关技术文件；施工图纸；工程量清单；工程报价单或预算书。

1.6 图纸和承包人文件

1.6.1 图纸的提供

发包人向承包人提供图纸的期限：填写提供图纸的时间；

发包人向承包人提供图纸的数量：填写提供图纸的数量；

发包人向承包人提供图纸的内容：填写提供图纸的内容（如建筑工程、结构工程等专业）。

1.6.4 承包人文件

需要由承包人提供的文件，包括：填写在工程施工中，需要承包人编制与工程施工有关的文件（如施工组织设计、专项施工方案、有的还需结合具体工程情况，编制加工图、大样图等）。

承包人提供的文件的期限为：填写提供文件的时间；

承包人提供的文件的数量为：填写提供文件的数量；

承包人提供的文件的形式为：填写内容可以是图纸、文字资料、网络图、横道图等；

发包人审批承包人文件的期限：填写天数（如发包人收到承包人文件后的14日内）。

1.6.5 现场图纸准备

关于现场图纸准备的约定：填写图纸由发包人还是承包人提供，及提供份数。

1.7 联络

1.7.1 发包人和承包人应当在填写天数日内将与合同有关的通知、批准、证明、证书、指示、指令、要求、请求、同意、意见、确定和决定等书面函件送达对方当事人。

1.7.2 发包人接收文件的地点：填写发包人接收文件地点（如某一办公室）；

发包人指定的接收人为：填写发包人指定的接收人；

承包人接收文件的地点：填写承包人接收文件的地点（如某一办公室）；

承包人指定的接收人为：填写承包人指定的接收人；

监理人接收文件的地点：填写监理人接收文件的地点（如某一办公室）；

监理人指定的接收人为：填写监理人指定的接收人。

1.10 交通运输

1.10.1 出入现场的权利

关于出入现场的权利的约定：填写关于道路通行条件的约定（如申请修建临时道路，一般由发包人申请，但承包人应协助解决）。

1.10.3 场内交通

关于场外交通和场内交通的边界的约定：填写场外交通和场内交通的边界的约定（如以规划国土部门批准的红线为界）。

关于发包人向承包人免费提供满足工程施工需要的场内道路和交通设施的约定：填写场内道路位置，有关交通设施技术参数、具体条件，如果免费提供的场内道路和交通设施不能满足施工要求时，发包人如何支付费用等。

1.10.4 超大件和超重件的运输

运输超大件或超重件所需的道路和桥梁临时加固改造费用和其他有关费用由填写由发包人或承包人（一般为承包人）承担。

1.11 知识产权

1.11.1 关于发包人提供给承包人的图纸、发包人为实施工程自行编制或委托编制的技术规范以及反映发包人关于合同要求或其他类似性质的文件的著作权的归属：填写内容要求明确著作权归发包人所有还是承包人所有

关于发包人提供的上述文件的使用限制的要求：填写时间。

1.11.2 关于承包人为实施工程所编制文件的著作权的归属：填写内容要求明确著作权归发包人所有还是承包人所有。

关于承包人提供的上述文件的使用限制的要求：填写限制要求（如是否可以复制，或者哪种情况下可以复制）。

1.11.4 承包人在施工过程中所采用的专利、专有技术、技术秘密的使用费的承担方式：填写内容要求明确对于承包人在施工过程中采用承包人或第三方的专利、专有技术、技术秘密的使用费由发包人还是承包人承担。

1.13 工程量清单错误的修正

出现工程量清单错误时，是否调整合同价格：填写可以参照《建设工程工程量清单计价规范》(GB 50600—2013) 执行。

允许调整合同价格的工程量偏差范围：填写可以参照《建设工程工程量清单计价规范》(GB 50600—2013) 执行。

2. 发包人

2.2 发包人代表

发包人代表：

姓　　名：________________________________；

身份证号：________________________________；

职　　务：________________________________；

联系电话：________________________________；

电子信箱：________________________________；

通信地址：________________________________。

发包人对发包人代表的授权范围如下：填写发包人赋予业主代表行使的职权范围（如履行隐蔽工程验收义务、工程价款洽商、索赔事项的处理等，发包人一般应委派具备相应专业能力和经验的人员担任其代表）。

2.4 施工现场、施工条件和基础资料的提供

2.4.1 提供施工现场

关于发包人移交施工现场的期限要求：填写发包人移交施工现场的最迟时间。

2.4.2 提供施工条件

关于发包人应负责提供施工所需要的条件，包括：填写包括施工用水、用电、交通条件、地下管线资料、邻近建筑物情况等发包人应提交给承包人的施工所需要的条件。

2.5 资金来源证明及支付担保

发包人提供资金来源证明的期限要求：填写提供资金来源投资文件的时间。

发包人是否提供支付担保：填写是或否（如发包人要求承包人提供履约担保，则发包人应提供支付担保）。

发包人提供支付担保的形式：填写担保形式（如银行保函）。

3. 承包人

3.1 承包人的一般义务

（9）承包人提交的竣工资料的内容：填写需要提交的竣工资料的内容（如竣工验收证明书、工程竣工结算书、工程质量保修书等）。

承包人需要提交的竣工资料套数：填写套数。

承包人提交的竣工资料的费用承担：填写由发包人还是承包人承担。

承包人提交的竣工资料移交时间：填写移交时间。

承包人提交的竣工资料形式要求：填写竣工资料形式（如纸质资料、电子光盘等）。

（10）承包人应履行的其他义务：填写通用条款内没有细化的其他义务。

3.2 项目负责人

3.2.1 项目负责人：

姓　　名：＿＿＿＿＿＿＿＿＿＿＿＿＿＿＿＿＿＿＿＿；

身份证号：＿＿＿＿＿＿＿＿＿＿＿＿＿＿＿＿＿＿＿＿；

建造师执业资格等级：＿＿＿＿＿＿＿＿＿＿＿＿＿＿＿；

建造师注册证书号：＿＿＿＿＿＿＿＿＿＿＿＿＿＿＿＿；

建造师执业印章号：＿＿＿＿＿＿＿＿＿＿＿＿＿＿＿＿；

安全生产考核合格证书号：＿＿＿＿＿＿＿＿＿＿＿＿＿；

联系电话：＿＿＿＿＿＿＿＿＿＿＿＿＿＿＿＿＿＿＿＿；

电子信箱：＿＿＿＿＿＿＿＿＿＿＿＿＿＿＿＿＿＿＿＿；

通信地址：＿＿＿＿＿＿＿＿＿＿＿＿＿＿＿＿＿＿＿＿。

承包人对项目负责人的授权范围如下：填写项目经理在本项目的权限范围（如承包人授权项目经理在施工质量、安全、进度和承包管理等方面的权限）。

关于项目负责人每月在施工现场的时间要求：填写项目经理驻施工现场时间要求。

承包人未提交劳动合同，以及没有为项目负责人缴纳社会保险证明的违约责任：填写违约责任的承担方式（如更换项目经理、罚款、违约所导致的不利后果由承包人承担等）。

项目负责人未经批准，擅自离开施工现场的违约责任：填写违约责任的承担方式（如更换项目经理、罚款、违约所导致的不利后果由承包人承担等）。

3.2.3 承包人擅自更换项目负责人的违约责任：填写违约责任的承担方式（如罚款、违约所导致的不利后果由承包人承担等）。

3.2.4 承包人无正当理由拒绝更换项目负责人的违约责任：填写拒绝更换不称职项目经理违约责任的承担方式（如罚款、违约所导致的不利后果由承包人承担等）。

3.3 承包人员

3.3.1 承包人提交项目管理机构及施工现场管理人员安排报告的期限：填写提交的期限（一般承包人应在接到开工通知后7日内提交）。

3.3.3 承包人无正当理由拒绝撤换主要施工管理人员的违约责任：填写拒绝撤换主要施工管理人员违约责任的承担方式（如罚款、违约所导致的不利后果由承包人承担等）。

3.3.4 承包人主要施工管理人员离开施工现场的批准要求：填写承包人主要施工管理人员离开施工现场的批准流程、批准权限及临时代职人员。

3.3.5 承包人擅自更换主要施工管理人员的违约责任：填写违约责任的承担方式（如罚款、违约所导致的不利后果由承包人承担等）。

承包人主要施工管理人员擅自离开施工现场的违约责任：填写违约责任的承担方式（如罚款、违约所导致的不利后果由承包人承担等）。

3.5 分包

3.5.1 分包的一般约定

禁止分包的工程包括：填写禁止分包的工程（如工程主体结构、关键性工作及已经分包的工程等）。

主体结构、关键性工作的范围：填写主体结构、关键性工作的范围（如主体混凝土结构工程）。

3.5.2 分包的确定

允许分包的专业工程包括：填写允许分包的专业工程（如施工总承包工程中可以将装饰装修工程分包）。

其他关于分包的约定：填写分包的约定（如拟分包的暂估价工程如何确定分包单位，是否要公开招标）。

3.5.4 分包合同价款

关于分包合同价款支付的约定：填写承包人向分包人支付，如发包人向分包人直接支付，则发包人应向承包人承担的责任（或者此处约定清楚发包人直接向分包人支付合同价款，三方签署相关协议）。

3.6 工程照管与成品、半成品保护

承包人负责照管工程及工程相关的材料、工程设备的起始时间：填写承包人负责照管工程及工程相关的材料、工程设备的起始时间（如不填写或填写/，就是发包人向承包人移交施工现场之日起直到颁发工程接收证书之日止，可根据具体情况调整）。

3.7 履约担保

承包人是否提供履约担保：填写是或否，根据招标文件约定。

承包人提供履约担保的形式、金额及期限的：根据招标文件约定填写履约担保的形式、金额及期限。

4. 监理人

4.1 监理人的一般规定

关于监理人的监理内容：填写监理人的监理内容（注意应与发包人与监理人之间的监理合同内容一致）。

关于监理人的监理权限：填写监理人的监理权限（注意避免与发包人代表的权限范围出现交叉）。

关于监理人在施工现场的办公场所、生活场所的提供和费用承担的约定：根据情况填写，如不填写或填写/则发生的费用由发包人承担。

4.2 监理人员

总监理工程师：

姓　　名：________________________________；

职　　务：________________________________；

监理工程师执业资格证书号：________________________；

联系电话：________________________________；

电子信箱：________________________________；

通信地址：________________________________。

关于监理人的其他约定：填写监理人的其他约定（如更换总监理工程师的流程）。

4.4 商定或确定

在发包人和承包人不能通过协商达成一致意见时，发包人授权监理人对以下事项进行确定：

（1）根据项目情况填写（如质量标准的认定、索赔价款的确定等）；

（2）________________________________；

（3）________________________________。

5. 工程质量

5.1 质量要求

5.1.1 特殊质量标准和要求：填写特殊质量标准和要求，主要针对国家和地区有关质量标准和要求中没有涉及或标准和要求达不到项目要求的。

关于工程奖项的约定：填写工程奖项要求（如不写，就是合格）。

5.3 隐蔽工程检查

5.3.2 承包人提前通知监理人隐蔽工程检查的期限的约定：填写承包人提前通知监理人隐蔽工程检查的时间（如不写，就是通用合同条款中的48小时）。

监理人不能按时进行检查时，应提前如不填写或填写/，就是通用条款中的24小时提交书面延期要求。

关于延期最长不得超过：如不填写或填写/，就是通用条款中的48小时。

6. 安全文明施工与环境保护

6.1 安全文明施工

6.1.1 项目安全生产的达标目标及相应事项的约定：根据需要在通用合同条款相应内容基础上补充，如不填写则按照通用合同条款执行。

6.1.4 关于治安保卫的特别约定：有特别约定的可填写，如不填写或填写/则按照通用合同条款执行，发包人应与当地公安部门协商，在现场监理治安管理机构或联防组织，统一管理施工现场的治安保卫事项，履行合同工程的治安保卫职责。

关于编制施工场地治安管理计划的约定：如不填写或填写/则按照通用合同条款执行，发包人和承包人应在工程开工后7日内共同编制施工场地治安管理计划。

6.1.5 文明施工

合同当事人对文明施工的要求：工程所在地有关行政管理部门有特殊要求的，承包人须按照其要求执行，如某些省份出台《建设工程安全文明工地标准》，在此处填写。

6.1.6 关于安全文明施工费支付比例和支付期限的约定：工程所在地有关建设行政主管部门对安全文明施工费支付比例和支付期限有特别规定的，在此处须填写。

7. 工期和进度

7.1 施工组织设计

7.1.1 合同当事人约定的施工组织设计应包括的其他内容：填写通用合同条款中7.1施工组织设计部分未包含而本项目须包含的内容。

7.1.2 施工组织设计的提交和修改

承包人提交详细施工组织设计的期限的约定：根据项目情况填写，如不填写或填写/则按照通用合同条款执行，承包人应在合同签订后14日内提交。

发包人和监理人在收到详细的施工组织设计后确认或提出修改意见的期限：根据项目情况填写，如不填写或填写/则按照通用合同条款执行，发包人和监理人应在监理人收到施工组织设计后7日内确认或提出修改意见。

7.2 施工进度计划

7.2.2 施工进度计划的修订

发包人和监理人在收到修订的施工进度计划后确认或提出修改意见的期限：根据项目情况填写，如不填写或填写/则按照通用合同条款执行，发包人和监理人应在监理人收到施工组织设计后7日内确认或提出修改意见。

7.3 开工

7.3.1 开工准备

关于承包人提交工程开工报审表的期限：根据项目情况填写，如不填写或填写/则按照施工组织设计约定的期限提交。

关于发包人应完成的其他开工准备工作及期限：主要填写发包人应完成的各项行政审批、许可手续的时间。

关于承包人应完成的其他开工准备工作及期限：填写具体施工组织中未涉及的其他开工准备工作及完成时间。

7.3.2 开工通知

因发包人原因造成监理人未能在计划开工日期之日起如不填写或填写/就是按照通用合同条款的90日内发出开工通知的，承包人有权提出价格调整要求，或者解除合同。

7.4 期测量放线

7.4.1 发包人通过监理人向承包人提供测量基准点、基准线和水准点及其书面资料的期限：根据项目情况填写，如不填写或填写/则按照通用合同条款执行，开工日期前7日。

7.5 工期延误

7.5.1 因发包人原因导致工期延误

(7) 因发包人原因导致工期延误的其他情形：具体填写延误情形（如合同约定应由发包人提供的材料、设备在合同约定期限内未提供等情形）。

7.5.2 因承包人原因导致工期延误

因承包人原因造成工期延误，逾期竣工违约金的计算方法为：填写具体计算方法（如逾期一天罚一定金额）。

因承包人原因造成工期延误，逾期竣工违约金的上限：填写逾期竣工违约金占合同价的比例或者逾期一天罚款的具体金额。

7.6 不利物质条件

不利物质条件的其他情形和有关约定：填写内容可将通用合同条款该部分内容细化或填写未包含的其他情形。

7.7 异常恶劣的气候条件

发包人和承包人同意以下情形视为异常恶劣的气候条件：

(1) 填写内容可将通用合同条款该部分内容细化（如可约定24小时内降水超过100mm；连续两天气温高于38℃）；

(2) ________________________；

(3) ________________________。

7.9 提前竣工的奖励

7.9.2 提前竣工的奖励：填写提前竣工奖励占合同价的比例或者提前一天竣工奖励的具体金额。

8. 材料与设备

8.4 材料与工程设备的保管与使用

8.4.1 发包人供应的材料设备的保管费用的承担：如不填写或填写/则认为已在工程量清单中列支（如工程量清单表未列支，则应根据当地建设行政主管部门的规定，填写保管费占材料设备价的比例或者具体金额，如1%）。

8.6 样品

8.6.1 样品的报送与封存

需要承包人报送样品的材料或工程设备，样品的种类、名称、规格、数量要求：填写要求承包人报送的样品诸如混凝土、钢筋、砌块、电缆、给排水管等材料的种类、规格和数量。

8.8 施工设备和临时设施

8.8.1 承包人提供的施工设备和临时设施

关于修建临时设施费用承担的约定：如不填写或填写/，由承包人承担（如填写由发包人提供的临时设施的种类、规格、型号、质量等应作出明确的约定，并约定发包人不能提供应当承担的责任）。

9. 试验与检验

9.1 试验设备与试验人员

9.1.2 试验设备

施工现场需要配置的试验场所：填写承包人应配置的试验场所（如混凝土试块养护间）；

施工现场需要配备的试验设备：填写承包人应配置的试验设备的规格、种类、型号、数量等；

施工现场需要具备的其他试验条件：填写承包人应具备的其他试验条件。

9.4 现场工艺试验

现场工艺试验的有关约定：填写现场工艺试验的具体事项，约定发生这些实验的费用和工期由发包人还是承包人承担。

10. 变更

10.1 变更的范围

关于变更的范围的约定：填写通用合同条款该部分没有涉及或是没有细化的内容。

10.4 变更估价

10.4.1 变更估价原则

关于变更估价的约定：填写可参照《建设工程工程量清单计价规范》（GB 50500—2013）执行。

10.5 承包人的合理化建议

监理人审查承包人合理化建议的期限：填写监理人收到承包人合理化建议后的审查时间；如不填写或填写/就是监理人在收到承包人合理化建议后7日内审查完毕。

发包人审批承包人合理化建议的期限：填写发包人收到监理人报送的合理化建议后的审查时间；如不填写或填写/就是监理人在收到监理人报送的合理化建议后7日内审查完毕。

承包人提出的合理化建议降低了合同价格或者提高了工程经济效益的奖励的方法和金额为：填写奖励的具体计算方法，包括奖励比例或者金额。

10.7 暂估价

暂估价分包工程、服务的明细详见附件10：《专业工程暂估价表》。

10.7.1 依法必须招标的暂估价项目

对于依法必须招标的暂估价项目的确认和批准采取第填写1或2（从通用条款的2种方式中选择1种）种方式确定。

10.7.2 不属于依法必须招标的暂估价项目

对于不属于依法必须招标的暂估价项目的确认和批准采取第1或2（从通用条款的2种方式中选择1种）种方式确定。

第3种方式：承包人直接实施的暂估价项目。

承包人直接实施的暂估价项目的约定：填写暂估价项目的合同金额，合同价款调整方法，工期计算等内容。

10.8 暂列金额

合同当事人关于暂列金额使用的约定：填写暂列金额使用的有关批准流程。

11. 价格调整

11.1 市场价格波动引起的调整

市场价格波动是否调整合同价格的约定：填写是或否，填否则11条款下面部分不用填写。

因市场价格波动调整合同价格，采用以下第填写1或2或3种方式对合同价格进行调整：

第1种方式：采用价格指数进行价格调整。

关于各可调因子、定值和变值权重，以及基本价格指数及其来源的约定：可以填写按当地建设管理部门或其授权的造价管理部门公布的数据执行。

第2种方式：采用造价信息进行价格调整。

(2) 关于基准价格的约定：可以填写采用当地某期造价信息中该项材料价格。

专用合同条款①承包人在已标价工程量清单或预算书中载明的材料单价低于基准价格的：专用合同条款合同履行期间材料单价涨幅以基准价格为基础超过填写数字（如10)%时，或材料单价跌幅以已标价工程量清单或预算书中载明材料单价为基础超过填写数字(如10)%时，其超过部分据实调整。

②承包人在已标价工程量清单或预算书中载明的材料单价高于基准价格的：专用合同条款合同履行期间材料单价跌幅以基准价格为基础超过__%时，材料单价涨幅以已标价工程量清单或预算书中载明材料单价为基础超过填写数字（如10)%时，其超过部分据实调整。

③承包人在已标价工程量清单或预算书中载明的材料单价等于基准单价的：专用合同条款合同履行期间材料单价涨跌幅以基准单价为基础超过±填写数字（如10)%时，其超过部分据实调整。

第3种方式：其他价格调整方式：填写无或/，则无其他价格调整方式，如有，则写出具体调整方式。

12. 合同价格、计量与支付

12.1 合同价格形式

(1) 单价合同。

综合单价包含的风险范围：填写应明确综合单价的风险范围，包括政策、法规和市场价格变化等风险由承包人承担的范围，不得采用无限风险、所有风险或类似语句规定风险范围。

风险范围以外合同价格的调整方法：填写具体调整方法，如因市场价格波动引起调整按第11.1款执行。

(2) 总价合同。

总价包含的风险范围：填写应明确总价合同包含的风险范围，包括政策、法规和市场价格变化等风险由承包人承担的范围，不得采用无限风险、所有风险或类似语句规定风险范围。

风险范围以外合同价格的调整方法：填写具体调整方法，如因市场价格波动引起调整按第11.1款执行。

(3) 其他价格方式：填写价格方式，如成本加酬金。

12.2 预付款

12.2.1 预付款的支付

预付款支付比例或金额：填写支付比例或金额（原则上预付比例不低于合同金额的10%，不高于合同金额的30%）。

预付款支付期限：填写具体期限，填写/则认为是签订合同1个月内或不迟于约定的开工日期前7日。

预付款扣回的方式：填写按月抵扣，或者分期抵扣。

12.3 计量

12.3.1 计量原则

工程量计算规则：填写具体的工程量计算规则，如《建设工程工程量清单计价规范》(GB 50500—2013)。

12.3.2 计量周期

关于计量周期的约定：填写计量周期、如月、季度等。

12.3.3 单价合同的计量

关于单价合同计量的约定：填写承包人完成工程量清单的具体计量程序及方式。

12.3.4 总价合同的计量

关于总价合同计量的约定：填写承包人完成工程量清单的具体计量程序及方式。

12.3.5 总价合同采用支付分解表计量支付的，是否适用第12.3.4项总价合同的计量约定进行计量：填写是或否。

12.3.6 其他价格形式合同的计量

其他价格形式的计量方式和程序：具体填写其他价格形式合同的工程量计量方式和程序。

12.4 工程进度款支付

12.4.1 付款周期

关于付款周期的约定：填写付款周期，如月、季度等，一般与计量周期一致。

12.4.2 进度付款申请单的编制

关于进度付款申请单编制的约定：填写通用合同条款中未规定的内容，如具体申请格式、要求等；或明确通用合同条款中有关进度付款申请单中未包含的增减金额项。

12.4.3 进度付款申请单的提交

(1) 单价合同进度付款申请单提交的约定：填写进度付款申请单时应附上的资料。

(2) 总价合同进度付款申请单提交的约定：填写进度付款申请单时应附上的资料。

(3) 其他价格形式合同进度付款申请单提交的约定：填写进度付款申请单时应附上的资料。

12.4.4 进度款审核和支付

(1) 监理人审查并报送发包人的期限：不填写或填写/，为收到承包人进度付款申请单以及相关资料后7日内。

发包人完成审批并签发进度款支付证书的期限：不填写或填写/，为收到监理人审查

完的进度付款申请单以及相关资料后7日内签发。

(2) 发包人支付进度款的期限：不填写或填写/，可视为按照通用合同条款执行，即在进度款支付证书或临时进度款支付证书签发后14日内完成支付。

发包人逾期支付进度款的违约金的计算方式：填写××金额/天处罚，或者工程价款的处罚比例。

12.4.6 支付分解表的编制

(2) 总价合同支付分解表的编制与审批：填写总价合同按时间、工程资料等如何分解支付。

(3) 单价合同的总价项目支付分解表的编制与审批：填写单价合同按工程资料、费用性质等如何分解支付。

13. 验收和工程试车

13.1 分部分项工程验收

13.1.2 监理人不能按时进行验收时，应提前填写数字（一般是24的倍数，如24）小时提交书面延期要求。

关于延期最长不得超过：填写数字（一般是24的倍数，如48）小时。

13.2 竣工验收

13.2.2 竣工验收程序

关于竣工验收程序的约定：填写承包人竣工验收应提交的资料、竣工验收的组织、竣工验收后工程接收证书的签发内容。

发包人不按照本项约定组织竣工验收、颁发工程接收证书的违约金的计算方法：填写工程价款的处罚比例。

13.2.5 移交、接收全部与部分工程

承包人向发包人移交工程的期限：填写颁发工程接收证书后多少天内，承包人完成工程移交。

发包人未按本合同约定接收全部或部分工程的，违约金的计算方法为：填写按××金额/天处罚，或工程价款的处罚比例。

承包人未按时移交工程的，违约金的计算方法为：填写按××金额/天处罚，或工程价款的处罚比例。

13.3 工程试车

13.3.1 试车程序

工程试车内容：填写的试车内容应与承包人范围相一致，如承包人范围不能满足特殊要求，可在此补充。

(1) 单机无负荷试车费用由填写承包人或发包人（一般合同内已含，由承包人）承担。

(2) 无负荷联动试车费用由填写承包人或发包人（一般合同内已含，由承包人）承担。

13.3.3 投料试车

关于投料试车相关事项的约定：填写投料试车的费用承担、投料试车时间等事项。

13.6 竣工退场

13.6.1 竣工退场

承包人完成竣工退场的期限：填写竣工退场时间。

14. 竣工结算

14.1 竣工结算申请

承包人提交竣工结算申请单的期限：填写承包人提交竣工付款申请单时间。

竣工结算申请单应包括的内容：填写包括通用合同条款中竣工付款申请单所需要提交的内容以及补充的内容。

14.2 竣工结算审核

发包人审批竣工付款申请单的期限：填写发包人审核竣工付款申请单的时间。

发包人完成竣工付款的期限：填写发包人完成竣工付款的时间。

关于竣工付款证书异议部分复核的方式和程序：填写收款信息账户信息，一般为合同协议账号。

14.4 最终结清

14.4.1 最终结清申请单

承包人提交最终结清申请单的份数：填写份数。

承包人提交最终结算申请单的期限：填写时间。

14.4.2 最终结清证书和支付

(1) 发包人完成最终结清申请单的审批并颁发最终结清证书的期限：填写颁发最终结清证书时间及违约责任。

(2) 发包人完成支付的期限：填写最终完成支付时间及违约责任。

15. 缺陷责任期与保修

15.2 缺陷责任期

缺陷责任期的具体期限：填写缺陷责任期的具体期限，但最长不得超过24个月。

15.3 质量保证金

关于是否扣留质量保证金的约定：填写扣留保证金的具体事项。在工程项目竣工前，承包人按专用合同条款第3.7条提供履约担保的，发包人不得同时预留工程质量保证金。

15.3.1 承包人提供质量保证金的方式

质量保证金采用以下第填写3种方式中1种种方式：

(1) 质量保证金保函，保证金额为：填写金额；

(2) 填写比例（一般3%～5%）%的工程款；

(3) 其他方式：填写具体约定方式。

15.3.2 质量保证金的扣留

质量保证金的扣留采取以下第[填写3种方式的1种，原则上采用第（1）种]种方式：

(1) 在支付工程进度款时逐次扣留，在此情形下，质量保证金的计算基数不包括预付款的支付、扣回以及价格调整的金额；

(2) 工程竣工结算时一次性扣留质量保证金；

(3) 其他扣留方式：填写具体约定方式。

关于质量保证金的补充约定：填写其他通用合同条款未包含的质量保证金条款。

15.4 保修

15.4.1 保修责任

工程保修期为：填写具体工程保修内容和期限，但不能低于《建设工程质量管理条例》规定的建设工程最低保修期限。

15.4.3 修复通知

承包人收到保修通知并到达工程现场的合理时间：根据保修具体内容约定合理时间。

16. 违约

16.1 发包人违约

16.1.1 发包人违约的情形

发包人违约的其他情形：填写通用合同条款中未包含的发包人违约的情形。

16.1.2 发包人违约的责任

发包人违约责任的承担方式和计算方法：

(1) 因发包人原因未能在计划开工日期前7日内下达开工通知的违约责任：填写违约金的计算方法和支付方式。

(2) 因发包人原因未能按合同约定支付合同价款的违约责任：填写违约金的计算方法和支付方式。

(3) 发包人违反第10.1款变更的范围第(2)项约定，自行实施被取消的工作或转由他人实施的违约责任：填写违约金的计算方法和支付方式。

(4) 发包人提供的材料、工程设备的规格、数量或质量不符合合同约定，或因发包人原因导致交货日期延误或交货地点变更等情况的违约责任：填写违约金的计算方法和支付方式。

(5) 因发包人违反合同约定造成暂停施工的违约责任：填写违约金的计算方法和支付方式。

(6) 发包人无正当理由没有在约定期限内发出复工指示，导致承包人无法复工的违约责任：填写违约金的计算方法和支付方式。

(7) 其他：填写具体事项和违约金的计算方法、支付方式。

16.1.3 因发包人违约解除合同

承包人按16.1.1项发包人违约的情形约定暂停施工满填写天数(如28)天后发包人仍不纠正其违约行为并致使合同目的不能实现的，承包人有权解除合同。

16.2 承包人违约

16.2.1 承包人违约的情形

承包人违约的其他情形：填写通用合同条款中未包含的承包人违约的情形。

16.2.2 承包人违约的责任

承包人违约责任的承担方式和计算方法：填写工程损失和违约金金额的计算方法。

16.2.3 因承包人违约解除合同

关于承包人违约解除合同的特别约定：填写工程损失和违约金金额的计算方法。

发包人继续使用承包人在施工现场的材料、设备、临时工程、承包人文件和由承包人或以其名义编制的其他文件的费用承担方式：填写费用的具体计算方法和支付方式。

17. 不可抗力

17.1 不可抗力的确认

除通用合同条款约定的不可抗力事件之外，视为不可抗力的其他情形：填写不可抗力的具体情形（如气温高于38℃，20年一遇的大雨等）。

17.4 因不可抗力解除合同

合同解除后，发包人应在商定或确定发包人应支付款项后填写天数（如28）日内完成款项的支付。

18. 保险

18.1 工程保险

关于工程保险的特别约定：填写工程保险和工伤保险外的其他保险的具体约定。

18.3 其他保险

关于其他保险的约定：填写工程保险和工伤保险外的其他保险的具体约定。

承包人是否应为其施工设备等办理财产保险：填写是或否，约定投保施工设备的名称、规格型号、数量等。

18.7 通知义务

关于变更保险合同时的通知义务的约定：填写变更保险合同时，应得到另一方当事人同意的程序。

20. 争议解决

20.3 争议评审

合同当事人是否同意将工程争议提交争议评审小组决定：填写是或否。

20.3.1 争议评审小组的确定

争议评审小组成员的确定：填写1名或3名争议评审员，或者明确争议评审小组成员确定的方法。

选定争议评审员的期限：填写选定争议评审员的时间（如合同签订××日内，或争议双方约定时间）。

争议评审小组成员的报酬承担方式：填写由发包人和承包人各承担一半（也可具体约定由哪方负责）。

其他事项的约定：填写具体事项的处理方式。

20.3.2 争议评审小组的决定

合同当事人关于本项的约定：填写应遵照执行。

20.4 仲裁或诉讼

因合同及合同有关事项发生的争议，按下列第填写1或2（2种方式只能选择1种）种方式解决：

(1) 向填写××（如深圳）仲裁委员会申请仲裁；

(2) 向填写××（如深圳中级）人民法院起诉。

习 题

一、单项选择题

1. 发包人供应的材料设备使用前，由（　　）负责检验或试验。

A. 工程师　　B. 承包人　　C. 发包人　　D. 政府有关机构

2. 发包人按合同约定提供材料设备，负责保管和支付保管费用的分别是（　　）。

A. 监理方和发包人　　B. 承包人和材料供应商

C. 监理方和材料供应商　　D. 承包人和发包人

3. 关于施工合同条款中发包人责任和义务的说法，错误的是（　　）。

A. 提供具备条件的现场和施工用地，以及水、电、通信线路在内的施工条件

B. 提供有关水文地质勘探资料和地下管线资料，并对承包人关于资料的提问作书面答复

C. 办理施工许可证及其施工所需证件、批件和临时用地等的申请批准手续

D. 协调处理施工场地周围地下管线和邻近建筑物、构筑物的保护工作，承担相关费用

4. 下列文件中能作为建设工程监理合同文件的是（　　）。

A. 监理招标文件　　B. 工程图纸

C. 规范　　D. 中标通知

5. 某施工承包工程，承包人于2018年5月10日送交验收报告，发包人组织验收后提出整改意见，承包人按发包人要求修改后于7月10日再次送交工程验收报告，发包人于7月20日组织验收，7月30日给予认可，则该工程实际竣工日期为（　　）。

A. 2018年5月10日　　B. 2018年7月10日

C. 2018年7月20日　　D. 2018年7月30日

6. 工程具备隐蔽条件或达到专用条款约定的中间验收部位，承包人进行自检，并在隐蔽或中间验收前最晚（　　）小时以书面形式通知工程师验收。

A. 12　　B. 24　　C. 36　　D. 48

7. 设备采购合同约定，任何一方不履行合同应当支付违约金5万元。采购人按照约定向供应商交付定金8万元。合同履行期限届满，供应商未能交付设备，则采购人能获得法院支持的最高请求额是（　　）万元。

A. 16　　B. 5　　C. 8　　D. 13

8. 某施工企业与李某协商解除劳动合同，李某在该企业工作了2年3个月，在解除合同前12个月李某月平均工资为6000元。根据《劳动合同法》，该企业应当给予李某经济补偿（　　）。

A. 6000元　　B. 12000元　　C. 15000元　　D. 18000元

9. 甲委托乙采购一种新材料并签订了材料采购委托合同，经甲同意，乙将新材料采购事务转委托给丙。关于该转委托中责任承担的说法，正确的是（　　）。

A. 乙对丙的行为承担责任

B. 乙仅对丙的选任及其对丙的指示承担责任

C. 甲与乙对丙的行为承担连带责任

D. 乙对丙的选任及其对丙的指示，由甲与乙承担连带责任

10. 关于施工合同变更的说法，正确的是（　　）。

A. 合同变更应当办理批准、登记手续

B. 合同变更内容约定不明确的，推定为未变更

C. 工程变更必将导致合同变更

D. 合同非实质性条款的变更无须当事人双方协商一致

二、多项选择题

1. 在建设工程监理合同中，属于监理人义务的是（　　）。

A. 完成监理范围内的监理业务

B. 审批工程施工组织设计和技术方案

C. 选择工程总承包人

D. 按合同约定定期向委托人报告监理工作

E. 公正维护各方面的合法权益

2. 施工承包合同中，承包人一般应承担的义务包括（　　）。

A. 安全施工，负责施工人员及业主人员的安全和健康

B. 按合同规定组织工程的竣工验收

C. 接受发包人、工程师或其他代表的指令

D. 按合同约定向发包人提供施工场地办公和生活的房屋及设施

E. 负责对分包的管理，但不对分包人和行为负责

3. 按照我国相关规定，监理工程师具有的权利包括（　　）。

A. 选择工程总承包人的认可权　　B. 实际竣工日期的签认权

C. 要求设计单位改正设计错误的权利　　D. 工程结算的否决权

E. 征得委托人的同意，有权发布停工令

4. 根据《劳动合同法》，劳动者有下列情形之一，用人单位可以解除劳动合同的是（　　）。

A. 劳动者不能胜任工作　　B. 劳动者在试用期内不符合录用条件

C. 劳动者严重违反用人单位的规章制度　　D. 劳动者被依法追究刑事责任

E. 劳动者患病

5. 在施工合同纠纷的诉讼中，能作为证据的有（　　）。

A. 法律规定　　B. 当事人的陈述

C. 施工企业偷录的谈判录音　　D. 工程设计图纸

E. 工程质量司法鉴定机构出具的鉴定报告

三、简答题

1. 简述建设工程合同的种类及特征。

2. 试述合同在建筑工程中的作用。

3. 简述建设工程施工合同的概念和特征。

4. 试述建设工程施工合同订立的条件和程序。
5. 简述《建设工程施工合同（示范文本）》的组成及解释顺序。
6. 工程分包与工程转包有何区别？施工合同对工程分包有何规定？
7. 不可抗力所造成的损失应如何分担？
8. 什么情况下可以解除施工合同？

第 6 章　建设工程施工合同管理

【学习目标】

1. 熟悉建设工程施工合同管理的基础知识。

2. 掌握建设工程施工合同项目层次的合同管理。

3. 掌握合同实施控制的内容。

4. 掌握工期和费用索赔的计算方法。

6.1　合同的实施控制

施工承包合同签订后，发包方和承包方双方必须按照合同规定履行各自的义务，完成合同定义的工作目标。在完成目标的工程实施过程中，由于各种不确定性因素的干扰，常常使工程实施过程偏离总目标，因此，必须要对合同实施进行控制，合同实施控制就是为了保证工程实施按预期的计划进行，顺利实现预定的目标。

6.1.1　建立合同实施的保证体系

1. 落实合同责任，实行目标管理

合同和合同分析的资料是工程实施管理的依据。合同组人员的职责是根据合同分析的结果，把合同责任具体地落实到各责任人和合同实施的具体工作上。

(1) 组织项目管理人员和各工程小组负责人学习合同条文和合同总体分析结果，对合同的主要内容作出解释和说明，使大家熟悉合同中的主要内容、各种规定和管理程序了解承包商的合同责任、工程范围和各种行为的法律后果等。使大家都树立全局观念，避免在执行中的违约行为，同时，使大家的工作协调一致。

(2) 将各种合同事件的责任分解落实到各工程小组或分包商。分解落实以下合同和合同分析文件：合同事件表（任务单，分包合同）、施工图纸、设备安装图纸、详细的施工说明等。并对这些活动实施的技术的和法律的问题进行解释和说明，最重要的是以下几方面内容：工程的质量、技术要求和实施中的注意点，工期要求，消耗标准，相关事件之间的搭接关系，各工程小组（分包商）责任界限的划分，完不成责任的影响和法律后果等。

(3) 在合同实施过程中，定期进行检查、监督、解释合同内容。

(4) 通过其他经济手段保证合同责任的完成。

对分包商，主要通过分包合同确定双方的责任权利关系，以保证分包商能及时地按质按量地完成合同责任。如果出现分包商违约或完不成合同时，可对其进行合同处罚和索赔。

对承包商的工程小组可通过内部的经济责任制来保证。落实工期、质量、消耗等目标

后，应将它们与工程小组经济利益挂钩，建立一整套经济奖罚制度，以保证目标的实现。

2. 建立合同管理工作制度和程序

在工程实施过程中，合同管理的日常事务性工作很多。为了协调好各方面的工作，合同实施工作程序化、规范化，应订立以下几个方面的工作程序。

(1) 建立协商会办制度。业主、工程师和各承包商（在项目上的委托代理人——项目经理）之间，项目经理部和分包商之间以及项目经理部的项目管理职能人员和各工程小组负责人之间都应有定期的协商会议。通过会议可以解决以下问题：

1）检查合同实施进度和各种计划落实情况。

2）协调各方面的工作，对后期工作作安排。

3）讨论和解决目前已经发生的和以后可能发生的各种问题，并作出相应的决议。

4）讨论合同变更问题，作出合同变更决议，落实变更措施，决定合同变更费用的补偿数量等。

承包商与业主，总包和分包之间会谈中的重大议题和决议，应用会谈纪要的形式确定下来。各方签的会谈纪要，作为有约束力的合同变更，是合同的一部分。合同管理人员负责会议资料的准备，提出会议的议题，起草各种文件，提出对问题解决的意见或建议，组织会议；会后起草会谈纪要（有时，会谈纪要由业主的工程师起草），对会谈纪要进行合同法律方面的检查。对工程中出现的特殊问题可不定期地召开特别会议讨论解决方法。这样保证合同实施一直得到很好的协调和控制。

(2) 建立合同管理的工作程序。对于一些经常性工作应订立工作程序，如各级别文件的审批、签字制度、使大家有章可循，合同管理人员也不必进行经常性的解释和指导。具体的有：图纸批准程序，工程变更程序，分包商的索赔程序，分包商的账单审查程序，材料、设备、隐蔽工程、已完工程的检查验收程序，工程进度付款账单的审查批准程序，工程问题的请示报告程序等。

3. 建立文档管理系统，实现各种文件资料的标准化管理

合同管理人员负责各种合同资料和工程资料的收集、整理和保存工作。这项工作非常繁琐和复杂，要花费大量的时间和精力。工程的原始资料在合同实施过程中产生，它必须由各职能人员、工程小组负责人和分包商提供。这个责任应明确地落实下去。

(1) 各种数据、资料的标准化，规定各种文件、报表、单据等的格式和规定数据结构的要求。

(2) 将原始资料收集整理的责任落实到人，由其对资料的及时性、准确性和全面性负责。例如工程小组负责人应提供：小组工作日记、记工单、小组施工进度计划、工程问题报告等。分包商应提供：分包工程进度表、质量报告表、分包工程款进度表等。

(3) 规定各种资料的提供时间。

(4) 确定各种资料、数据的准确性要求。

(5) 建立工程资料的索引系统，便于查询。

4. 建立严格的质量检查验收制度

合同管理人员应主动地抓好工程和工作质量，协助做好全面质量管理工作，建立一整套质量检查和验收制度。例如，每道工序结束应有严格的检查和验收；工序之间、工程小

组之间应有交接制度；材料进场和使用应有一定的检验措施等。

防止由于自己的工程质量问题造成被工程师检查验收不合格，使生产失败而承担违约责任。在工程中，由此引起的返工、窝工损失，工期的拖延应由承包商自己负责，得不到赔偿。

5. 建立报告和行文制度，使合同文件和双方往来函件的内部、外部运行程序化

承包商和业主、监理工程师和分包商之间的沟通都应以书面形式进行，或以书面形式作为最终依据，这是合同的要求，也是经济法律的要求，更是工程管理的需要。报告和行文制度包括以下几方面内容。

（1）定期的工程实施情况报告，如日报、周报、旬报、月报等。应规定报告内容、格式、报告方式、时间以及负责人。

（2）工程过程中发生的特殊情况及其处理的书面文件，如特殊的气候条件，工程环境的突然变化等，应有书面记录，并由监理工程师签署。对在工程中合同双方的任何协商、意见、请示、指示等都应落实在纸上。相信“一字千金”，切不可相信“一诺千金”。

在工程中，业主、承包商和工程师之间要经常保持联系，出现问题应及时向工程师请示、汇报。

（3）工程中所有涉及双方的工程活动，如材料、设备、各种工程的检查验收，场地、图纸的交接，各种文件（如会议纪要、索赔和反索赔报告、账单）的交接，都应有相应的手续，应有签收证据。

6. 建立实施过程的动态控制系统

工程实施过程中，合同管理人员要进行跟踪、检查监督，收集合同实施的各种信息和资料，并进行整理和分析，将实际情况与合同计划资料进行对比分析。在出现偏差时，分析产生偏差的原因，提出纠偏建议。分析结果及时呈报项目经理审阅和决策。

6.1.2 合同实施控制

1. 工程目标控制

合同确定的目标必须通过具体的工程实施实现。由于在工程施工中各种干扰的作用，常常使工程实施过程偏离总目标。控制就是为了保证工程实施按预定的计划进行，顺利地实现预定的目标。

（1）工程中的目标控制程序。工程中的目标控制通常按以下几步骤进行。

1）工程实施监督。目标控制，首先应表现在对工程活动的监督上，即保证按照预先确定的各种计划、设计、施工方案实施工程。工程实施状况反映在原始的工程资料（数据）上，如质量检查报告、分项工程进度报告、记工单、用料单、成本核算凭证等。

工程实施监督是工程管理的日常事务性工作。

2）跟踪检查、分析、对比和发现问题。将收集到的工程资料和实际数据进行整理，得到能反映工程实施状况的各种信息，如各种质量报告，各种实际进度报表，各种成本和费用收支报表等。将这些信息与工程目标，进行对比分析，如合同文件、合同分析的资料、各种计划、设计等，这样可以发现两者的差异。差异的大小即工程实施偏离目标的程度。如果没有差异或差异较小，则可以按原计划继续实施工程。

3）诊断，即分析差异的原因，采取调整措施。差异表示工程实施偏离了工程目标，

必须详细分析差异产生的原因，并对症下药，采取措施进行调整，否则这种差异会逐渐积累，越来越大，最终导致工程实施远离目标，使承包商或合同双方受到很大的损失，甚至可能导致工程的失败。

所以，在工程实施过程中要不断地进行调整，使工程实施一直围绕合同目标进行。

(2) 工程实施控制的主要内容。工程实施控制包括成本控制、质量控制、进度控制和合同控制。

2. 实施有效的合同监督

合同责任是通过具体的合同实施工作完成的。合同监督可以保证合同实施按合同和合同分析的结果进行。合同监督的主要工作有以下几方面。

(1) 现场监督各工程小组、分包商的工作。合同管理人员与项目的其他职能人员一起检查合同实施计划的落实情况，如施工现场的安排，人工、材料、机械等计划的落实，工序间搭接关系的安排和其他一些必要的准备工作，对照合同要求的数量、质量、技术标准和工程进度等，认真检查核对，发现问题及时采取措施。对各工程小组和分包商进行工作指导，作经常性的合同解释，使各工程小组都有全局观念，对工程中发现的问题提出意见、建议或警告。

(2) 对业主、监理工程师进行合同监督。在工程施工过程中，业主、监理工程师常常变更合同内容，包括本应由其提供的条件未及时提供，本应及时参与的检查验收工作不及时参与；有时还提出合同内容以外的要求。对这些问题，合同管理人员应及时发现，及时解决或提出补偿要求。此外，承包方与业主或监理工程师会就合同中一些未明确划分责任的工程活动发生争执，对此，合同管理人员要协助项目部及时进行判定和调解。

(3) 对其他合同方的合同监督。在工程施工过程中，不仅与业主打交道，还要在材料、设备的供应、运输，供用水、电、气、租赁、保管、筹集资金等方面，与众多企业或单位发生合同关系，这些关系在很大程度上影响施工合同的履行，因此，合同管理部门和人员对这类合同的监督也不能忽视。

工程活动之间时间上和空间上的不协调。合同责任界限争执是工程实施中很常见的，常常出现互相推卸一些合同中或合同事件表中未明确划定的工程活动的责任。这会引起内部和外部的争执，对此合同管理人员必须做判定和调解工作。

(4) 对各种书面文件作合同方面的审查和控制。合同管理工作一进入施工现场，合同的任何变更，都应由合同管理人员负责提出；对向分包商的任何指令，向业主的任何文字答复、请示，都必须经合同管理人员审查，并记录在案；承包商与业主的任何争议的协商和解决都必须有合同管理人员的参与，并对解决结果进行合同和法律方面的审查、分析和评价。这样不仅保证工程施工一直处于严格的合同控制中，而且使承包商的各项工作更有预见性，能及早地预计行为的法律后果。

(5) 会同监理工程师对工程及所用材料和设备质量进行检查监督。按合同要求，对工程所用材料和设备进行开箱检查或验收，检查是否符合质量，符合图纸和技术规范等的要求。进行隐蔽工程和已完工程的检查验收，负责验收文件的起草和验收的组织工作。

(6) 对工程款申报表进行检查监督。会同造价工程师对向业主提出的工程款申报表和分包商提交来的工程款申报表进行审查和确认。

(7) 处理工程变更事宜。由于在工程实施中的许多文件也是合同的一部分，如业主和工程师的指令、会谈纪要、备忘录、修正案、附加协议等，所以它们也应完备，应接受合同审查，没有缺陷、错误、矛盾和二义性。

在实际工程中这方面问题也特别多。例如，在我国的某外资项目中，业主与承包商协商采取加速措施，双方签署加速协议，同意工期提前3个月，业主支付一笔工期奖（包括赶工费用）。承包商采取了加速措施，但由于气候、业主其他方面的干扰、承包商问题等原因总工期未能提前，由于在加速协议中未能详细分清双方责任，特别是业主的合作责任，没有承包商权益保护条款（凡应业主要求加速，只要采取加速措施，就应获得最低补偿），没有赶工费的支付时间的规定，结果承包商未能获得工期奖。

3. 进行合同跟踪

(1) 合同跟踪的依据。

1) 合同和合同分析的成果，各种计划、方案、合同变更文件等。

2) 各种实际的工程文件，如原始记录，各种工程报表、报告、验收结果等。

3) 工程管理人员每天对现场情况的直观了解，是最直观的感性知识，如通过施工现场的巡视，与各种人谈话，召集小组会议，检查工程质量，量方等。通常可以通过报表、报告更快地发现问题，更透彻地了解同题，有助于迅速采取措施，减少损失。这就要求合同管理人员在工程过程中一直立足于现场。

(2) 合同跟踪的对象。

1) 对具体的合同活动或事件进行跟踪。对具体的合同活动或事件进行跟踪是一项非常细致的工作，对照合同事件表的具体内容，分析该事件的实际完成情况。一般包括，完成工作的数量、完成工作的质量、完成工作的时间以及完成工作的费用等情况，这样可以检查每个合同活动或合同事件的执行情况。对一些有异常情况的特殊事件，即实际计划存在较大偏差的事件，应作进一步的分析，找出偏差的原因和责任。这样也可以发现索赔机会。

2) 对工程小组或分包商的工程和工作进行跟踪。一个工程小组或分包商可能承担许多专业相同、工艺相近的分项工程或许多合同事件，必须对其实施的总情况进行检查分析。在实际工程中常常因为某一工程小组或分包商的工作质量不高或进度拖延而影响整个工程施工，合同管理人员在这方面给他们提供帮助。例如，协调他们之间的工作；对工程缺陷提出意见、建议或警告；责成他们在一定时间内提高质量，加快工程进度等。

作为分包合同的发包商，总承包商必须对分包合同的实施进行有效的控制。这是总承包商合同管理的重要任务之一。

3) 对业主和工程师的工作进行跟踪。业主和工程师是承包商的主要合同伙伴，对他们的工作进行监督和跟踪是十分重要的。

业主和工程师必须正确、及时地履行合同责任，及时提供各种工程实施条件，如及时发布图纸，提供场地，及时下达指令，作出答复，及时支付工程款。

在工程中承包商应积极主动地做好工作，如提前催要图纸、材料，对工作事先通知。这样不仅让业主和工程师及早准备，建立良好的合作关系，保证工程顺利实施而且可以及时收集各种工程资料，有问题及时与工程师沟通。

4）对总工程进行跟踪。在工程施工中，对整个工程项目的跟踪也非常重要。一些工程常常会出现以下问题。

a. 工程整体施工秩序问题，如实施现场混乱，拥挤不堪；合同事件之间和工程小组之间协调困难；出现事先未考虑到的情况和局面；发生较严重的工程事故等。

b. 已完工程未能通过验收，出现大的工程质量问题，工程试生产不成功，或达不到预定的生产能力等。

c. 施工进度未能达到预定计划，主要的工程活动出现拖期，在工程周报和月报上计划和实际进度出现大的偏差。

d. 计划和实际的成本曲线出现大的偏离。

这就要求合同管理人员明白合同的跟踪不是一时一事，而是一项长期的工作，贯穿于整个施工过程中。在工程管理中，可以采用累计成本曲线（S 型曲线）对合同的实施进行跟踪分析。

4. 进行合同诊断

在合同跟踪的基础上可以进行合同诊断。合同诊断是对合同执行情况的评价、判断和趋向分析、预测。不论是对正在进行的，还是对将要进行的工程施工都有重要的影响。合同评价可以对实际工程资料进行分析、整理，或通过对现场的直接了解，获得反映工程状况的信息，分析工程实施状况与合同文件的差异及其原因、影响因素、责任等；确定各个影响因素由谁及如何引起，按合同规定，责任应由谁承担及承担多少；提出解决这些差异和问题的措施、方法。

（1）合同执行差异的原因分析。合同管理人员通过对不同监督和跟踪对象的计划和实际的对比分析，不仅可以得到合同执行的差异，而且可以探索引起这个差异的原因。

通常，引起计划和实际成本累计曲线偏离的原因可能有：整个工程加速或延迟；工程施工次序被打乱；工程费用支出增加，如材料费、人工费上升；增加新的附加工程，主要工程的工程量增加；工作效率低下，资源消耗增加等。

进一步分析，还可以发现更具体的原因，如引起工作效率低下的原因可能有：

1）内部干扰：施工组织不周，夜间加班或人员调遣频繁；机械效率低，操作人员不熟悉新技术，违反操作规程，缺少培训；经济责任不落实，工人劳动积极性不高等。

2）外部干扰：图纸出错，设计修改频繁，气候条件差，场地狭窄，现场混乱，施工条件如水、电、道路等受到影响。

再进一步可以分析各个原因的影响量大小。

（2）合同差异责任分析。合同分析的目的是要明确责任。即这些原因由谁引起，该由谁承担责任，这常常是索赔的理由。一般只要原因分析详细，有根有据，则责任分析自然清楚。责任分析必须以合同为依据，按合同规定落实双方的责任。

（3）合同实施趋向预测。对于合同实施中出现的偏差，分别考虑是否采取调控措施，以及采取不同的调控措施情况下，合同的最终执行后果，并以此指导后续的合同管理。

最终的工程状况，包括总工期的延误，总成本的超支，质量标准，所能达到的生产能力（或功能要求）等；承包商将承担什么样的结果，如被罚款，被清算，甚至被起诉，对承包商资信、企业形象、经营战略的影响等；最终工程经济效益（利润）水平。

综合上述各方面，即可以对合同执行情况作出综合评价和判断。

5. 合同实施后评估

由于合同管理工作比较偏重于经验，只有不断总结经验，才能不断提高管理水平，才能通过工程不断培养出高水平的合同管理者，所以，在合同执行后必须进行评价，将合同签订和执行过程中的利弊得失，经验教训总结出来，作为以后工程合同管理的借鉴。这项工作十分重要。合同实施后的评价内容包括以下几个方面。

(1) 合同签订情况评价。合同签订情况评价包括：预定的合同战略和策略是否正确、是否已经顺利实现；招标文件分析和合同风险分析的准确程度；该合同环境调查、实施方案、工程预算以及报价方面的问题及经验教训；合同谈判的问题及经验教训，以后签订同类合同的注意点；各个相关合同之间的协调问题等。

(2) 合同执行情况评价。合同执行情况评价包括：本合同执行战略是否正确，是否符合实际，是否达到预想的结果；在本合同执行中出现了哪些特殊情况；事先可以采取什么措施防止、避免或减少损失；合同风险控制的利弊得失；各个相关合同在执行中协调的问题等。

(3) 合同管理工作评价。合同管理工作评价是对合同管理本身，如工作职能、程序、工作成果的评价，包括合同管理工作对工程项目的总目标的贡献或影响；合同分析的准确程度；在招标投标和工程实施中，合同管理子系统与其他职能的协调问题，需要改进的地方；索赔处理和纠纷处理的经验教训等。

(4) 合同条款分析。合同条款分析包括：本合同的具体条款表达和执行的利弊得失、特别对本工程有重大影响的合同条款及其表达；本合同签订和执行过程中所遇到的特殊问题的分析结果对具体的合同条款如何表达更为有利等。合同条款的分析可以按合同结构分析中的子目进行，并将其分析结果存入计算机中，供以后签订合同时参考。

6.2 合同变更管理

工程合同变更是指施工承包合同依法成立后，在工程实施过程中，发包商和承包商依法通过对合同的内容进行修订或调整所达成的协议。

6.2.1 合同变更的原因

合同内容频繁的变更是工程合同的特点之一。对一个较为复杂的工程合同，实施中的变更事件可能有几百项，合同变更产生的原因通常有以下几方面。

1. 工程范围发生变化

工程范围发生变化通常有：业主新的指令、对建筑新的要求、要求增加或删减某些项目、改变质量标准、项目用途发生变化；政府部门对工程项目有新的要求，如国家计划变化、环境保护要求、城市规划变动等。

2. 设计原因

由于设计考虑不周，不能满足业主的需要或工程施工的需要，或设计错误等，必须对设计图纸进行修改。

3. 施工条件变化

施工条件变化是在施工中遇到的实际现场条件同招标文件中的描述有本质的差异，或发生不可抗力等。即预定的工程条件不准确。

4. 合同实施过程中出现的问题

合同实施过程中出现的问题主要包括业主未及时交付设计图纸及未按规定交付现场、水、电、道路等；由于产生新的技术和知识，有必要改变原实施方案，以及业主或监理工程师的指令，改变原合同规定的施工顺序，打乱施工部署等。

6.2.2 工程变更对合同实施的影响

由于发生上述这些情况，造成原“合同状态”的变化，必须对原合同规定的内容作相应的调整。合同变更实质上是对合同的修改，是双方新的要约和承诺。这种修改通常不能免除或改变承包商的工程责任，但对合同实施影响很大，主要表现在以下几方面。

(1) 定义工程目标和工程实施情况的各种文件，如设计图纸、成本计划、支付计划、工期计划、施工方案、技术说明和适用的规范等，都应作相应的修改和变更。

相关的其他计划也应作相应调整，如材料采购订货计划、劳动力安排、机械使用计划等。所以，它不仅引起与承包合同平行的其他合同的变化，而且会引起所属的各个分合同，如供应合同、租赁合同和分包合同的变更。有些重大的变更会打乱整个施工部署。

(2) 引起合同双方，承包商的工程小组之间，总承包商和分包商之间合同责任的变化。

如工程量增加，则增加了承包商的工程责任，增加了费用开支和延长了工期，对此，按合同规定应有相应的补偿，这也极容易引起合同争执。

(3) 有些工程变更还会引起已完工程的返工、现场工程施工的停滞、施工秩序的混乱、已购材料的损失等，对此也应有相应的补偿。

6.2.3 工程变更方式和程序

1. 工程变更方式

工程的任何变更都必须获得监理工程师的批准，监理工程师有权要求承包商进行其认为适当的任何变更工作，承包商必须执行工程师为此发出的书面变更指示。如果监理工程师由于某种原因必须以口头形式发出变更指示时，承包商应遵守该指示，并在合同规定的期限内要求监理工程师书面确认其口头指示，否则，承包商可能得不到变更工作费用的支付。

2. 工程变更程序

工程变更应有一个正规的程序，应有一整套申请、审查和批准手续。

(1) 提出工程变更要求。监理工程师、业主和承包商均可提出工程变更请求。

1) 监理工程师提出工程变更。在施工过程中，由于设计中的不足或错误或施工时环境发生变化，监理工程师以节约工程成本、加快工程进度和保证工程质量为原则，提出工程变更。

2) 承包商提出工程变更。承包商在两种情况下提出工程变更，其一是工程施工中遇到不能预见的地质条件或地下障碍；其二是承包商考虑为便于施工，降低工程费用，缩短

工期，提出工程变更。

3）业主提出工程变更。业主提出工程的变更则常常是为了满足使用上的要求。也要说明变更原因，提交设计图纸和有关计算书。

（2）监理工程师的审查和批准。对工程的任何变更，无论是哪一方提出的，监理工程师都必须与项目业主进行充分的协商，最后由监理工程师发出书面变更指示。项目业主可以委任监理工程师一定的批准工程变更的权限（一般是规定工程变更的费用额），在此权限内，监理工程师可自主批准工程变更，超出此权限则由业主批准。

（3）编制工程变更文件，发布工程变更指示。一项工程变更应包括以下文件。

1）工程变更指令主要说明工程变更的原因及详细的变更内容。应说明根据合同的哪一条发出变更指示；变更工作是马上实施，还是在确定变更工作的费用后实施；承包商发出要求增加变更工作费用和延长工期的通知的时间限制；变更工作的内容等。

2）工程变更指令的附件包括工程变更设计图纸、工程量表和其他与工程变更有关的文件等。

（4）承包商项目部的合同管理负责人员向监理工程师发出合同款调整或工期延长的意向通知。

1）由承包商将变更工作所涉及的合同款变化量或变更费率或价格及工期变化量（如果有变化）的意图通知监理工程师。承包商在收到监理工程师签发的变更指示时，应在指示规定的时间内、向监理工程师发出该通知，否则承包商将被认为自动放弃调整合同价款和延长工期的权利。

2）由监理工程师将其改变费率或价格的意图通知承包商。工程师改变费率或价格的意图，可在签发的变更指示中进行说明，也可单独向承包商发出此意向通知。

（5）工程变更价款和工期延长量的确定。工程变更价款的确定原则如下。

1）监理工程师认为适当，应以合同中规定的费率和价格进行计算。

2）如合同中未包括适用于该变更工作的费率和价格，则应在合理的范围内使用合同中的费率和价格作为估价的基础。

3）如监理工程师认为合同中没有适用于该变更工作的费率和价格，则工程师在与业主和承包商进行适当的协商后，由监理工程师和承包商议定合适的费率和价格。

4）如未能达成一致意见，则监理工程师应确定适当的费率和价格，并相应地通知承包商，同时将一份副本呈交业主。

上述费率和价格在同意或决定之前，工程师应确定暂行费率和价格以便有可能作为暂付款，包含在当月发出的证书中。

工期补偿量依据变更工程量和由此造成的返工、停工、窝工、修改计划等引起的损失情况，由双方洽商来确定。

（6）变更工作的货用支付及工期补偿。如果承包商已按工程师的指示实施变更工作，工程师应将已完成的变更工作或已部分完成的变更工作的费用，加入合同总价中，同时列入当月的支付证书支付给承包商。将同意延长的工期加入合同工期。

6.2.4 工程变更的管理

工程变更的管理有以下几个方面。

（1）对业主（监理工程师）的口头变更指令，承包商也必须遵照执行，但应在规定的时间内以书面形式向监理工程师索取书面确认。而如果监理工程师在规定的时间内未予书面否决，则承包商的书面要求信即可作为监理工程师对该工程变更的书面指令。监理工程师的书面变更指令是支付变更工程款的先决条件之一。

（2）工程变更不能超过合同规定的工程范围。如果超过这个范围，承包商有权不执行变更或坚持先商定价格后再进行变更。

（3）注意变更程序上的矛盾性。合同通常都规定，承包商必须无条件执行变更指令（即使是口头指令），所以应特别注意工程变更的实施，价格谈判和业主批准三者之间在时间上的矛盾性。在工程中常有这种情况，工程变更已成为事实，而价格谈判仍达不成协议，或业主对承包商的补偿要求不批准，价格的最终决定权却在监理工程师，这样承包商已处于被动地位。

6.3 工 程 索 赔

工程索赔是指当事人在合同实施过程中，根据法律、合同规定及惯例，对并非由于自己的过错，而是由于应由合同对方承担责任的情况造成的，且实际造成了的损失，向对方提出给予补偿要求。在工程建设的各个阶段，都有可能发生索赔，但在施工阶段索赔发生较多。

在工程索赔实践中，一般把承包方向发包方提出的赔偿或补偿要求称为索赔；而把发包方向承包方提出的赔偿或补偿要求，以及发包方对承包方所提出的索赔要求进行反驳称为反索赔。

6.3.1 索赔的分类

工程施工过程中发生索赔所涉及的内容是广泛的，为了探讨各种索赔问题的规律及特点，通常可作以下分类。

1. 按索赔事件所处合同状态分类

（1）正常施工索赔。正常施工索赔是指因在正常履行合同中发生的各种违约、变更、不可预见因素、加速施工、政策变化等引起的索赔。

（2）工程停、缓建索赔。工程停、缓建索赔是指已经履行合同的工程因不可抗力、政府法令、资金或其他原因必须中途停止施工所引起的索赔。

（3）解除合同索赔。解除合同索赔是指因合同中的一方严重违约、致使合同无法正常履行的情况下，合同的另一方行使解除合同的权力所产生的索赔。

2. 按索赔依据的范围分类

（1）合同内索赔。合同内索赔是指索赔所涉及的内容可以在履行的合同中找到条款依据并可根据合同条款或协议的预先规定划分责任和义务，业主或承包商可以据此提出索赔要求。按违约规定和索赔费用、工期的计算办法计算索赔值。一般情况下，合同内索赔的处理解决相对顺利些。

（2）合同外索赔。合同外索赔与合同内索赔依据恰恰相反，即索赔所涉及的内容难以在合同条款及有关协议中找到依据，但可能来自民法、经济法或政府有关部门颁布的有关

法规所赋予的权力。如在民事侵权行为、民事伤害行为中找到依据所提出的索赔，就属合同外索赔。

(3) 道义索赔。道义索赔是指承包商无论在合同内或合同外都找不到进行索赔的依据，没有提出索赔条件和理由。但承包商在合同履行中诚恳可信，为工程的质量、进度及配合上尽了最大努力时，通情达理的业主看到承包商为完成某项困难的施工，承受了额外的费用，甚至承受重大亏损、出于善良意愿给承包商以经济补偿。因在合同条款中没有此项索赔的规定，所以也称“额外支付”。

3. 按照索赔的目标分类

(1) 工期延长索赔。工期延长索赔是指承包商对施工中发生的非己方直接或间接责任事件造成计划工期延误后向业主提出的赔偿要求。

(2) 费用索赔。费用索赔是指承包商对施工中发生的非己方直接或间接责任事件造成的合同价外费用支出向业主方提出的赔偿要求。

4. 按照索赔的处理方式分类

(1) 单项索赔。单项索赔是指某一事件发生对承包商造成工期延长或额外费用支出时，承包商即可对这一事件的实际损失在合同规定的索赔有效期内提出的索赔。这是一种常用的索赔方式。

(2) 综合索赔。综合索赔又称总索赔、一揽子索赔，是指承包商将施工过程中发生的多起索赔事件，综合在一起，提出一个总索赔。施工过程中的某些索赔事件，由于各方未能达成一致同意得到解决的或承包商对业主答复不满意的单项索赔集中起来，综合提出一份索赔报告，双方进行谈判协商。综合索赔中涉及的事件一般都是单项索赔中遗留下来的、意见分歧较大的难题，对责任的划分、费用的计算等，双方都各持己见，不能立即解决，在履行合同过程中对索赔事件保留索赔权，而在工程项目基本完工时提出，或在竣工报表和最终报表中提出。

此外，可以按合同有关当事人的关系分为承包商向业主的索赔，总承包向其分包或分包与分包之间的索赔，业主向承包商的索赔，承包商同供货商之间的索赔，承包商向保险公司运输公司的索赔等；按引起索赔的原因分为业主或业主代表违约索赔，工程量增加索赔，不可预见因素索赔，不可抗力损失索赔，加速施工索赔，工程停建、缓建索赔，解除合同索赔，第三方因素索赔，国家政策、法规变更索赔等。

6.3.2 工程中常见的索赔问题

1. 施工现场条件变化索赔

在工程施工中，施工现场条件变化对工期和造价的影响很大。由于不利的自然条件及人为障碍，经常导致设计变更、工期延长和工程成本大幅度增加。

不利的自然条件是指施工中遇到的实际自然条件比招标文件中所描述的更为困难和恶劣，这些不利的自然条件或人为障碍增加了施工的难度，导致承包方必须花费更多的时间和费用，在这种情况下，承包方可提出索赔要求。

(1) 招标文件中对现场条件的描述失误。在招标文件中对施工现场存在的不利条件虽已经提出，但描述严重失实，或位置差异极大，或其严重程度差异极大，从而使承包商原定的实施方案变得不再适合或根本没有意义。承包方可提出索赔。

(2) 有经验的承包商难以合理预见的现场条件。难以合理预见的现场条件指在招标文件中根本没有提到，而且按该项工程的一般工程实践完全是出乎意料的不利的现场条件。这种意外的不利条件，是有经验的承包商难以预见的情况。如在挖方工程中，承包方发现地下古代建筑遗迹物或文物，遇到高腐蚀性水或毒气等，处理方案导致承包商工程费用增加、工期增加时，承包方即可提出索赔。

2. 业主违约索赔

业主违约索赔包括以下几点。

(1) 业主未按工程承包合同规定的时间和要求向承包商提供施工场地、创造施工条件。如未按约定完成土地征用、房屋拆迁、清除地上地下障碍、保证施工用水、用电、材料运输、机械进场、通信联络需要，办理施工所需各种证件、批件及有关申报批准手续、提供地下管网线路资料等。

(2) 业主未按工程承包合同规定的条件提供相应的材料、设备。业主所供材料、设备到货场、站与合同约定不符，单价、种类、规格、数量、质量等级与合同不符、到货日期与合同约定不符等。

(3) 监理工程师未按规定时间提供施工图纸、指示或批复。

(4) 业主未按规定向承包商支付工程款。

(5) 监理工程师的工作不适当或失误。如提供数据不正确、下达错误指令等。

(6) 业主指定的分包商违约。如其出现工程质量不合格、工程进度延误等。

上述情况的出现，会导致承包商的工程成本增加和（或）工期的增加，所以承包商可以提出索赔。

【案例 6.1】

工 程 索 赔 案 例

某高层住宅楼工程，开工初期，由于发包人提供的地下管网坐标资料不准确，于是经双方协商，由承包人经过多次重新测算得出准确资料，花费 5 周时间。在此期间，整个工程几乎陷于停工状态，于是承包人直接向发包人提出5周的工期索赔。

3. 变更指令与合同缺陷索赔

(1) 变更指令索赔。在施工过程中，监理工程师发现设计、质量标准或施工顺序等问题时，往往指令增加新工作、改换建筑材料、暂停施工或加速施工等。这些变更指令会使承包商的施工费用增加，承包商就此提出索赔要求。

(2) 合同缺陷索赔。合同缺陷是指所签订的工程承包合同进入实施阶段才发现的、合同本身存在的（合同签订时没有预料的）现时不能再作修改或补充的问题。大量的工程合同管理经验证明，合同在实施过程中，常发现有以下情况。

1) 合同条款中有错误、用语含糊、不够准确等，难以分清甲乙双方的责任和权益。

2) 合同条款中存在着遗漏。对实际可能发生的情况未作预料和规定，缺少某些必不可少的条款。

3) 合同条款之间存在矛盾。即在不同的条款或条文中，对同一问题的规定或要求不

一致。

这时，按惯例要由监理工程师作出解释。但是，若此指示使承包商的施工成本和工期增加，则属于业主方面的责任，承包商有权提出索赔要求。

4. 国家政策、法规变更索赔

由于国家或地方的任何法律法规、法令、政令或其他法律、规章发生了变更，导致承包商成本增加，承包商可以提出索赔。

5. 物价上涨索赔

由于物价上涨的因素，带来人工费、材料费、甚至机械费的增加，导致工程成本大幅度上升，也会引起承包商提出索赔要求。

6. 因施工临时中断和工效降低引起的索赔

由于业主和监理工程师原因造成的临时停工或施工中断，特别是根据业主和监理工程师不合理指令造成了工效的大幅度降低，从而导致费用支出增加，承包商可提出索赔。

7. 业主不正当地终止工程而引起的索赔

由于业主不正当地终止工程，承包商有权要求补偿损失，其数额应是承包商在被终止工程上的人工、材料、机械设备的全部支出，以及各项管理费用、保险费、货款利息、保函费用的支出（减去已结算的工程款），并有权要求赔偿其盈利损失。

8. 业主风险和特殊风险引起的索赔

由于业主承担的风险而导致承包商的费用损失增大时，承包商可据此提出索赔。根据国际惯例，战争、敌对行动、入侵、外敌行动；叛乱、暴动、军事政变或夺权位、内战；核燃料或核燃料燃烧后的核废物、核辐射、放射线和核泄漏；音速或超音速飞行器所产生的压力波；暴乱、骚乱或混乱；由于业主提前使用或占用工程的未完工交付的任何一部分致使其破坏；纯粹是由于工程设计所产生的事故或破坏，并且该设计不是由承包商设计或负责的；自然力所产生的作用，而对于此种自然力，即使是有经验的承包商也无法预见，无法抗拒，无法保护自己和使工程免遭损失等属于业主应承担的风险。

许多合同规定，承包商不仅对由此而造成工程、业主或第三方的财产的破坏和损失及人身伤亡不承担责任，而且业主应保护和保障承包商不受上述特殊风险后果的损害，并免于承担由此而引起的与之有关的一切索赔、诉讼及其费用。相反，承包商还应当可以得到由此损害引起的任何永久性工程及其材料的付款及合理的利润，以及一切修复费用、重建费用及上述特殊风险而导致的费用增加。如果由于特殊风险而导致合同终止，承包商除可以获得应付的一切工程款和损失费用外，还可以获得施工机械设备的撤离费用和人员遣返费用等。

6.3.3 工程索赔的依据和程序

1. 工程索赔的依据

合同一方向另一方提出的索赔要求，都应该提出一份具有说服力的证据资料作为索赔的依据，这也是索赔能否成功的关键因素。由于索赔的具体事由不同，所需的论证资料也有所不同。索赔依据一般包括以下几项。

（1）招标文件。招标文件是承包商投标的依据，是工程项目合同文件的基础。招标文件中一般包括的通用条件、专用条件、施工图纸、施工技术规范、工程量表、工程范围说明、现场水文地质资料等文本，都是工程成本的基础资料。它们不仅是承包商参加投标竞争和编标报价的依据，也是索赔时计算附加成本的依据。

(2) 投标书。投标书是承包商依据招标文件并进行工地现场勘察后编标计价的成果资料，是投标竞争中标的依据。在投标报价文件中、承包商对各主要工种的施工单价进行了分析计算，对各主要工程量的施工效率和施工进度进行了分析，对施工所需的设备和材料列出了数量和价值，对施工过程中各段所需的资金数额提出了要求，等等。所有这些文件在中标及签订合同协议书以后，都成为正式合同文件的组成部分，也成为索赔的基本依据。

(3) 合同协议书及其附属文件。合同协议书是合同双方（业主和承包商）正式进入合同关系的标志。在签订合同协议书以前，合同双方对于中标价格、工程计划、合同条件等问题的讨论纪要文件，亦是该工程项目合同文件的重要组成部分。在这些会议纪要中，如果对招标文件中的某个合同条款作了修改或解释，则这个纪要就是将来索赔计价的依据。

(4) 来往信函。在合同实施期间，合同双方有大量的往来信函。这些信件都具有合同效力，是结算和索赔的依据资料，如监理工程或业主的工程变更指令、口头变更确认函、加速施工指令、工程单价变更通知、对承包商问题的书面回答等。这些信函（包括电传、传真资料）可能繁杂零碎，而且数量巨大，但应仔细分类存档。

(5) 会议记录。在工程项目从招标到建成移交的整个期间，合同双方要召开许多次的会议、讨论解决合同实施中的问题。所有这些会议的记录，都是很重要的文件。工程和索赔中的许多重大问题，都是通过会议反复协商讨论后决定的。如标前会议纪要、工程协调会议纪要、工程进度变更会议纪要、技术讨论会议纪要、索赔会议纪要等。

对于重要的会议纪要，要建立审阅制度，即由作纪要的一方写好纪要稿后，送交对方以及有关各方传阅核签。如有不同意见，可在纪要稿上修改，也可规定一个核签的期限（如 7 天），如纪要稿送出后 7 天以内不回核签意见，即认为同意。这对会议纪要稿的合法性是很必要的。

(6) 施工现场纪要。承包商的施工管理水平的一个重要标志，主要看其是否建立了一套完整的现场记录制度，并持之以恒地贯彻到底。这些资料的具体项目甚多，主要的如施工日志、施工检查、工时记录、质量检查记录、施工设备使用记录、材料使用记录、施工进度记录等。有的重要记录文本，如质量检查和验收记录，还应有工程师或其代表的签字认可。工程师同样要有自己完备的施工现场记录，以备核查。

(7) 工程财务记录。在工程实施过程中，对工程成本的开支和工程款的历次收入，均应做详细的记录，并输入计算机备查。这些财务资料如工程进度款每月的支付申请表，工人劳动计时卡和工资单，设备、材料和零配件采购单，付款收据，工程开支月报等。在索赔计价工作中，财务记录十分重要，应注意积累和分析整理。

(8) 现场气象记录。水文气象条件对工程实施的影响甚大，它经常引起工程施工的中断或工效降低，有时甚至造成在建工程的破损。许多工期拖延索赔均与气象条件有关。施工现场应注意记录气象资料，如每月降水量、风力、气温、河水位、河水流量、洪水位、洪水流量、施工基坑地下水状况等。如遇到地震、海啸、飓风等特殊自然灾害，更应注意随时详细记录。

(9) 市场信息资料。大中型工程项目，一般工期长达数年，对物价变动等报道资料，应系统地搜集整理。这些信息资料，不仅对工程款的调价计算是必不可少的，对索赔亦同样重要。如工程所在国方出版的物价报导、外汇兑换率行情、工人工资调整决定等。

(10) 政策法令文件。政策法令文件是指工程所在国的政府或立法机关公布的有关工程造价的决定或法令，如货币汇兑限制指令、外汇兑换率的决定、调整工资的决定、税收变更指令、工程仲裁规则等。由于工程的合同条件是以适应工程所在国的法律为前提的，因此，该国政府的这些法令对工程结算具有决定性的意义，应该引起高度重视。对于重大的索赔事项，如涉及大宗的索赔款额，或遇到复杂的法律问题时，还需要聘请律师，专门处理这方面的问题。

2. 工程索赔的程序

合同实施阶段，在每一个索赔事件发生后，承包商都应抓住索赔机会，并按合同条件的具体规定和工程索赔的惯例，尽快协商解决索赔事项。工程索赔程序，一般包括发出索赔意向通知、准备索赔资料并提交索赔文件、评审索赔报告、进行索赔谈判、解决索赔争端等。

(1) 发出索赔意向通知。按照合同条件的规定，凡是非承包商原因引起工程拖期或工程成本增加时，承包商有权提出索赔。当索赔事件发生时，承包商一方面用书面形式向业主或监理工程师发出索赔意向通知书；另一方面，应不影响施工的正常进行。索赔意向通知是一种维护自身索赔权利的文件。在索赔事项发生后的 28 天内向工程师正式提出书面的索赔通知，并抄送业主。项目部的合同管理人员或其中的索赔工作人员根据具体情况，在索赔事项发生后的规定时间内正式发出索赔通知书。

(2) 准备索赔资料并提交索赔文件。在正式提出索赔要求后，承包商应抓紧准备索赔资料，计算索赔值，编写索赔报告，并在合同规定的时间内正式提交。索赔报告的编写，应审慎、周密，索赔证据充分，计算结果正确。对于技术复杂或款额巨大的索赔事项，有必要聘用合同专家（律师）或技术权威人士担任咨询顾问，以保证索赔取得较为满意的成果。索赔报告书的具体内容，随该索赔事项的性质和特点而有所不同。但一份完整的索赔报告书的必要内容和文字结构方面，它必须包括以下几个组成部分。

1) 总论部分。每个索赔报告书的首页，应该是该索赔事项的综述。总论部分概要地叙述发生索赔事项的日期和过程，说明承包商为了减轻该索赔事项造成的损失而做过的努力，索赔事项给承包商的施工增加的额外费用或工期延长的天数，以及自己的索赔要求。并在上述论述之后附上索赔报告书编写人、审核人的名单，注明各人的职称、职务及施工索赔经验，以表示该索赔报告书的权威性和可信性。总论部分应简明扼要。对于较大的索赔事项，一般应以 3～5 页篇幅为限。

2) 合同引证部分。合同引证部分一般包括以下内容：概述索赔事项的处理过程；发出索赔通知书的时间；引证索赔要求的合同条款，如不利的自然条件、合同范围以外的工程、业主风险和特殊风险、工程变更指令、工期延长、合同价调整等；指明所附的证据资料。

3) 索赔款额计算部分。在论证索赔权以后，应接着计算索赔款额，具体分析论证合理的经济补偿款额。这也是索赔报告书的主要部分，是经济索赔报告的第三部分。索赔款

计价的主要组成部分是：由于索赔事项引起的额外开支的人工费、材料费、设备费、工地管理费、总部管理费、投资利息、税收、利润等。每一项费用开支，应附以相应的证据或单据。

在编写款额计算部分时，切忌采用笼统的计价方法和不实的开支款项。有的承包商对计价采取不严肃的态度，没有根据地扩大索赔款额，采取漫天要价的策略。这种做法是错误的，是不能成功的，有时甚至增加了索赔工作的难度。

款额计算部分的篇幅可能较大。因为应论述各项计算的合理性，详细写出计算方法，并引证相应的证据资料，并在此基础上累计出索赔款总额。通过详细的论证和计算，使业主和工程师对索赔款的合理性有充分的了解，这与索赔要求的迅速解决很有关系。

一份成功的索赔报告应注意事实的正确性，论述的逻辑性，善于利用成功的索赔案例来证明此项索赔成立的道理。逐项论述，层次分明，文字简练，论理透彻，使阅读者感到清楚明了，合情合理，有根有据。

4）工期延长论证部分。承包商在施工索赔报告中进行工期论证的目的，首先是为了获得施工期的延长，以免承担误期损害赔偿费的经济损失。其次，承包商可能在此基础上，探索获得经济补偿的可能性。因为如果承包商投入了更多的资源时，就有权要求业主对他的附加开支进行补偿。在索赔报告中论证工期的方法，主要有横道图表法、关键路线法、进度评估法、顺序作业法等。

在索赔报告中，应该对工期延长、实际工期、理论工期等工期的长短（天数）进行详细的论述，说明自己要求工期延长（天数）或增加施工费用（款数）的根据。

5）证据部分。证据部分通常以索赔报告书附件的形式出现，它包括了该索赔事项所涉及的一切有关证据资料以及对这些证据的说明。除文字报表证据资料以外，对于重大的索赔事项，承包商还应提供直观记录资料，如录像、摄影等证据资料。

所收集的诸项证据资料，并不是都要放入索赔报告书的附件中，而是针对索赔文件中提到的开支项目，有选择、有目的地列入，并进行编号，以便审核查对。在引用每个证据时，要注意该证据的效力或可信程度。为此，对重要的证据资料最好附以文字说明，或附以确认函件。

（3）评审索赔报告。业主或监理工程师在接到承包商的索赔报告后，应当站在公正的立场，以科学的态度及时认真地审阅报告，重点审查承包商索赔要求的合理性和合法性，审查索赔值的计算是否正确、合理。对不合理的索赔要求或不明确的地方提出反驳和质疑，或要求作出解释和补充。监理工程师可在业主的授权范围内作出自己独立的判断。监理工程师判定承包商索赔成立的条件包括以下几条。

1）与合同相对照，事件已造成了承包商施工成本的额外支出，或直接工期损失。

2）造成费用增加或工期损失的原因，按合同约定不属于承包商的行为责任或风险责任。

3）承包商按合同规定的程序提交了索赔意向通知和索赔报告。

上述 3 个条件没有先后主次之分，应当同时具备。只有工程师认定索赔成立后，才按一定程序处理。

（4）进行索赔谈判。业主或监理工程师经过对索赔报告的评审后，承包商常常需要作

出进一步的解释和补充证据，而业主或监理工程师也需要对索赔报告提出的初步处理意见作出解释和说明。因此，业主、监理工程师和承包商三方就索赔的解决要进行进一步的讨论、磋商，即谈判。这里可能有复杂的谈判过程。对经谈判达成一致意见的，作出索赔决定。若意见达不成一致，则产生争执。

1）在经过认真分析研究与承包商、业主广泛讨论后，工程师应该向业主和承包商提出自己的《索赔处理决定》。监理工程师收到承包商送交的索赔报告和有关资料后，于合同规定的时间内（如28天）给予答复，或要求承包商进一步补充索赔理由和证据。工程师在规定时间内未予答复或未对承包商作出进一步要求，则视为该项索赔已经认可。

2）监理工程师在《索赔处理决定》中应该简明地叙述索赔事项、理由和建议给予补偿的金额及（或）延长的工期。《索赔评价报告》则是作为该决定的附件提供的。它根据监理工程师所掌握的实际情况详细叙述索赔的事实依据、合同及法律依据，论述承包商索赔的合理方面及不合理方面，详细计算应给予的补偿。《索赔评价报告》是监理工程师站在公正的立场上独立编制的。

3）当监理工程师确定的索赔额超过其权限范围时，必须报请业主批准。

4）业主首先根据事件发生的原因、责任范围、合同条款审核承包商的索赔申请和工程师的处理报告，再依据工程建设的目的、投资控制、竣工投产日期要求以及针对承包商在施工中的缺陷或违反合同规定等的有关情况，决定是否批准监理工程师的处理意见，而不能超越合同条款的约定范围。索赔报告经业主批准后，监理工程师即可签发有关证书。

（5）解决索赔争端。如果业主和承包商通过谈判不能协商解决索赔，就可以将争端提交给监理工程师解决，监理工程师在收到有关解决争端的申请后，在一定时间内要作出索赔决定。业主或承包商如果对监理工程师的决定不满意，可以申请仲裁或起诉。争议发生后，在一般情况下，双方都应继续履行合同，保持施工连续，保护好已完工程。只有当出现单方违约导致合同确已无法履行的情况时，双方协议停止施工；调解要求停止施工，且为双方接受；仲裁机关或法院要求停止施工等情况时，当事人方可停止履行施工合同。

6.3.4 索赔值的计算

工程索赔报告最主要的两部分是合同论证部分和索赔值计算部分，合同论证部分的任务是解决索赔权是否成立的问题，而索赔值计算部分则确定应得到多少索赔款或工期补偿，前者是定性的，后者是定量的。索赔值的计算是索赔管理的一个重要组成部分。

6.3.4.1 工期索赔值的计算

1. 工期索赔的原因

在施工过程中，由于各种因素的影响，承包商不能在合同规定的工期内完成工程，造成工程拖期。

工程拖期可分为如下两种情况。

由于承包商的原因造成的工程拖期，定义为工程延误，承包商须向业主支付误期损害赔偿费。工程延误也称为不可原谅的工程拖期。如承包商内部施工组织不好，设备材料供应不及时等。这种情况下，承包商无权获得工期延长。

由于非承包商原因造成的工程拖期，定义为工程延期，则承包商有权要求业主给予工期延长。工程延期也称为可原谅的工程拖期。它是由于业主、监理工程师或其他客观因素造成的，承包商有权获得工期延长，但是否能获得经济补偿要视具体情况而定。因此，可原谅的工程拖期又可分为以下两种情况。

可原谅并给予补偿的拖期，是承包商有权同时要求延长工期和经济补偿的延误，拖期的责任者是业主或工程师。

可原谅但不给予补偿的拖期，是指可给予工期延长，但不能对相应经济损失给予补偿的可原谅延误。这往往是由于客观因素造成的拖延。

2. 共同延误下工期索赔的处理方法

承包商、工程师或业主，或某些客观因素均可造成工程拖期。在实际施工过程中，工程拖期经常是由上述两种以上的原因共同作用产生的，在这种情况下，称为共同延误。主要有两种情况：在同一项工作上同时发生两项或两项以上延误；在不同的工作上同时发生两项或两项以上延误。

第一种情况比较简单。共同延误主要有以下几种基本组合。

(1) 可补偿延误与不可原谅延误同时存在。在这种情况下，承包商不能要求工期延长及经济补偿，因为即便是没有可补偿延误，不可原谅延误也已经造成工程延误。

(2) 不可补偿延误与不可原谅延误同时存在。在这种情况下，承包商无权要求延长工期，因为即便是没有不可补偿延误，不可原谅延误也已经导致施工延误。

(3) 不可补偿延误与可补偿延误同时存在。在这种情况下，承包商可以获得工期延长，但不能得到经济补偿，因为即便是没有可补偿延误，不可补偿延误也已经造成工程施工延误。

(4) 两项可补偿延误同时存在。在这种情况下，承包商只能得到一项工期延长或经济补偿。

第二种情况比较复杂。由于各项工作在工程总进度表中所处的地位和重要性不同，同等时间的相应延误对工程进度所产生的影响也就不同。所以对这种共同延误的分析就不像第一种情况那样简单。比如，业主延误（可补偿延误）和承包商延误（不可原谅延误）同时存在，承包商能否获得工期延长及经济补偿？对此应通过具体分析才能回答。

关于业主延误与承包商延误同时存在的共同延误，一般认为应该用一定的方法按双方过错的大小及所造成影响的大小按比例分担。如果该延误无法分解开，不允许承包商获得经济补偿。

3. 工期补偿量的计算

(1) 有关工期的概念。

1) 计划工期，就是承包商在投标报价文件中申明的施工期，即从正式开工日起至建成工程所需的施工天数。一般即为业主在招标文件中所提出的施工期。

2) 实际工期，就是在项目施工过程中，由于多方面干扰或工程变更，建成该项工程上所花费的施工天数。如果实际工期比计划工期长的原因不属于承包商的责任，则承包商有权获得相应的工期延长，即工期延长量＝实际工期－计划工期。

3) 理论工期，是指较原计划拖延了的工期。如果在施工过程中受到工效降低和工程量增加等诸多因素的影响，仍按照原定的工作效率施工，而且未采取加速施工措施时，该工程项目的施工期可能拖延甚久，这个被拖延了的工期，被称为理论工期，即在工程量变

化、施工受干扰的条件下，仍按原定效率施工、而不采取加速施工措施时，在理论上所需要的总施工时间。

（2）工期补偿量的计算方法。工程承包实践中，对工期补偿量的计算有下面几种方法。

1）工期分析法。依据合同工期的网络进度计划图或横道图计划，考察承包商按监理工程师的指示，完成因各种原因增加的工程量所需用的工时，以及工序改变的影响，算出实际工期以确定工期补偿量。

2）实测法。承包商按监理工程师的书面工程变更指令，完成变更工程所用的实际工时。

3）类推法。按照合同文件中规定的同类工作进度计算工期延长。

4）工时分析法。某一工种的分项工程项目延误事件发生后，按实际施工的程序统计出所用的工时总量，然后按延误期间承担该分项工程工种的全部人员投入来计算要延长的工期。

6.3.4.2 费用索赔值的计算

1. 索赔款的组成

工程索赔时可索赔费用的组成部分，同工程承包合同价所包含的组成部分一样，包括直接费、间接费、利润和其他应补偿的费用。

（1）直接费。直接费包括人工费、材料费和施工机械费。

1）人工费。包括人员闲置费、加班工作费、额外工作所需人工费用、劳动效率降低和人工费的价格上涨等费用。

2）材料费。包括额外材料使用费、增加的材料运杂费、增加的材料采购及保管费用和材料价格上涨费用等。

3）施工机械费。包括机械闲置费、额外增加的机械使用费和机械作业效率降低费等。

（2）间接费。间接费包括现场管理费和上级管理费。

1）现场管理费。包括工期延长期间增加的现场管理费，如管理人员工资及各项开支、交通设施费以及其他费用等。

2）上级管理费。包括办公费、通信费、差旅费和职工福利费等。

（3）利润。一般包括合同变更利润、合同延期机会利润、合同解除利润和其他利润。

（4）其他应予以补偿的费用，包括利息、分包费、保险费用和各种担保费等。

2. 索赔款的计价方法

根据合同条件的规定有权利要求索赔时，采用正确的计价方法论证应获得的索赔款数额，对顺利地解决索赔要求有着决定性的意义。在工程索赔中，索赔款额的计价方法甚多。每个工程项目的索赔款计价方法，也往往因索赔事项的不同而相异。

（1）实际费用法，亦称为实际成本法，是工程索赔计价时最常用的计价方法，它实质上就是额外费用法（或称额外成本法）。实际费用法计算的原则是，以承包商为某项索赔工作所支付的实际开支为根据，向业主要求经济补偿。每一项工程索赔的费用，仅限于由于索赔事项引起的、超过原计划的费用，即额外费用，也就是在该项工程施工中所发生的额外人工费、材料费和设备费，以及相应的管理费。这些费用即是施工索赔所要求补偿的

经济部分。

用实际费用法计价时，在直接费（人工费、材料费、设备费等）的额外费用部分的基础上，再加上应得的间接费和利润，即是承包商应得的索赔金额。因此，实际费用法（即额外费用法）客观地反映了承包商的额外开支或损失，为经济索赔提供了精确而合理的证据。

（2）总费用法，即总成本法，就是当发生多次索赔事项以后，重新计算出该工程项目的实际总费用，再从这个实际总费用中减去投标报价时的估算总费用，即为要求补偿的索赔总款额，计算公式为

索赔款额＝实际总费用－投标报价估算费用

采用总成本法时，一般要有以下的条件：

1）由于该项索赔在施工时的特殊性质，难于或不可能精准地计算出承包商损失的款额，即额外费用。

2）承包商对工程项目的报价（即投标时的估算总费用）是比较合理的。

3）已开支的实际总费用经过逐项审核，认为是比较合理的。

4）承包商对已发生的费用增加没有责任。

5）承包商有较丰富的工程施工管理经验和较高的能力。

在施工索赔工作中，不少人对采用总费用法持批评态度。因为实际发生的总费用中，可能包括了由于承包商的原因（如施工组织不善、工效太低、浪费材料等）而增加了的费用；同时，投标报价时的估算费用却因想竞争中标而过低。因此，这种方法只有在实际费用难以计算时才使用。

（3）修正的总费用法。修正的总费用法是对总费用法的改进，即在总费用计算的原则上，对总费用法进行相应的修改和调整，去掉一些比较不确切的可能因素，使其更合理。

用修正的总费用法进行的修改和调整内容，主要有以下几方面。

1）将计算索赔款的时段仅局限于受到外界影响的时间（如雨季），而不是整个施工期。

2）只计算受影响时段内的某项工作所受影响的损失，而不是计算该时段内所有施工工作所受的损失。

3）在受影响时段内受影响的某项工程施工中，使用的人工、设备、材料等资源均有可靠的记录资料，如工程师的施工日志，现场施工记录等。

4）与该项工作无关的费用，不列入总费用中。

5）对投标报价时的估算费用重新进行核算。按受影响时段内该项工作的实际单价进行计算，乘以实际完成的该项工作的工程量，得出调整后的报价费用。

经过上述各项调整修正后的总费用，已相当准确地反映出实际增加的费用，作为承包商补偿的款额。

据此，按修正后的总费用法支付索赔款的公式为

索赔款额＝某项工作调整后的实际总费用－该项工作的报价费用

（4）分项法。分项法是按每个索赔事件所引起损失的费用项目分别分析计算索赔值的

一种方法。在实际中，绝大多数工程的索赔都采用分项法计算。分项计算法通常分以下三步。

1）分析每个或每类索赔事件所影响的费用项目，不得有遗漏。这些费用项目通常应与合同报价中的费用项目一致。

2）计算每个费用项目受索赔事件影响后的数值，通过与合同价中的费用值进行比较即可得到该项费用的索赔值。

3）将各费用项目的索赔值汇总，得到总费用索赔值。分项法中索赔费用主要包括该项工程施工过程中所发生的额外人工费、材料费、施工机械使用费、相应的管理费以及应得的间接费和利润等。

由于分项法所依据的是实际发生的成本记录或单据，所以施工过程中，对第一手资料的收集整理就显得非常重要了。

（5）合理价值法，亦称为按价偿还法，是一种按照公正调整理论进行补偿的做法。在施工过程中，当承包商完成了某项工程但受到经济亏损时，有权根据公正调整理论要求经济补偿。但是，或由于该工程项目的合同条款对此没有明确的规定，或者由于合同已被终止，在这些情况下，承包商按照合理价值法的原则仍然有权要求对自己已经完成的工作取得公正合理的经济补偿。对于合同范围以外的额外工程，或者施工条件完全变化了的施工项目，承包商亦可根据合理价值法的原则，得到合理的索赔款额。一般认为，如果该工程项目的合同条款中有明确的规定，即可按此合同条款的规定计算索赔款额，而不必采用这个合理价值法来索取经济补偿。

在施工索赔实践中，按照合理价值法获得索赔比较困难。这是因为工程项目的合同条款中没有经济亏损补偿的具体规定，而且工程已经完成，业主和工程师一般不会轻易地再予以支付。在这种情况下，一般是通过调解机构，如合同上诉委员会，或通过法律解决途径，按照合理价值法原则判定索赔款额，解决索赔争端。

在工程承包施工阶段的技术经济管理工作中，工程索赔管理是一项艰难的工作。想在工程索赔工作中取得成功，需要具备丰富的工程承包施工经验，以及相当高的经验管理水平。在索赔工作中，要充分论证索赔权，合理计算索赔值，在合同规定的时间内提出索赔要求，编写好索赔报告并提供充分的索赔证据，力争友好协商解决索赔问题。在索赔事件发生后随时随地提出单项索赔，力争单独解决、逐月支付，把索赔款的支付纳入结算支付的轨道，同工程进度款的结算支付同步处理。必要时采取一定的制约手段，促使索赔问题尽快解决。

【案例 6.2】

工程索赔案例

某项施工合同在履行过程中，承包人因下述 3 项原因提出工期索赔 20 天：①由于设计变更，承包人等待图纸全部停工 7 天；②在同一范围内承包人的工人在两个高程上同时作业，工程师考虑施工安全而下令暂停上部工程施工量延误工期 5 天；③因下雨影响填筑工程质量，工程师下令工程全部停工 8 天，等填筑材料含水量降到符合要求后再进行作业。问工程师应批准承包人展延工期多少天？

【解析】

(1) 由于设计变更，承包人等待图纸的 7 天停工不属于承包人的责任，应给予工期补偿。

(2) 考虑到现场施工人员安全而下达的暂时停工令，责任在承包人施工组织不合理，不应批准工期延展。

(3) 因下雨影响填筑工程的施工质量，要根据当时的降雨记录来划分责任归属。如果雨量和持续时间超过构成异常恶劣的气候影响或不可抗力标准，则应按有经验的承包人不可能合理预见到的异常恶劣自然条件的条款，批准展延 8 天工期。如果没有超过合同内约定的标准，尽管工程师下达了暂停施工令，但责任原因属于承包人应承担的风险，即承包人报送工程师批准的施工进度计划中，他不是按一年 365 天组织施工，而是除了节假日外还应充分估计到不利于施工的天数而进行的施工组织。因此在这种情况下，不应批准该部分展延工期的要求。

6.4 工程承包合同的争议管理

工程承包合同争议是指工程承包合同自订立至履行完毕之前，承包合同的双方当事人因对合同的条款理解产生歧义或因当事人未按合同的约定履行合同，或不履行合同中应承担的义务等原因所产生的纠纷。当争议出现时，有关双方首先应从整体、全局利益的目标出发，做好合同管理工作。《合同法》规定，当事人可以通过和解或者调解解决合同争议。当事人不愿和解、调解或者和解、调解不成的，可以根据仲裁协议向仲裁机构申请仲裁。当事人没有订立仲裁协议或者仲裁协议无效的，可以向人民法院起诉。当事人应当履行发生法律效力的判决、仲裁裁决和调解书；拒不履行的，对方可以请求人民法院执行。从上述规定可以看出，在我国，合同争议解决的方式主要有和解、调解、仲裁和诉讼四种。在这四种解决争议的方式中，和解和调解的结果没有强制执行的法律效力，要靠当事人的自觉履行。当然，这里所说的和解和调解是狭义的，不包括仲裁和诉讼程序中在仲裁庭和法院的主持下的和解和调解，这两种情况下的和解和调解属于法定程序，其解决方法仍有强制执行的法律效力。

6.4.1 和解

和解是指在发生合同纠纷后，合同当事人在自愿、友好和互谅基础上，依照法律、法规的规定和合同的约定，自行协商解决合同争议的一种方式。工程承包合同争议的和解，是由工程承包合同当事人双方自己或由当事人双方委托的律师出面进行的。在协商解决合同争议的过程中，当事人双方依照平等自愿原则，可以自由、充分地进行意思表示，弄清争议的内容、要求和焦点所在，分清责任是非，在互谅互让的基础上，使合同争议得到及时、圆满的解决。合同发生争议时，当事人应首先考虑通过和解解决。

6.4.2 调解

调解是指在合同发生纠纷后，在第三人的参加和主持下，对双方当事人进行说服、协调和疏导工作，使双方当事人互相谅解并按照法律的规定及合同的有关约定达成解决合同

纠纷协议的一种争议解决方式。工程合同争议的调解是解决合同争议的一种重要方式，也是我国解决建设工程合同争议的一种传统方法。它是在第三人的参加与主持下，通过查明事实、分清是非和说服教育，促使当事人双方做出适当让步和平息争端，促使双方在互谅互让的基础上自愿达成调解协议和消除纷争。第三人进行调解必须实事求是和公正合理，不能压制双方当事人，而应促使他们自愿达成协议。《合同法》规定了当事人之间首先可以通过自行和解来解决合同的纠纷，同时也规定了当事人还可以通过调解的方式来解决合同的纠纷，这两种方式当事人可以自愿选择其中一种或两种。

调解与和解的主要区别在于：前者有第三人参加，并主要是通过第三人的说服教育和协调来达成解决纠纷的协议；而后者则完全是通过当事人自行协商来达成解决合同纠纷的协议。两者的相同之处在于：它们都是在诉讼程序之外所进行的解决合同纠纷的活动，达成的协议都是靠当事人自觉履行来实现的。

6.4.3 仲裁

仲裁（亦称“公断”）是当事人双方在争议发生前或争议发生后达成协议，自愿将争议交给第三者作出裁决，并负有自动履行义务的一种解决争议的方式。这种争议解决方式必须是自愿的，因此必须有仲裁协议。如果当事人之间有仲裁协议，争议发生后又无法通过和解和调解解决，则应及时将争议提交仲裁机构仲裁。

1. 仲裁的原则

(1) 自愿原则。解决合同争议是否选择仲裁方式以及选择仲裁机构本身并无强制力。当事人采用仲裁方式解决纠纷，应当贯彻双方自愿原则，达成仲裁协议。如有一方不同意进行仲裁的，仲裁机构即无权受理合同纠纷。

(2) 公平合理原则。仲裁的公平合理是仲裁制度的生命力所在。这一原则要求仲裁机构要充分收集证据，听取纠纷双方的意见。仲裁应当根据事实。同时，仲裁应当符合法律规定。

(3) 仲裁依法独立进行原则。仲裁机构是独立的组织，相互间也无隶属关系。仲裁依法独立进行，不受行政机关、社会团体和个人的干涉。

(4) 一裁终局原则。由于仲裁是当事人基于对仲裁机构的信任作出的选择，因此，其裁决是立即生效的。裁决作出后，当事人就同一纠纷再申请仲裁或者向人民法院起诉的，仲裁委员会或者人民法院不予受理。

2. 仲裁委员会

仲裁委员会可以在省（自治区、直辖市）人民政府所在地的市设立，也可以根据需要在其他设区的市设立，不按行政区划层设立。仲裁委员会由主任1人、副主任2～4人和委员7～11人组成。仲裁委员会应当从公道正派的人员中聘任仲裁员。仲裁委员会独立于行政机关，与行政机关没有隶属关系。仲裁委员会之间也没有隶属关系。

3. 仲裁协议

(1) 仲裁协议的内容。仲裁协议是纠纷当事人愿意提交仲裁机构仲裁的协议。它应包括：①请求仲裁的意思表示；②仲裁事项；③选定的仲裁委员会。

在以上3项内容中，选定的仲裁委员会具有特别重要的意义。因为仲裁没有法定管辖，如果当事人不约定明确的仲裁委员会，仲裁将无法操作，仲裁协议将是无效的。至于请求仲裁的意思表示和仲裁事项则可以通过默示的方式来体现。可以认为在合同中选定仲裁委员会就是希望通过仲裁解决争议，同时，合同范围内的争议就是仲裁事项。

（2）仲裁协议的作用。

1）合同当事人均受仲裁协议的约束。

2）仲裁机构对纠纷进行仲裁的先决条件。

3）排除了法院对纠纷的管辖权。

4）仲裁机构应按仲裁协议进行仲裁。

4. 仲裁庭的组成

仲裁庭的组成有两种方式。

（1）当事人约定由 3 名仲裁员组成仲裁庭。当事人如果约定由 3 名仲裁员组成仲裁庭，应当各自选定或者各自委托仲裁委员会主任指定 1 名仲裁员，第 3 名仲裁员由当事人共同选定或者共同委托仲裁委员会主任指定。第 3 名仲裁员是首席仲裁员。

（2）当事人约定由 1 名仲裁员组成仲裁庭。仲裁庭也可以由 1 名仲裁员组成。当事人如果约定由 1 名仲裁员组成仲裁庭的，应当由当事人共同选定或者共同委托仲裁委员会主任指定仲裁员。

5. 开庭和裁决

（1）开庭。仲裁应当开庭进行。当事人协议不开庭的，仲裁庭可以根据仲裁申请书、答辩书以及其他材料作出裁决，仲裁不公开进行。当事人协议公开的，可以公开进行，但涉及国家秘密的除外。

申请人经书面通知，无正当理由不到庭或者未经仲裁庭许可中途退庭的，可以视为撤回仲裁申请。被申请人经书面通知，无正当理由不到庭或者未经仲裁庭许可中途退庭的，可以缺席裁决。

（2）证据。当事人应当对自己的主张提供证据。仲裁庭对专门性问题认为需要鉴定的，可以交由当事人约定的鉴定部门鉴定，也可以由仲裁庭指定的鉴定部门鉴定。根据当事人的请求或者仲裁庭的要求，鉴定部门应当派鉴定人参加开庭。当事人经仲裁庭许可，可以向鉴定人提问。

建设工程合同纠纷往往涉及工程质量、工程造价等专门性的问题，一般需要进行鉴定。

（3）辩论。当事人在仲裁过程中有权进行辩论。辩论终结时，首席仲裁员或者独任仲裁员应当征询当事人的最后意见。

（4）裁决。裁决应当按照多数仲裁员的意见作出，少数仲裁员的不同意见可以记入笔录。仲裁庭不能形成多数意见时，裁决应当按照首席仲裁员的意见作出。

仲裁庭仲裁纠纷时，其中一部分事实已经清楚，可以就该部分先行裁决。对裁决书中的文字、计算错误或者仲裁庭已经裁决但在裁决书中遗漏的事项，仲裁庭应当补正；当事人自收到裁决书之日起 30 日内，可以请求仲裁补正。裁决书自作出之日起发生法律效力。

6. 申请撤销裁决

当事人提出证据证明裁决有下列情形之一的，可以向仲裁委员会所在地的中级人民法院申请撤销裁决。

（1）没有仲裁协议的。

（2）裁决的事项不属于仲裁协议的范围或者仲裁委员会无权仲裁的。

（3）仲裁庭的组成或者仲裁的程序违反法定程序的。

（4）裁决所根据的证据是伪造的。

（5）对方当事人隐瞒了足以影响公正裁决的证据的。

（6）仲裁员在仲裁该案时有索贿受贿，徇私舞弊，枉法裁决行为的。

人民法院经组成合议庭审查核实裁决有前款规定情形之一的，应当裁定撤销。当事人申请撤销裁决的，应当自收到裁决书之日起6个月内提出。人民法院应当在受理撤销裁决申请之日起2个月内作出撤销裁决或者驳回申请的裁定。

人民法院受理撤销裁决的申请后，认为可以由仲裁庭重新仲裁的，通知仲裁庭在一定期限内重新仲裁，并裁定中止撤销程序。仲裁庭拒绝重新仲裁的，人民法院应当裁定恢复撤销程序。

7. 执行

仲裁委员会的裁决作出后，当事人应当履行。由于仲裁委员会本身并无强制执行的权力，因此，当一方当事人不履行仲裁裁决时，另一方当事人可以依照《民事诉讼法》的有关规定向人民法院申请执行。接受申请的人民法院应当执行。

6.4.4　诉讼

诉讼是指合同当事人依法请求人民法院行使审判权，审理双方之间发生的合同争议，作出有国家强制保证实现其合法权益，从而解决纠纷的审判活动。合同双方当事人如果未约定仲裁协议，则只能以诉讼作为解决争议的最终方式。人民法院审理民事案件，依照法律规定实行合议、回避、公开审判和两审终审制度。

1. 建设工程合同纠纷的管辖

建设工程合同纠纷的管辖，既涉及地域管辖，也涉及级别管辖。

（1）地域管辖。地域管辖是指同级人民法院在受理第一审建设工程合同纠纷的权限分工。对于一般的合同争议，由被告住所地或合同履行地人民法院管辖。《民事诉讼法》也允许合同当事人在书面协议中选择被告住所地、合同履行地、合同签可地、原告住所地、标的物所在地人民法院管辖。对于建设工程合同的纠纷一般都适用不动产所在地的专属管辖，由工程所在地人民法院管辖。

（2）级别管辖。级别管辖是指不同级别人民法院受理第一审建设工程合同纠纷的权限分工。一般情况下基层人民法院管辖第一民事案件。中级人民法院管辖以下案件：重大涉外案件、在本辖区有重大影响的案件、最高人民法院确定由中级人民法院管辖的案件。在建设工程合同纠纷中，判断是否在本辖区有重大影响的依据主要是合同争议的标的额。由于建设工程合同纠纷争议的标的额往往较大，因此往往由中级人民法院受理一审诉讼有时甚至由高级人民法院受理一审诉讼。

2. 诉讼中的证据

证据有书证、物证、视听资料、证人证言、当事人的陈述、鉴定结论、勘验笔录等。

当事人对自己提出的主张，有责任提供证据。当事人及其诉讼代理人因客观原因不能自行收集的证据，或者人民法院认为审理案件需要的证据，人民法院应当调查收集。人民法院应当按照法定程序，全面地、客观地审查核实证据。

证据应当在法庭上出示，并由当事人互相质证。对涉及国家秘密、商业秘密和个人隐私的证据应当保密，需要在法庭出示的，不得在公开开庭时出示。经过法定程序公证证明的法律行为、法律事实和文书，人民法院应当作为认定事实的根据，但有相反证据足以推翻公证证明的除外。书证应当提交原件。物证应当提交原物。提交原件或者原物确有困难的，可以提交复制品、照片、副本和节录本。提交外文书证，必须附有中文译本。

人民法院对视听资料，应当辨别真伪，并结合本案的其他证据，审查确定能否作为认定事实的根据。人民法院对专门性问题认为需要鉴定的，应当交由法定鉴定部门鉴定；没有法定鉴定部门的，由人民法院指定的鉴定部门鉴定。鉴定部门及其指定的鉴定人有权了解进行鉴定所需要的案件材料，必要时可以询问当事人和证人。鉴定部门和鉴定人应当提出书面鉴定结论，在鉴定书上签名或者盖章。与仲裁中的情况相似，建设工程合同纠纷往往涉及工程质量、工程造价等专门性的问题，在诉讼中一般也需要进行鉴定。

习　　题

一、单项选择题

1. 按照索赔事件的性质，因货币贬值、汇率变化、物价变化等原因引起的索赔属于（　）。

A. 不可预见的外部条件索赔　　B. 不可预见的外部障碍索赔
C. 不可抗力事件引起的索赔　　D. 其他索赔

2. 下列引起索赔的起因中，属于特殊风险因素的是（　）。

A. 战争　　B. 海啸　　C. 洪水　　D. 地震

3. 施工过程中，工程师下令暂停全部或部分工程，而暂停的起因不是由承包商引起，承包商向业主提出工期和费用索赔，则（　）。

A. 工期和费用索赔均不能成立　　B. 工期索赔成立，费用索赔不能成立
C. 工期索赔不能成立，费用索赔成立　　D. 工期和费用索赔均能成立

4. 关于建设工程索赔成立条件的说法，正确的是（　）。

A. 导致索赔的事件必须是对方的过错，索赔才能成立
B. 只要对方存在过错，不管是否造成损失，索赔都能成立
C. 只要索赔事件的事实存在，在合同有效期内任何时候提出索赔都能成立
D. 不按照合同规定的程序提交索赔报告，索赔不能成立

5. 建设工程中的反索赔是相对索赔而言，反索赔的提出者（　）。

A. 仅限发包方　　B. 仅限承包方
C. 发包方和承包方均可　　D. 仅限监理方

6. 某工程基础施工中出现了意外情况，导致了工程量由原来的 $2800m^3$ 增加到 $3500m^3$，原定工期是 40 天，则承包商可以提出的工期索赔是（　）。

A. 10 天　　B. 5 天　　C. 6 天　　D. 8 天

7. 某工程项目总价值 1000 万元，合同工期为 18 个月，现承包人因建设条件发生变化

需增加额外工程费用50万元，则承包方提出工期索赔为（ ）个月。

A. 3.6　B. 1.5　C. 0.9　D. 1.2

8. 根据《合同法》，下列合同转让产生法律效力的是（ ）。

A. 施工企业将施工合同中主体结构的施工转让给第三人

B. 施工企业将其对建设单位的债权转让给了水泥厂，并通知了建设单位

C. 建设单位到期不能支付工程款，书面通知施工企业将债务转让给第三人

D. 监理单位将监理合同一并转让给其他具有相应监理资质的监理单位

9. 关于承揽合同当事人权利义务的说法，正确的是（ ）。

A. 定作人不得中途变更承揽工作的要求

B. 定作人提供的材料不符合约定的，承揽人可以自行更换材料

C. 承揽人向定作人交付工作成果的，定作人应当验收该工作成果

D. 定作人可以随时解除承揽合同，造成承揽人损失的，应当赔偿损失

10. 某施工合同的约定违反了某行政法规的效力性强制性规定，则该施工合同（ ）。

A. 效力待定　B. 可撤销　C. 无效　D. 有效

二、多项选择题

1. 按索赔依据分类，可分为（ ）。

A. 合同内的索赔　B. 合同外的索赔

C. 道义索赔　D. 一揽子索赔

E. 费用索赔

2. 遇到（ ）情况时，承包商可以向业主要求既延长工期，又索赔费用。

A. 难以预料的地质条件变化　B. 由于监理工程师原因造成临时停工

C. 特殊恶劣气候，造成施工停顿　D. 业主供应的设备和材料推迟到货

E. 设计变更

3. 下列各项资料，可作为索赔依据的有（ ）。

A. 工程各项会议纪要　B. 中标通知书

C. 工程建设惯例　D. 监理工程师的书面意见

E. 法律法规

4. 下列各个事件中，可以计入利润的索赔事件有（ ）。

A. 工程范围变更　B. 技术性错误

C. 工程暂停导致工期延长　D. 设计缺陷

E. 业主未及时提供现场

5. 施工合同中对应付款时间约定不明时，关于付款起算时间的说法，正确的有（ ）。

A. 工程已实际交付的，为交付之日

B. 工程未交付的，为提交竣工结算文件之日

C. 工程已交付，工企业主张工程款的，为提出主张之日

D. 工程未交付的，为提交竣工验收报告之日

E. 工程未交付，工程价款也未结算的，为当事人起诉之日

三、简答题

1. 工程延误有哪些分类？工程延误的一般处理原则是什么？
2. 工期索赔的合同依据有哪些？
3. 试举例说明工期索赔的分析流程。
4. 工期索赔有哪些方法？如何具体应用？
5. 举例说明费用索赔的原因有哪些？
6. 分析费用索赔的项目构成。
7. 费用索赔有哪些计算方法？各有哪些优缺点？
8. 在施工索赔中，能作为索赔依据使用的有哪些证据？
9. 索赔程序是什么？

第7章　国际工程招标

【学习目标】

1. 了解国际工程招标投标的概念和特点。
2. 了解国内外招投标的区别和联系。
3. 熟悉国际工程的招标方式。
4. 了解国际工程合同的相关知识。

7.1　概　　述

7.1.1　国际工程招标概念及现状

国际工程就是一个工程项目从咨询、融资、采购、承包、管理到培训等各个阶段的参与者来自不止一个国家，并且按照国际上通用的工程项目管理模式进行管理的工程。国际工程包含国内和国外两个市场。国际工程包括咨询和承包两大行业。

国际工程招标，是指在国际工程项目中，招标人邀请几个或几十个投标人参加投标，通过多数投标人竞争，选择其中对招标人最有利的投标人达成交易的方式。招标是当前国际上工程建设项目的一种主要交易方式。它的特点是业主标明其拟发包工程的内容、完成期限、质量要求等，招引或邀请某些愿意承包并符合投标资格的投标者对承包该工程所采用的施工方案和要求的价格等进行投标，通过比价而达成交易的一种经济活动。目前多数国家都制定了适合本国特点的招标法规，以统一其国内招标办法，但还没有形成一种各国都应遵守的带有强制性的招标规定。国际工程招标，也都根据国家或地区的习惯选用一种具有代表性、适用范围广并且适用本地区的某一国家的招标法规。如世界银行贷款项目招标和采购法规、英国招标法规和法国使用的工程招标制度等。

国际工程招标广泛适用于公私采购上，根据招标标的的性质，国际招标采购的适用范围，大体上包括工程、货物（物资）、服务三个方面。但各国和国际组织对工程、货物、服务的认识和界定并不一样。

在国际市场上，各国和国际组织通常规定，凡政府部门、国有企业以及某些对公共利益影响重大的私人企业进行的采购项目，都必须实行招标投标。同时，各国和国际组织一般也允许某些特定情形下的采购项目，如紧急情况下采购的项目，军需品采购或涉及安全和保密的项目，采购数量不大、使用招标不够规模经济的项目，已知可供选择的产品、项目或企业数量有限的项目等，可采用招标投标以外的方式进行采购或发包承包。所以，在国际上，强制实行招标投标的范围主要是公共采购，某些对公共利益有重大影响的私人采购也实行强制招标。

但是，并不是所有工程都要进行招标投标，必须实行招标投标的采购项目一般都有一个数量上的限制。各国和国际组织对招标具体限额的规定并不完全一致，如工程项目的招标限额一般要比货物和服务项目的招标限额高得多，对中央政府采购有时要比其他招标采购控制得严一些等。

随着全球经济一体化进程的加快，各国工程招标投标制度已明显呈现出统一化的趋势，并呈现不少新的特点，主要体现在以下几方面。

(1) 从世界范围内看，招标投标制度的基本框架没有发生太多的变化。各国通过修改、完善招投标制度，更多地在于保障招投当事人在世界自由贸易中的利益。

(2) 招投标的范围不断扩大，不再仅限于传统的单一形态的工程、货物、服务项目。

(3) 国际合格投标商不断增多，施工技术不断提高，新投标人越来越成为各方关注的重点。

(4) 招标投标的法律救济途径进一步多样化，但协商、调解的手段将格外受到青睐。

(5) 科技手段的大量应用，尤其是计算机技术的广泛采用，已基本实现了“无纸化办公”目标。当事人可以通过国际互联网等十分便捷地进行招标投标活动。

在国际工程招投标活动中，各国一方面讲求平等，另一方面又常常从自身的民族利益出发，给予国内投标人一定的优惠，对于进入本国招标市场的外国投标商作出种种限制，以达到保护本国、本地区产品和企业的目的。各国对外国投标商的限制，主要有两个途径：①在缔结或参加有关国际条约、协议时声明保留。比如，美国和欧盟在加入世贸组织的《政府采购协议》时，都对本国公共采购市场的对外开放做了很多保留。②通过本国立法，采取市场准入、优惠政策等方面的措施加以限制。如美国的《购买美国产品法》规定，10万美元以上的招标采购，除美国没有该产品或该产品不多；外国产品价格低，对本国产品给予25%的价格优惠后，本国产品仍然高于外国产品。这两种情形之一的以外，都必须购买相当比例的美国产品，招标人在招标文件中必须根据法律规定说明给予国内企业的优惠幅度。

在国际范围内的招标投标中，对本国、本地区的产品和企业进行保护是各国招标投标制度中的一个重要而敏感的问题，也是国际上的一种流行做法。

7.1.2　国际工程招标方式

国际工程招标方式是指国际工程的委托实施普遍采用承发包方式，即通过招标的办法，挑选理想的施工企业。招标方式归纳起来有以下四种类型。

1. 国际竞争性招标

国际竞争性招标（International Competitive Bidding）亦称公开招标（Open Bidding），它是一种无限竞争性招标，这种方式指招标人通过公开的宣传媒介（报刊、杂志等）或相关国家的大使馆，发布招标信息，使世界各地所有合格的承包商（通过资格预审的）都有均等的机会购买招标文件，进行投标，其中综合各方面条件对招标人最有利者，可以中标。

国际竞争性招标在国际范围内，采用广泛公开的公平竞争方式进行，凡是愿意参加投标的公司，都可以按通告中的地址领取（或购买）资格预审表格及相关资料。只有通过资格预审的公司才有资格购买招标文件和参加投标。在招标文件规定的日期内，在招标机构

决策人员和投标人在场的情况下当众开标。各投标人的报价和投标文件的有效性均应公布，并由出席开标的招标机构决策人在各承包商的每份标书的报价总表上签字，以示有效，且直至决标前任何人不得修改报价。审议投标书和报价及决标按事先规定的原则进行，公平合理，无任何偏向，对所有通过资格预审的承包商一视同仁，根据其投标报价及评标的所有依据如工期要求，可兑换外汇比例（指按可兑换和不可兑换两种货币付款的工程项目），投标商的人力、财力和物力及拟用于工程的设备等因素，进行评标和决标。采用这种方式招标，一方招标，多方投标，形成典型的买方市场，最大限度地挑起投标人之间的竞争，使招标人有充分的挑选余地，取得最有利的成交条件。

国际竞争性招标是目前世界上最普遍采用的成交方式，凡利用“国际复兴开发银行”（即世界银行）或“国际开发协会”贷款兴建的项目，按要求都必须采用国际竞争性招标的方式，即ICB方式招标。世界银行认为只有通过ICB方式招标才能实现三“E”原则，即效率（Efficiency）、经济（Economy）、公平（Equity）。由于这三个名词的英文书写第一个字母均为E，故称三E原则。采用这种方式，业主可以在国际市场上找到最有利于自己的承包商，无论在价格和质量方面，还是在工期及施工技术方面都可以满足自己的要求。国际竞争性招标的条件是由招标人决定的，故订立最有利于业主、有时甚至是很苛刻的合同条件是理所当然的。特别是目前国际承包市场基本上是买方市场就更是如此。

国际竞争性招标的另一个特点是公开选标，受公众监督。总的来说，这种做法较其他方式更能使承包商折服。比较其他方式，国际竞争性招标因为影响大、涉及面广，当事人考虑影响等原因而显得比较公平合理。国际竞争性招标的不足之处在于工作的准备阶段耗时长，人力物力支出较大。

国际竞争性招标的适用范围如下。

（1）按资金来源划分。根据工程项目的全部或部分资金来源，实行国际竞争性招标主要适用于以下情况。

1）由世界银行及其附属组织国际开发协会和国际金融公司提供优惠贷款的工程项目。

2）由联合国多边援助机构如国际开发组织和地区性金融机构如亚洲开发银行提供援助性贷款的项目。

3）由某些国家的基金会如科威特基金会和一些政府如日本政府提供资助的工程项目。

4）由国际财团或多家金融机构投资的工程项目。

5）两国或两国以上合资的工程项目。

6）需要承包商提供资金即带资承包或延期付款的工程项目。

7）以实物偿付（如石油、矿产、化肥或其他实物）的工程项目。

8）发包国有足够的自有资金但自己无力实施的工程项目。

（2）按工程的性质划分。按工程的性质，国际竞争性招标主要适用于以下情况。

1）大型土木工程如水坝、电站、高速公路等。

2）施工难度大，发包国在技术或人力方面无实施能力的工程，如工业综合设施、海底工程、核电站等。

3）跨越国界的国际工程，如非洲公路、连接欧亚两大洲的陆上贸易通道。

4）超级现代规模的工程如拉芒什海底隧道，日本的海下工程等。

2. 国际有限招标

国际有限招标是一种有限竞争性招标，与国际竞争性招标相比，它有一定的局限性，即对参加投标的人选有一定的限制，不是任何对发包项目有兴趣的承包商都有机会投标。限制条件和内容各有差异，国际有限招标包括以下两种方式。

(1) 一般限制性招标。这种招标虽然也是在世界范围内，但对投标人选有一定的限制，其具体做法与国际竞争性招标颇为近似，只是在制标时更强调投标人的资信。采用一般限制性招标方式也必须在国内外主要报刊上刊登广告，只是必须注明是有限招标和对投标人选的限制范围。

(2) 特邀招标。特邀招标即特别邀请性招标，采用这种方式时，一般不在报刊上刊登广告，而是根据招标人自己积累的经验和资料或由咨询公司提供的承包商名单，如果是世界银行或某一外国机构资助的项目，招标人要征得资助机构的同意后对某些承包商发出邀请。经过对应邀人进行资格预审后，再行通知其提出报价，递交投标书。这种招标方式的优点是经过选择的承包商在经验、技术和信誉方面都比较可靠，基本上能保证招标的质量和进度。这种方式的缺点在于发包人所了解的承包商的数量有限，在邀请时很有可能漏掉一些在技术上和报价上有竞争能力的后起之秀。为弥补此项不足，招标人可以编辑相关专业承包商的名录，摘要其特点，并及时了解和掌握新承包商的动态和原有承包商实力发展变化的信息，不断对名录进行调整、更新和补充，以减少遗漏。

国际有限招标是国际竞争性招标的一种修改方式。这种方式通常适合以下情况。

1) 工程量不大、投标商数量有限或有其他不宜进行国际竞争性招标的项目。如对工程有特殊要求的项目。

2) 某些大而复杂且专业性很强的工程项目，如综合的石化项目。可能的投标者很少，准备招标的成本很高。为了节省时间和费用，还能取得较好的报价，招标可以限制在少数几家合格企业的范围内，以使每家企业都有争取合同的较好机会。

3) 由于工程性质特殊，要求有专门经验的技术队伍和熟练的技工，以及专用的技术装备，只有少数承包商能够胜任。

4) 由于工期紧迫或保密要求及其他原因不宜公开招标。

5) 工程规模太大，中小型公司不能胜任，只好邀请若干家大公司投标的项目。

6) 工程项目招标通知发出后无人投标或投标商的数量不足法定人数（至少三家），招标人可再邀请少数公司投标。

3. 议标

议标亦称谈判招标（Negotiated Bidding)，又称为委托信任标。它属于一种非竞争性招标。严格地讲这不算一种招标方式，只是一种“谈判合同”。最初，议标的习惯做法是由发包人物色一家承包商直接进行合同谈判。一般为一些工程项目造价过低，不值得组织招标；或由于其专业为某一家或几家垄断，或工期紧迫不宜采取竞争性招标；或招标的内容是关于专业咨询、设计和指导性服务、专用设备的安装维修；或属于政府协议工程等情况下，才采用议标方式。

随着承包活动的广泛开展、议标的含义和做法也不断地发展和改变。目前，在国际承包实践中，发包单位已不再仅仅是同一家承包商议标，而是同时与多家承包商进行谈判，

最后无任何约束地将合同授给其中一家，无须优先授合同予报价最低者。

议标带给承包商的好处较多：首先，承包商不用出具投标保函，议标承包商无须在一定期限内对其报价负责。其次，议标毕竟竞争性小，竞争对手不多，因而缔约的可能性大。议标对发包单位也有好处：发包单位可以不受任何约束，可以按其要求选择合作对象，尤其是当发包单位同时与多家议标时，可以充分利用议标的承包商的弱点，以此压彼；利用其担心其他对手抢标、成交心切的心理迫使其降价或降低其他要求条件，从而达到理想的成交条件。

当然，议标毕竟不是招标，竞争对手少，有些工程由于专业性过强，议标的承包商常常是“只此一家，别无分号”，自然无法获得较理想的报价。

同时，我们应充分地注意到议标常常是获取巨额合同的主要手段。综观10年来国际承包市场的成交情况，国际上225家大承包商（1991年前为250家）中名列前10名的承包商每年的成交额约占世界总发包额的40%，而他们的合同竟有90%是通过议标取得的，可见议标在国际发包工程中所占的重要地位。

采用议标形式，发包单位同样可以采取各项可能的措施、运用特殊的手段，挑起多家可能实施合同的承包商之间的竞争。当然这种竞争不像招标那样必不可少或完全依照竞争法规。参加议标而未当选的承包商任何时候都不得以任何理由要求报销其为议标项目而做出的开支，即使发包单位接受了某议标承包商的报价，但如果上级主管部门拒不批准并且同另一家报价更高的承包商缔约，被拒绝的承包商也无权索取赔偿。

议标合同谈判方式和缔约方式没有什么特殊规定，发包单位不受任何约束。合同形式的选择，特别是合同的计价方法，采取总价合同还是单价合同，均由项目合同负责人决定。

议标通常在以下情况下采用。

（1）以特殊名义（如执行政府间协议）缔结承包合同。

（2）按临时价缔结且在业主监督下执行的合同。

（3）由于技术需求或重大投资原因只能委托给特定承包商或制造商实施的合同。

（4）这类项目多是由提供经济援助的国家资助的建设项目，大多采用议标形式，由受援国的有关部门委托给供援国的承包公司实施。在这种情况下的议标一般是单项议标，且以政府协议为基础。

（5）属于研究、试验或实验及有待完善的项目承包合同。

（6）项目已付诸招标，但无有中标者或没有理想的承包商。在这种情况下，业主通过议标，另行委托承包商实施工程。

（7）出于紧急情况或紧迫需要的项目。

（8）秘密工程，国际工程。

（9）已为业主实施过项目且已取得业主满意的承包商重新承担技术相同的工程项目，或原工程项目的扩建部分。适于按议标方式缔约的项目，也并不意味着不适合于采用其他方式招标，要根据招标人的主客观需要来决定。凡议标合同都需要经过主管合同委员会批准。议标合同的签字程序及合同批准通知书规定期限及相应的手续和缔约候选公司的权力放弃等与招标合同相同。

7.2 世界各地招标投标做法

世界各地区招标的主要方式可以归纳为三种，即世界银行推行的做法；英联邦地区的做法；法语地区的做法。

7.2.1 世界银行推行的做法

世界银行作为一个权威性的国际多边援助机构，具有雄厚的资本和丰富的组织工程承发包的经验。世界银行以其处理事务公平合理和组织实施项目强调经济实效而享有良好的信誉和绝对权威。

世界银行已积累了40多年的投资与工程招标经验，制订了一套完整而系统的有关工程承发包的规定，且被众多国际多边援助机构尤其是国际工业发展组织和许多金融机构以及一些国家的政府援助机构视为模式。世界银行规定的招标方式适用于所有由世界银行参与投资或贷款的项目。

世界银行推行的招标方式主要突出三个基本观点：

(1) 项目实施必须强调经济效益。

(2) 对所有会员国以及瑞士和中国台湾地区的所有合格企业给予同等的竞争机会。

(3) 通过在招标和签署合同时采取优惠措施鼓励借款国发展本国制造商和承包商（评标时，借款国的承包商享有7.5%的优惠）。

凡有世界银行参与投资或提供优惠贷款的项目，通常采用以下方式发包。

(1) 国际竞争性招标（亦称国际公开招标）。

(2) 国际有限招标（包括特邀招标）。

(3) 国内竞争性招标。

(4) 国内或国际选购。

(5) 直接购买。

(6) 政府承包或自营工程。

世界银行推行的国际竞争性招标要求业主方面公正地表述拟建工程的技术要求，以保证不同国家的合格企业能够广泛地参与投标。如果引用的设备、材料必须符合业主的国家标准，在技术说明书中必须陈述也可以接受其他相等的标准。这样可以消除一些国家的保护主义给标的工程笼罩的阴影。此外，技术说明书必须以实施的要求为依据。世界银行作为标的工程的资助者，从项目的选择直至整个实施过程都有权参与意见。在许多关键问题上如受标条件、采用的招标方式，遵循的工程管理条款等都享有决定性发言权。凡按世界银行规定的方式进行国际竞争性招标的工程，必须以国际咨询工程师联合会（FIDIC）制定的条款为管理项目的指导原则，而且承发包双方还要执行由世界银行颁发的文件，即①世界银行采购指南；②国际土木工程建筑合同条款；③世界银行监理指南。

世界银行推行的做法已被世界大多数国家奉为模式。有世行贷款的项目自不必说，没有世界银行贷款的项目，也越来越广泛地效仿之。

除了推行国际竞争性招标方式外，在有充足理由或特殊原因情况下，世界银行也同意甚至主张受援国政府采用国际有限招标方式委托实施工程。这种招标方式主要适用于工程

数额不大、投资商数目有限或有其他不采用国际竞争性招标的理由的情况，但要求招标人必须向足够多的承包商索取报价以保证竞争的价格。另外，对于某些大而复杂的工业项目，如石油化工项目，可能的投标者很少，准备投标的成本很高，为了节省时间，又能取得较好的报价，同样可以采取国际有限招标。

除了上述两种国际性招标以外，有些不宜或无须进行国际招标的工程，世界银行也同意采用国内招标、国际或国内选购、直接购买、政府承包和自营等方式。

7.2.2 英联邦地区的做法

英联邦地区在许多涉外工程项目的承发包方面，基本照搬英国做法。

从经济发展角度看，大部分英联邦成员国属于发展中国家。这些国家的大型工程通常求援于世界银行或国际多边援助机构。因此，他们在承发包工程时首先必须遵循援助机构的要求，也就是说要按世界银行的例行做法发包工程，但是他们始终保留英联邦地区的传统特色，即以改良的方式实行国际竞争性招标。他们在发行招标文件时，通常将已发给文件的承包商数目通知投标人，使其心里有数，避免盲目投标。英国土木工程师协会（ICE）合同条件常设委员会认为：国际竞争性招标浪费时间和资金，效力低下，常常以无结果而告终，导致很多承包商白白浪费钱财和人力。他们不欣赏这种公开方式的招标。相比之下，选择性招标即国际有限招标则在各方面都能产生最高效率和经济效益。因此英联邦地区所实行的主要招标方式是国际有限招标。

实行国际有限招标通常采取以下步骤。

（1）对承包商进行资格预审，以编制一份有资格接受投标邀请书的公司名单。被邀请参加预审的公司应提交其适用 该类工程所在地区周围环境的有关经验的详情，尤其是承包商的财务状况、技术和组织能力及一般经验和履行合同的记录。

（2）招标部门保留一份常备的经批准的承包商名单。这份常备名单并非一成不变，根据实践中对新老承包商的了解加深，不断更新。这样可使业主在拟定委托项目时心中有数。

（3）规定预选投标者的数目，一般被邀请的不过 4～8 家。项目的规模越大，邀请的投标者越少。在投标竞争中始终强调完全公平的原则。

（4）初步调查。在发出标书之前，先对其保留的名单上的拟邀请的承包商进行调查。一旦发现某家承包商无意投标，立即换上名单中的另一家代替之，以保证所要求的投标者的数目。英国土木工程师协会认为承包商谢绝邀请是负责任的表现。这一举动并不会影响其将来的投标机会。在初步调查过程中，招标单位应对工程进行详细介绍，使可能的投标人能够估量工程的规模和造价概数。所提供的信息应包括场地位置、工程性质、预期开工日、指出主要工程量，并提供所有的具体特征的细节。

7.2.3 法语地区的做法

同世界大部分地区的招标做法有所不同，法语地区的招标有两种区别较大的方式：拍卖式和询价式。

1. 拍卖式招标（Adjudication）

拍卖式招标的最大特点是以报价作为判标的唯一标准，其基本原则是自动判标，即在投标人的报价低于招标人规定的标底价的条件下，报价最低者得标。当然得标人必须具备前提条件，就是在开标前业已取得投标资格。这种做法与商品销售中的减价拍卖颇为相似，即招标人以最低价向投标人买取工程。只是工程拍卖比商品拍卖要复杂得多。

拍卖式招标一般适用于简单工程或者工程内容已完全确定，不会发生变化，并且技术的高低不会影响对承包商的选择等情况下的项目。如果工程性质复杂，选择承包商除根据价格标准外，还必须参照如技术、投资、工期、外汇支付比例等其他标准，则工程不宜采用这种办法。

拍卖式招标必须公开宣布各家投标商的报价。如果至少有一家报价低于标底，必须宣布受标，若报价全部超过受标极限，即超过标底的20%，招标单位有权宣布废标。在废标情况下，招标单位可对原招标条件作某些修改，再重新招标。

2. 询价式招标（Appel offres）

询价式招标是法语地区国家工程发包单位招揽承包商参加竞争以委托实施工程的另一种方式，也是法语地区的工程承发包的主要方式。

询价式招标比拍卖式招标要灵活得多。按照询价式招标，投标人可以根据通知要求提出方案，从而使招标人有充分的选择余地。

询价式招标的项目工程一般比较复杂，规模较大，涉及面广，不仅要求承包商报价优惠，而在其他诸如技术、工期及外汇支付比例等方面也有较严格的要求。法语地区的询价式招标与世界银行所推行的竞争性招标要求做法大体相似。

7.3 国际工程合同条件

7.3.1 国际工程合同含义

国际工程承包合同是指国际工程的参与主体之间为了实现特定的目的而签订的明确彼此权利义务关系的协议。

中国加入世界贸易组织（“世贸”）后，建筑市场逐步向国际承建商开放，而中国的建筑企业亦会越来越多地参与海外建筑市场的项目。因此，国际工程通用的合同条件将会更加广泛地被中国建筑企业采用。国际咨询工程师联合会菲迪克（FIDIC）红皮书、黄皮书、橙皮书和银皮书；美国建筑师学会制订发布的“AIA系列合同条件”，英国土木工程师学会编制的“ICE合同条件”通常用于世界各国的国际工程承包领域。

7.3.2 国际工程合同的法律基础

1. 国际工程合同适用的国际法律

(1) 国际公法。国际公法，亦称国际法，主要是国家之间的法律，它是主要调整国家之间关系的有法律约束力的原则、规则和规章、制度的总体。

在当今世界上，存在着190多个国家和数百个国际组织，随着它们之间的交往将产生相互承认，领土、领海、领空的归属，公海和南、北极的法律地位，居民国籍的认定和在别国的地位，外交使、领馆的建立及其享有的特权，相互争端的解决等一系列必须调整的关系，调整这些关系的原则、规则和规章制度即为国际法。而这些关系都是国家间的

"公"的关系，所以国际法又称为国际公法。

(2) 国际私法。国际交往中所产生的涉外民事法律关系，如物权、债权、知识产权、婚姻、家庭、继承等法律关系，都属于私人之间关系，则由国际私法及国际经济法来加以调整。

国际私法主要是通过冲突规范来间接调整涉外民事法律关系，即通过冲突规范来确定适用哪一国的法律从而进一步确定当事人权利义务的。其调整对象是涉外民事法律关系，一般不包括国家、国际组织之间的经济关系。

(3) 国际经济法。国际经济法是调整不同国家和国际经济组织及不同国家的个人和法人之间经济关系的法律规范的总称。它是一个独立的、综合的、新兴的法律部门。它是随着国际经济关系的发展，为建立各国在国际经济贸易活动中的经济秩序而产生和发展的。国际经济法既调整个人与法人间的经济关系，也调整国家及国际经济组织之间的经济关系。

2. 公法范畴内的工程所在国的相关法律

本书以美国为例，阐述公法范畴内的工程所在国的相关法律。

(1) 美国司法管辖及适用法律。美国法院分为联邦系统和州系统，这两个系统均有三个层次：地区法庭、上诉法庭和最高法院。联邦法院与各州法院的司法管辖权分工与宪法规定的联邦和各州分权的原则是一致的，除宪法直接规定或国会根据宪法授予的权力规定的联邦法院的案件管辖范围外，其他案件由州法院管辖。联邦系统法院管辖的案件主要包括：涉及外国政府代理人的案件，公海上和国内供对外贸易、州际商业之间的通航水域案件，不同州之间或不同州公民、本国公民与外国人之间的案件，联邦其他法院移送的案件，以及原属联邦与州双重管辖而双方当事人自愿转交联邦法院审理的案件。

在适用法律方面，目前形成的原则是：联邦法院在审理涉及联邦问题的案件时适用联邦法；在审理不同州公民之间的案件时，适用联邦法院所在州的法律，但在涉及宪法规定的州际商业条款（如交通、劳工关系方面的法律），以及一些特别重要的需要建立全国统一法律的问题时，将适用联邦法律。各州法院在审理案件时，大多数情况下适用该州的法律，但在审理某些案件时也可能要适用联邦法或者其他州的法律。

(2) 与建设工程合同管理相关的法律。美国没有专门的成文合同法，合同法规主要分布在商法典、民法典中。美国法律中与建设工程合同管理相关最为密切的当属统一商法典及合同法重述。统一商法典由美国法学会和美国统一州法全国委员会共同制订，属于示范法，只有被各州采纳才具有法律效力。到 20 世纪 60 年代初，已经被 50 个州中的 49 个州采纳，并宣布成为法律；剩下路易丝安娜州实行的是成文法，也具有美国统一商法典中的多数内容。合同法重述是关于合同的基本原则和规则的概要，它不是一项立法。合同法重述的工作由美国法学会开展，合同法重述的起草人不能脱离判例阐述个人的看法，只能"重述"有关合同判例的规则。遇到相互冲突的判例规则时，起草人可以选择其一，起草人也可以重述少数成文法的内容。合同法重述到目前为止进行过三次，第一次是在 1933 年，第二次是在 1979 年，第三次是在 1995 年。合同法重述虽然没有法律效力，但是法官们经常援引，作为判案的指导。

其他相关的法律法规还有反垄断的克莱顿法、谢尔曼法，反价格歧视的罗宾逊—帕特

曼法等。

(3) 建筑技术标准及规范。建筑技术标准及规范中，影响最大的当属《统一建筑法规》(UNIFORM BUILDING CODE—UBC)。该法规由国际建筑工作者联合会、国际卫生工程、机械工程工作者协会和国际电气检查人员协会联合制定；该法规本身不具有法律效力，各州、市、县都可以根据本地的实际情况对其进行修改和补充；当建筑物在建造和使用过程中出现问题时，统一建筑法规是进行调解、仲裁和诉讼判决的重要依据。

统一建筑法规的主要内容包括：建筑管理、建筑物的使用和占有、一般的建筑限制、建造类型、防火材料及防火系统、出口设计、内部环境、能源储备、外部墙面、房屋结构、结构负荷、结构实验及检查、基础和承重墙、水泥、玻璃、钢材、木材、塑料、轻重金属、电力管线设备和系统、管道系统、电梯系统等方面的标准和管理规定。

7.3.3 FIDIC合同条件

1. FIDIC合同条件概述

FIDIC是被世界银行和其他国际金融组织认可的国际咨询服务机构。总部设在瑞士洛桑，下设4个地区成员协会：亚洲及太平洋地区成员协会（ASPAC)、欧洲共同体成员（CEDIC)、亚非洲成员协会集团（CAMA)，北欧成员协会集团（RINORD)。

目前已发展到世界各地50多个国家和地区，成为全世界最有权威的工程师组织。FIDIC下设许多专业委员会，各专业委员会编制了用于国际工程承包合同的许多规范性文件，被FIDIC成员国广泛采用，并被FIDIC成员国的雇主、工程师和承包商所熟悉，现已发展成为国际公认的标准范本，在国际上被广泛采用。

FIDIC合同条件（FIDIC土木工程施工合同条件）就是国际上公认的标准合同范本之一。由于FIDIC合同条件的科学性和公正性而被许多国家的雇主和承包商接受，又被一些国家政府和国际性金融组织认可，被称作国际通用合同条件。FIDIC合同条件是由国际工程师联合会（FIDIC）和欧洲建筑工程委员会在英国土木工程师学会编制的合同条件（即ICE合同条件）基础上制定的。

FIDIC合同条件有如下几类：一是雇主与承包商之间的缔约，即《FIDIC土木工程施工合同条件》，因其封皮呈红色而取名“红皮书”，有1957年、1969年、1977年、1987年、1999年、2017年六个版本，使用了18年的1999版“红皮书”与前几个版本在结构、内容方面有较大的不同；二是雇主与咨询工程师之间的缔约，即《FIDIC/咨询工程师服务协议书标准条款》，因其封面呈银白色而被称为“白皮书”，而之前的1990年版，它将此前三个相互独立又相互补充的范本IGRA－1979－D&S、IGRA－1979－PI、IGRA－1980－PM合而为一；三是雇主与电气/机械承包商之间的缔约，即《FIDIC电气与机械工程合同条件》，因其封面呈黄色而得名“黄皮书”，1963年出了第一版“黄皮书”，1977年、1987年、1999年出三个新版本，最新的“黄皮书”版本是2017年版；四是其他合同，如为总承包商与分包商与分包商之间缔约提供的范本，《FIDIC土木工程施工分包合同条件》，为投资额较小的项目雇主与承包商提供的《简明合同格式》，为“交钥匙”项目而提供的《EPC合同条件》。上述合同条件中，“红皮书”的影响尤甚。

2.《FIDIC建设工程施工合同》主要内容

《FIDIC建设工程施工合同》主要分为七大类条款。

(1) 一般性条款。一般性条款包括下述内容：①招标程序，包括合同条件、规范、图纸、工程量表、投标书、投标者须知、评标、授予合同、合同协议、程序流程图、合同各方、监理工程师等；②合同文件中的名词定义及解释；③工程师及工程师代表和他们各自的职责与权力；④合同文件的组成、优先顺序和有关图纸的规定；⑤招投标及履约期间的通知形式与发往地址；⑥有关证书的要求；⑦合同使用语言；⑧合同协议书。

(2) 法律条款。法律条款主要涉及：合同适用法律，劳务人员及职员的聘用、工资标准、食宿条件和社会保险等方面的法规，合同的争议、仲裁和工程师的裁决，解除履约，保密要求，防止行贿，设备进口及再出口，强制保险，专利权及特许权，合同的转让与工程分包，税收，提前竣工与延误工期，施工用材料的采购地等内容。

(3) 商务条款。商务条款系指与承包工程的一切财务、财产所有权密切相关的条款，主要包括：承包商的设备、临时工程和材料的归属，重新归属及撤离；设备材料的保管及损坏或损失责任；设备的租用条件；暂定金额；支付条款；预付款的支付与扣回；保函，包括投标保函、预付款保函、履约保函等；合同终止时的工程及材料估价；解除履约时的付款；合同终止时的付款；提前竣工奖金的计算；误期罚款的计算；费用的增减条款；价格调整条款；支付的货币种类及比例；汇率及保值条款。

(4) 技术条款。技术条款是针对承包工程的施工质量要求、材料检验及施工监督、检验测量及验收等环节而设立的条款，包括：对承包商的设施要求；施工应遵循的规范；现场作业和施工方法；现场视察；资料的查阅；投标书的完备性；施工制约；工程进度；放线要求；钻孔与勘探开挖；安全、保卫与环境保护；工地的照管；材料或工程设备的运输；保持现场的整洁；材料、设备的质量要求及检验；检查及检验的日期与检验费用的负担；工程覆盖前的检查；工程覆盖后的检查；进度控制；缺陷维修；工程量的计量和测量方法；紧急补救工作。

(5) 权利与义务条款。权利与义务条款包括承包商、业主和监理工程师三者的权利和义务。

1) 承包商的权利。承包商的权利包括：有权得到提前竣工奖金；收款权；索赔权；因工程变更超过合同规定的限值而享有补偿权；暂停施工或延缓工程进度速度；停工或终止受雇；不承担业主的风险；反对或拒不接受指定的分包商；特定情况下的合同转让与工程分包；特定情况下有权要求延长工期；特定情况下有权要求补偿损失；有权要求进行合同价格调整；有权要求工程师书面确认口头指示；有权反对业主随意更换监理工程师。

2) 承包商的义务。承包商的义务包括：遵守合同文件规定，保质保量、按时完成工程任务，并负责保修期内的各种维修；提交各种要求的担保；遵守各项投标规定；提交工程进度计划；提交现金流量估算；负责工地的安全和材料的看管；对其由承包商负责完成的设计图纸中的任何错误和遗漏负责；遵守有关法规；为其他承包商提供机会和方便；保持现场整洁；保证施工人员的安全和健康；执行工程师的指令；向业主偿付应付款项（包括归还预付款）；承担第三国的风险；为业主保守机密；按时缴纳税金；按时投保各种强制险；按时参加各种检查和验收。

3) 业主的权利。业主有权不接受最低标。有权指定分包商；在一定条件下可直接付款给指定的分包商；有权决定工程暂停或复工；在承包商违约时，业主有权接管工程或没收各种保函或保证金；有权决定在一定的幅度内增减工程量；不承担承包商因发生在工程所在国以外的任何地方的不可抗力事件所遭受的损失（因炮弹、导弹等所造成的损失例外）。有权拒绝承包商分包或转让工程（应有充足理由）。

4）业主的义务。向承包商提供完整、准确、可靠的信息资料和图纸，并对这些资料的准确性负完全的责任；承担由业主风险所产生的损失或损坏；确保承包商免于承担属于承包商义务以外情况的一切索赔、诉讼，损害赔偿费、诉讼费、指控费及其他费用；在多家独立的承包商受雇于同一工程或属于分阶段移交的工程情况下，业主负责办理保险；按时支付承包商应得的款项，包括预付款；为承包商办理各种许可，如现场占用许可，道路通行许可，材料设备进口许可，劳务进口许可等；承担疏浚工程竣工移交后的任何调查费用；支付超过一定限度的工程变更所导致的费用增加部分；承担在工程所在国发生的特殊风险以及任何其他地区因炮弹、导弹对承包商造成的损失的赔偿和补偿；承担因后继法规所导致的工程费用增加额。

5）监理工程师的权力。监理工程师可以行使合同规定的或合同中必然隐含的权力，主要有：有权拒绝承包商的代表；有权要求承包商撤走不称职人员；有权决定工程量的增减及相关费用；有权决定增加工程成本或延长工期；有权确定费率；有权下达开工令、停工令、复工令（因业主违约而导致承包商停工情况除外）；有权对工程的各个阶段进行检查，包括已掩埋覆盖的隐蔽工程；如果发现施工不合格情况，监理工程师有权要求承包商如期修复缺陷或拒绝验收工程；承包商的设备、材料必须经监理工程师检查，监理工程师有权拒绝接受不符合规定标准的材料和设备；在紧急情况下，监理工程师有权要求承包商采取紧急措施；审核批准承包商的工程报表的权力属于监理工程师，付款证书由监理工程师开出；当业主与承包商发生争端时，监理工程师有权裁决，虽然其决定不是最终的。

6）监理工程师的义务。监理工程师作为业主聘用的工程技术负责人，除了必须履行其与业主签订的服务协议书中规定的义务外，还必须履行其作为承包商的工程监理人而尽的职责，FIDIC条款针对监理工程师在建筑与安装施工合同中的职责规定了以下义务：必须根据服务协议书委托的权力进行工作；行为必须公正，处事公平合理，不能偏听偏信；应虚心听取业主和承包商两方面的意见，基于事实作出决定；发出的指示应该是书面的，特殊情况下来不及发出书面指示时，可以发出口头指示，但随后以书面形式予以确认；应认真履行职责，应根据承包商的要求及时对已完工程进行检查或验收，对承包商的工程报表及时进行审核；应及时审核承包商在履约期间所做的各种记录，特别是承包商提交的作为索赔依据的各种材料；应实事求是地确定工程费用的增减与工期的延长或压缩；如因技术问题需同分包商打交道时，须征得总承包商同意，并将处理结果告之总承包商。

(6) 违约惩罚与索赔条款。违约惩罚与索赔是FIDIC条款一项重要内容，也是国际承包工程得以圆满实施的有效手段。采用工程承发包制实施工程的效果之所以明显优于其他方法，根本原因就在于按照这种制度，当事人各方责任明确，赏罚分明。FIDIC条款中的违约条款包括两部分，即业主对承包商的惩罚措施和承包商对业主拥有的索赔权。

1）惩罚措施因承包商违约或履约不力，业主可采取以下惩罚措施：①没收有关保函或保证金；②误期罚款；③由业主接管工程并终止对承包商的雇用。

2）索赔条款：索赔条款是根据关于承包商享有的因业主履约不力或违约，或因意外

因素（包括不可抗力情况）蒙受损失（时间和款项）而向业主要求赔偿或补偿权利的契约性条款。这方面的条款包括：①索赔的前提条件或索赔动因；②索赔程序、索赔通知、同期记录、索赔的依据、索赔的时效和索赔款项的支付等。

（7）附件和补充条款。FIDIC 条款还规定了作为招标文件的文件内容和格式，以及在各种具体合同中可能出现的补充条款。

1）附件条款。附件条款包括投标书及其附件、合同协议书。

2）补充条款。补充条款包括防止贿赂、保密要求、支出限制、联合承包情况下的各承包人的各自责任及连带责任，关税和税收的特别规定等 5 个方面内容。

7.3.4 美国 AIA 系列合同条件

AIA 是美国建筑师学会（The American Institute of Architects）的简称。该学会作为建筑师的专业社团已经有近 140 年的历史，成员总数达 56000 名，遍布美国及全世界。AIA 出版的系列合同文件在美国建筑业界及国际工程承包界，特别在美洲地区具有较高的权威性，应用广泛。

AIA 系列合同文件分为 A、B、C、D、G 等系列，其中 A 系列是用于业主与承包商的标准合同文件，不仅包括合同条件，还包括承包商资格申报表，保证标准格式。B 系列主要用于业主与建筑师之间的标准合同文件，其中包括专门用于建筑设计、室内装修工程等特定情况的标准合同文件。C 系列主要用于建筑师与专业咨询机构之间的标准合同文件。D 系列是建筑师行业内部使用的文件。G 系列是建筑师企业及项目管理中使用的文件（见附表一：AIA 系列标准合同文件一览表）。

AIA 系列合同文件的核心是“一般条件”（A201）。采用不同的工程项目管理模式及不同的计价方式时，只需选用不同的“协议书格式”与“一般条件”即可。如 AIA 文件 A101 与 A201 一同使用，构成完整的法律性文件，适用于大部分以固定总价方式支付的工程项目。再如 AIA 文件 A111 和 A201 一同使用，构成完整的法律性文件，适用于大部分以成本补偿方式支付的工程项目。

AIA 文件 A201 作为施工合同的实质内容，规定了业主、承包商之间的权利、义务及建筑师的职责和权限，该文件通常与其他 AIA 文件共同使用，因此被称为“基本文件”。

1987 年版的 AIA 文件 A201《施工合同通用条件》共计 14 条 68 款，主要内容包括：业主、承包商的权利与义务；建筑师与建筑师的合同管理；索赔与争议的解决；工程变更；工期；工程款的支付；保险与保函；工程检查与更正其他条款。

7.3.5 英国 ICE 合同条件

ICE 是英国土木工程师学会（The Institution of Civil Engineers）的简称。该学会是设于英国的国际性组织，拥有会员 8 万多名，其中 1/5 在英国以外的 140 多个国家和地区。该学会已有 180 年的历史，已成为世界公认的学术中心、资质评定组织及专业代表机构。ICE 在土木工程建设合同方面具有高度的权威性，它编制的土木工程合同条件在土木工程具有广泛的应用。

1991 年 1 月第六版的《ICE 合同条件（土木工程施工）》共计 71 条 109 款，主要内容包括：工程师及工程师代表；转让与分包；合同文件；承包商的一般义务；保险；工艺与

材料质量的检查；开工，延期与暂停；变更、增加与删除；材料及承包商设备的所有权；计量；证书与支付；争端的解决；特殊用途条款；投标书格式。此外ICE合同条件的最后也附有投标书格式、投标书格式附件，协议书格式、履约保证等文件。

7.3.6 亚洲地区使用的合同

1. 中国香港地区使用的合同

在香港，政府投资工程主要有两个标准合同文本，即香港特区政府土木工程标准合同和香港特区政府建筑工程标准合同。这两种标准合同的主要内容有：承包商的责任和义务；材料和工艺要求；合同期限和延期规定；维护期和工程缺陷；工程变化量和价值的计量；期中付款；违约责任；争议的解决。这两种合同都规定，承包商在某些情况下（如天气恶劣，工程量大幅度增加等），可申请延长工期，在获批准后有权要求政府给予费用上的补偿。而私人投资工程则采用英国皇家特许测量师学会（中国香港分会）的标准合同。该合同除有明确的通用条款外，还有些根据法院诉讼经验而订立的默示条款（如甲方需与承包商合作，在不影响按期完工的前提下，为承建商准备好主要合同工程的场地，以便其安装设备；甲方不得阻止或干涉承建商按合同规定进行的施工等）。这些条款暗中给予承包商一种权力，使之在甲方违约的情况下可以索赔。

2. 日本的建设工程承包合同

日本的建设工程承包合同的内容规定在《日本建设业法》中。该法的第三章“建设工程承包合同”规定，建设工程承包合同包括以下内容：工程内容；承包价款数额及支付；工程及工期变更的经济损失的计算方法；工程交工日期及工程完工后承包价款的支付日期和方法；当事人之间合同纠纷的解决方法等。

3. 韩国的建设工程合同

韩国的建设工程承包合同的内容也规定在国家颁布的法律即《韩国建设业法》（1994年1月7日颁布实施）中。该法第三章“承包合同”规定承包合同有以下内容：如建设工程承包的限制；承包额的核定；承包资格限制的禁止；概算限制；建设工程承包合同的原则；承包人的质量保障责任；分包的限制；分包人的地位，分包的价款的支付，分包人的变更的要求，工程的检查和交接等。以上几种合同都是在某一国家或某几个国家使用的。除此之外，还有一种在国际工程承包市场上广泛使用的合同条件，即FIDIC合同条件。

习 题

一、单项选择题

1. 与我国的招标程序相比，国际竞争性招标程序中所特有的是（ ）。

A. 资格预审 B. 资格定审 C. 开标 D. 评标

2. 下列选项中（ ）不属于国际市场的招标方式。

A. 公开招标 B. 邀请招标 C. 议标招标 D. 代理招标

3. 根据FIDIC《施工合同条件》，合同争端裁决委员会的组成人员由（ ）。

A. 行业协会指定 B. 仲裁委员会指定

C. 业主与承包商协商选定 D. 工程师和承包商协商选定

4. 不属于国际金融组织的是（　　）。

A. 世界银行　　B. 国际农业发展基金组织

C. 中国银行　　D. 亚洲开发银行

5. 根据 FIDIC《施工合同条件》，合同争端裁决委员会的组成人员由（　　）。

A. 行业协会指定　　B. 仲裁委员会指定

C. 业主与承包商协商选定　　D. 工程师和承包商协商选定

6. 根据 FIDIC《施工合同条件》，同时在现场施工的两个承包商出现施工干扰时，工程师有权发布调整其中某一承包商原定施工作业顺序的指令，工程师发布该指令的依据是（　　）的规定。

A. 施工合同中关于进度控制条款

B. 施工合同中关于变更条款

C. 工程师与业主订立的服务合同中工程师权力条款

D. 工程师与业主订立的服务合同中工程师责任条款

7. 根据 FIDIC《土木工程施工分包合同条件》，分包商收到工程师发出的分包工程变更指令后，正确的做法是（　　）。

A. 立即执行　　B. 变更执行

C. 请承包商代表确认后再执行　　D. 请业主代表确认后再执行

8. 某工程项目是按照 FIDIC《施工合同条件》签订的合同，合同约定，缺陷通知期为 1 年，A 单位工程为分部移交工程，A 单位工程竣工移交后的运行期间，因施工质量问题出现重大缺陷。承包人修复后工程师要求延长该部分缺陷通知期 3 个月。单位工程缺陷通知期的终止时间应为（　　）。

A. A 单位工程竣工日后 1 年　　B. A 单位工程竣工日后 1 年 3 个月

C. 全部工程竣工日后 1 年　　D. 全部工程竣工日后 1 年 3 个月

9. 根据 FIDIC《施工合同条件》，颁发工程接收证书后扣留在业主方的保留金应（　　）。

A. 全额扣留在业主方，颁发履约证书后再全部返还

B. 返还总额的 40%

C. 返还总额的 50%

D. 全部返还

10. 邀请招标由招标单位向有承担该项工程施工能力的（　　）个以上企业发出招标邀请书及招标文件，由他们进行投标。

A. 2　　B. 3　　C. 4　　D. 5

二、多项选择题

1. 关于法定代表人的说法，正确的有（　　）。

A. 公司章程对法定代表人权利的限制，可以对抗任意第三人

B. 因过错履行职务行为损害他人，由法定代表人承担责任

C. 法定代表人代表法人从事民事活动

D. 法定代表人为特别法人

E. 法人应当有法定代表人

2. 根据FIDIC《施工合同条件》，工程师只批准工期顺延而不给经济补偿的有（ ）。

A. 延误发放图样

B. 施工中遇到异常恶劣的气候条件影响

C. 延误移交施工现场

D. 执行政府部门发布的某时间段暂停施工的指令

E. 由于传染病的影响而暂时停止的施工

3. 施工企业以商业汇票向债权人提供担保，下列关于该担保的说法中，正确的有（ ）。

A. 该担保方式是抵押
B. 该担保方式是质押

C. 施工企业应当将汇票交付债权人
D. 双方应当办理登记

E. 汇票应由施工企业保管

4. 根据FIDIC《施工合同条件》，承包商提交工程师中期结算的工程进度款支付报表中，应包括的内容有（ ）。

A. 经工程师计量的合格工程的工程款额
B. 完成变更工程的款额

C. 作为保留金本期减扣的款额
D. 承包商需支付给分包商的款额

E. 本期经工程师批准的索赔款额

5. 根据FIDIC《土木工程施工分包合同条件》，工程师对分包工程的管理职责有（ ）。

A. 批准分包工程部位
B. 审查分包商资质

C. 协商分包工程的施工
D. 检查分包工程使用的材料

E. 参与计量分包人完成的永久工程

三、简答题

1. 简述国际招投标的基本程序。

2. 合同类型有哪些？

3. 什么是两阶段招标法？

4. FIDIC合同条件包括哪些内容？

第 8 章　建设工程招标投标实训

【教学目的】 通过招投标实训，学生要掌握建设工程项目招投标的条件及主要招投标方式、招投标的程序；掌握招投标的文件编制；熟悉开标、评标、定标、签订合同的各环节步骤、方法。

1. 建设工程承发包的概念

工程承发包是指建筑企业（承包商）作为承包人（称乙方），建设单位（业主）作为发包人（称甲方），由甲方把建筑工程任务委托给乙方，且双方在平等互利的基础上签订工程合同，明确各自的经济责任、权利和义务，以保证工程任务在合同造价内按期、按质、按量地全面完成。它是一种经营方式。

工程发包有两种方式：招标发包与直接发包。《建筑法》规定："建筑工程依法实行招标发包，对不适于招标发包的可以直接发包。"建筑工程实行招标发包的，发包单位应当将建筑工程发包给依法中标的承包单位。建筑工程实行直接发包的，发包单位应当将建筑工程发包给具有相应资质条件的承包单位。政府及其所属部门不得滥用行政权力，限定发包单位将招标发包的建筑工程发包给指定的承包单位。

2. 建设工程承发包的内容

工程项目承发包的内容，就是整个建设过程各个阶段的全部工作，可以分为工程项目的项目建议书、可行性研究、勘察设计、材料及设备的采购供应、建筑安装工程施工、生产准备和竣工验收及工程监理等阶段的工作。对一个承包单位来说，承包内容可以是建设过程的全部工作，也可以是某一阶段的全部或一部分工作。

3. 说明

这些实训项目可以作为毕业设计课题，也可以作为周实训项目，内容比较多，不能全部完成，指导老师可以自行选择一些项目组成实训指导书和实训任务，交由学生完成，打 * 的题为选做题。

8.1　招投标企业及个人资料备案

《建筑法》第 13 条对从事建筑活动的各类单位作出了必须进行资质审查的明确规定："从事建筑活动的建筑施工企业、勘察单位、设计单位和工程监理单位，按照其拥有的注册资本、专业技术人员、技术装备和已完成的建筑工程业绩等资质条件，划分为不同的资质等级，经资质审查合格，取得相应等级资质证书后，方可在其资质等级许可的范围内从事建筑活动。"从而在法律上确定了从业资格许可制度。从事建筑活动的建筑施工企业、勘察单位、设计单位，应当具备下列条件：①有符合国家规定的注册资本；②有与其从事的建筑活动相适应的具有法定执业资格的专业技术人员；③有从事相关建筑活动所应有的

技术装备；④有符合规定的已完成工程业绩和法律、行政法规规定的其他条件。

8.1.1　施工企业的资质序列、类别和等级

《建筑业企业资质管理规定》中规定，建筑业企业资质分为施工总承包、专业承包和劳务分包 3 三个序列。

1. 施工总承包企业资质序列

施工总承包企业划分为房屋建筑工程、公路工程、铁路工程、港口与航道工程、水利水电工程、电力工程、矿山工程、冶炼工程、化工石油工程、市政公用工程、通信工程、机电安装工程等 12 个资质类别；每个资质类别划分 3～4 个资质等级，即特级、一级、二级或特级、一级至三级。

2. 专业承包企业资质序列

专业承包企业划分为地基与基础工程、土石方工程、建筑装修装饰工程、建筑幕墙工程、预拌商品混凝土、混凝土预制构件、园林古建筑工程、钢结构工程、高耸构筑物、电梯安装工程、消防设施工程、建筑防水工程、防腐保湿工程、附着升降脚手架、金属门窗工程、预应力工程、起重设备安装工程、机电设备安装工程、爆破与拆除工程、建筑智能化工程、环保工程、电信工程、电子工程、桥梁工程、隧道工程、公路路面工程、公路路基工程、公路交通工程、铁路电务工程、铁路铺轨架梁工程、铁路电气化工程、机场场道工程、机场空管工程及航站楼弱电系统工程、机场目视助航工程、港口与海岸工程、港口装卸设备安装、航道、通航建筑、通航设备安装、水上交通管制、水工建筑物基础处理、水工金属结构制作与安装、水利水电机电设备安装、河湖整治工程、堤防工程、水工大坝、水工隧洞、火电设备安装、送变电工程、核工业、炉窑、冶炼机电设备安装、化工石油设备管道安装、管道工程、无损检测工程、海洋石油、城市轨道交通、城市及道路照明、体育场地设施、特种专业（建筑物纠偏和平移、结构补强、特殊设备的起吊、特种防雷技术等）共 60 个资质类别；每个资质类别分为 1～3 个资质等级，即一级、二级、三级或者不分等级。

3. 劳务分包企业资质序列

劳务分包企业划分为木工作业、砌筑作业、抹灰作业、石制作、油漆作业、钢筋作业、混凝土作业、脚手架作业、模板作业、焊接作业、水暖电安装、钣金作业、架线作业等 13 个资质类别；每个资质类别分为一级、二级两个资质等级或者不分等级。

8.1.2　建筑工作人员的执业资格

1. 建筑十大员

机械员、材料员、资料员、劳务员、预算员、测量员、标准员、档案员、试验员、技术员。

2. 由住房和城乡建设部设立的注册师

由住房和城乡建设部设立的注册师包括：①注册造价工程师；②注册监理工程师；③注册土木工程师；④注册化工工程师；⑤注册城市规划师；⑥注册物业管理师；⑦注册电气工程师；⑧注册机械工程师；⑨注册冶金工程师；⑩注册房地产估价师；⑪注册房地产经纪人；⑫注册公用设备工程师；⑬注册采矿/矿物工程师；⑭注册石油天然气工程师；⑮一级、二级注册建造师；⑯一级、二级注册建筑师；⑰一级、二级注册结构工程师。

8.1.3 学生实训需完成的任务

1. 自主编制（或由老师确定）

自行编制一个建筑项目、一个招标代理企业（或者业主自行招标）、一个投标建筑企业。

2. 具体完善的企业证件资料

（1）企业营业执照（图 8.1）。

（2）开户许可证（图 8.2）。

（3）组织机构代码证（图 8.3）。

（4）企业资质证书（图 8.4）。

（5）安全生产许可证（图 8.5）。

（6）三个体系证书（环境、职业健康、质量）

1）质量管理体系认证证书 ISO 9001（图 8.6）。

2）环境管理体系认证证书 ISO 14001（图 8.7）。

3）职业健康管理体系认证证书 OHSAS 18001（图 8.8）。一般正规企业至少要做 ISO 9001 认证，环境和职业健康是投标的门槛。

（7）企业资信等级证书（图 8.9）。

图 8.1 营业执照样式

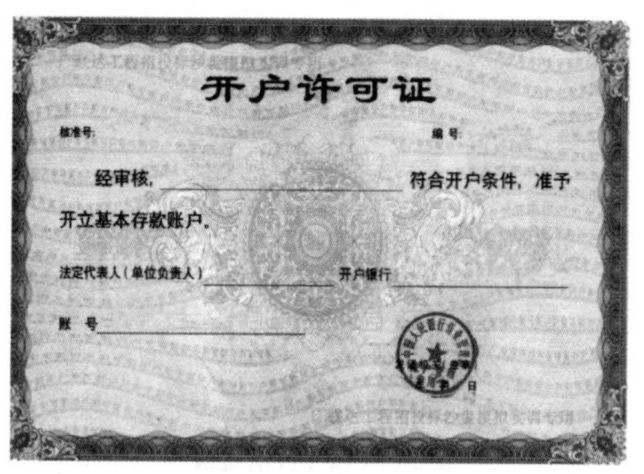

图 8.2 开户许可证样式

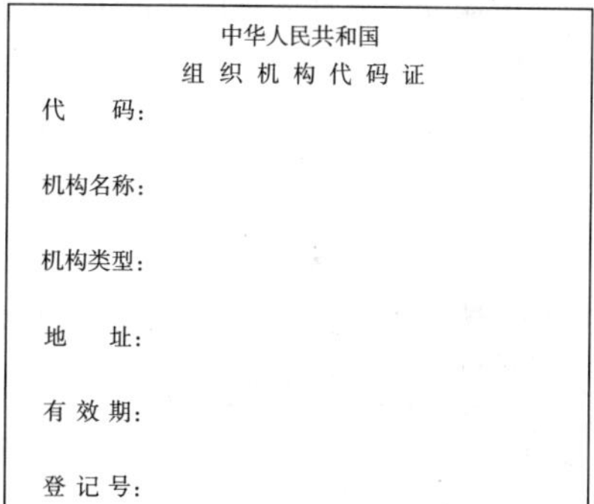

中华人民共和国

组 织 机 构 代 码 证

代　　码:

机构名称:

机构类型:

地　　址:

有 效 期:

登 记 号:

图 8.3 组织机构代码证样式

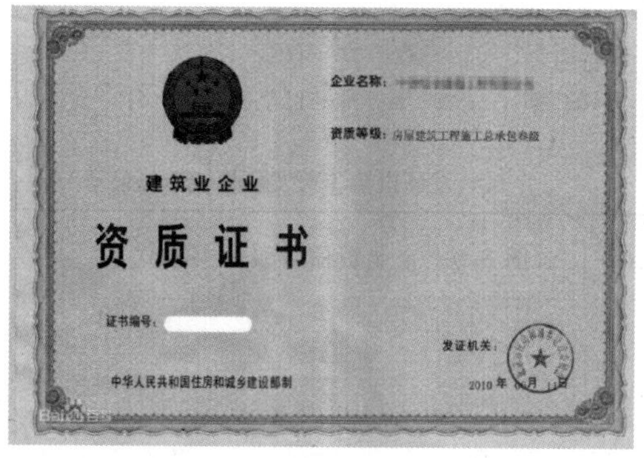

图 8.4 企业资质证书样式

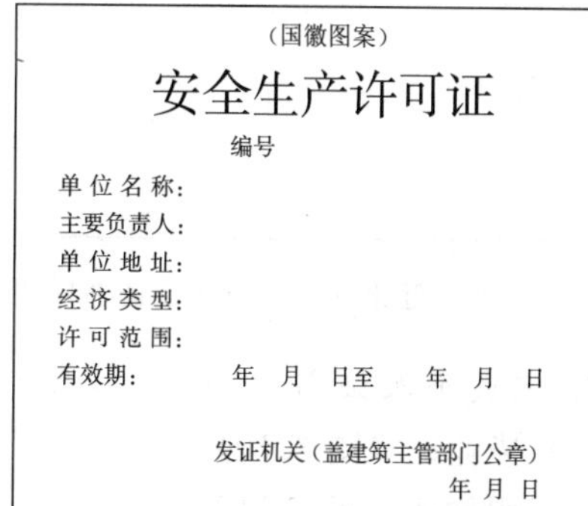

（国徽图案）

安全生产许可证

编号

单 位 名 称:

主要负责人:

单 位 地 址:

经 济 类 型:

许 可 范 围:

有效期:　　　　年　月　日至　　年　月　日

发证机关（盖建筑主管部门公章）

年 月 日

图 8.5 安全生产许可证样式

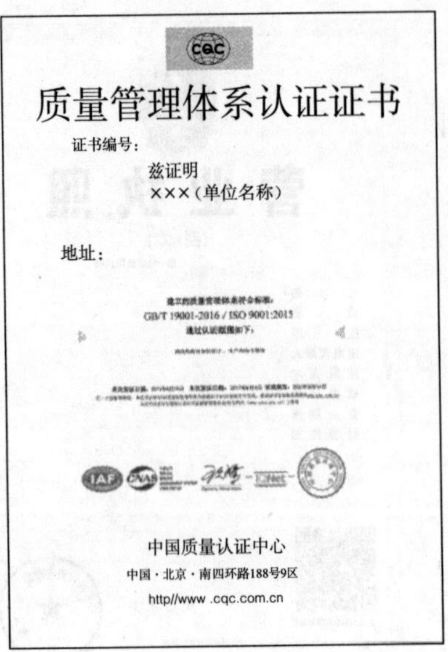

CQC

质量管理体系认证证书

证书编号：

兹证明

×××（单位名称）

地址：

GB/T 19001-2016 / ISO 9001:2015

中国质量认证中心

中国・北京・南四环路188号9区

http//www .cqc.com.cn

图 8.6　质量管理体系认证证书样式

CQC

环境管理体系认证证书

证书编号：

兹证明

×××（单位名称）

地址：

GB/T 19001-2016 / ISO 9001:2015

中国质量认证中心

中国・北京・南四环路188号9区

http//www .cqc.com.cn

图 8.7　环境管理体系认证证书样式

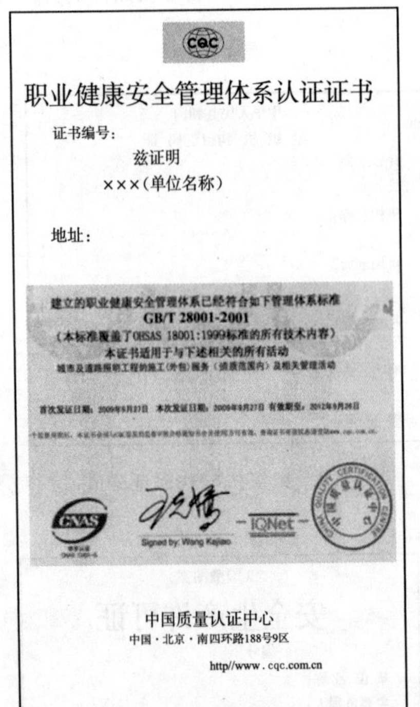

CQC

职业健康安全管理体系认证证书

证书编号：

兹证明

×××(单位名称)

地址：

建立的职业健康安全管理体系已经符合如下管理体系标准

GB/T 28001-2001

（本标准覆盖了OHSAS 18001:1999标准的所有技术内容）

本证书适用于与下述相关的所有活动

城市及道路照明工程的施工（外包）服务（资质范围内）及相关管理活动

首次发证日期：2009年9月27日　本次发证日期：2009年9月27日　有效期至：2012年9月26日

Signed by: Wang Kejiao

IQNet

中国质量认证中心

中国・北京・南四环路188号9区

http//www . cqc.com.cn

图 8.8　职业健康管理体系认证证书样式

资信等级证书

（单 位 名 称）

AAA（资信等级）

证书号：　　　　信用档案号：

发证日期：　　年　月　日

有 效 期：　　年　月　日至　　年　月　日

发证机构（盖发证机构单位公章）

图 8.9　企业资信等级证书样式

3. 完成个人证书

（1）毕业证（图 8.10）。

（2）职称证（图 8.11）。

（3）注册证（图 8.12）。

普通高等学校

毕 业 证 书

学生　　　　姓别　　，籍贯　　，
年　　月生。于　　年　　月入本校　　专
业　　，本科修业　　年，成绩及格，准予毕业。

照片（学校钢印）

校（院）长：

证书编号：　　　　　　　　　　年　　月　　日

图 8.10　毕业证样式

照片	级　　别：
（加盖审批部门钢印有效）	专业名称：
姓　　名：	资格名称：
性　　别：	评审组织：
出生年月：	审批部门：
工作单位：	批准文号：

图 8.11　职称证样式

一级建造师
Constructor

本证书由中华人民共和国人力资源和社会保障部、住房和城乡建设部批准颁发，表明持证人通过国家统一组织的考试，取得一级建造师的执业资格。

中华人民共和国人力资源和社会保障部
中华人民共和国住房和城乡建设部

照片

（加盖审批部门钢印有效）

姓　　名：

证件号码：

性　　别：
出生年月：
批准文号：
管理号：

图 8.12　一级建造师证样式

8.2　建设工程招标策划

8.2.1　工程建设项目招标应当具备的条件

依据《工程建设项目施工招标投标办法》（国家发展计划委员会、原建设部、原铁道部、交通部、信息产业部、水利部、民航总局令第 30 号）第八条的规定，及《关于废止和修改部分招标投标规章和规范性文件的决定》（2013 年第 23 号令），依法必须招标的工程建设项目，应当具备下列条件才能进行工程招标。

（1）招标人已经依法成立。

（2）初步设计及概算应当履行审批手续的，已经批准。

（3）有相应的资金或资金来源已经落实。

（4）有招标所需的设计图纸及技术资料。

（5）法律、法规、规章规定的其他条件。

8.2.2　建筑工程项目招标方式

建筑工程项目招标方式采用国际上通行的公开招标和邀请招标，我国目前对工程建设项目的招标范围按《中华人民共和国招标投标法》第 3 条的规定执行，即在中华人民共和国境内进行下列工程建设项目，包括项目的勘察、设计、施工、监理以及与工程建设有关的重要设备、材料等的采购，必须进行招标。

（1）大型基础设施、公用事业等关系社会公共利益、公众安全的项目。

（2）全部或者部分使用国有资金投资或者国家融资的项目。

（3）使用国际组织或者外国政府贷款、援助资金的项目。

8.2.3　招标策划流程图（表 8.1）

表 8.1　　招标策划流程图

序号	项　目		日期安排
1	发布资格预审公告/招标公告	⟷	有效期至少 5 日
2	投标报名	⟷	
3	售卖资格预审文件	⟷	发售期不得少于 5 日
4	投标申请人对资审文件质疑	⟷	在提交资格预审申请文件截止时间 2 日前提出
5	招标人对资审文件澄清/修改	⟷	提交资格预审申请文件截止时间至少 3 日前，不足 3 日的，顺延提交资格预审申请文件截止时间
6	预约资审评审室		
7	资审专家抽取	⟷	由招标人（或招标代理机构）向专家库提交申请，专家库随机抽取，专家库管理单位周末及法定节假日不进行专家抽取工作
8	提交资审申请文件	⟷	自资格预审文件停止发售之日起不得少于 5 日
9	召开资格审查会		
10	发布资审结果		
11	发售招标文件、施工图纸	⟷	发售期不得少于 5 日
12	现场踏勘		

续表

序号	项目		日期安排
13	投标预备会		
14	投标申请人对招标文件质疑	←→	在投标截止时间（即提交投标文件截止时间）10日前提出
15	招标人对招标文件澄清/修改	←→	在投标截止时间至少15日前发布，不足15日的应当顺延提交投标文件的截止时间
16	预约开标室	←→	预约开标室通常安排在招标文件和施工图纸发售停止日期之后，一般为一天
17	评标专家抽取	←→	同第7条
18	提交投标保证金	←→	注意投标保证金的规定限额
19	提交投标文件（检查包封）	←→	提交投标文件截止时间即投标截止时间（自招标文件开始发出之日起不得少于20日）
20	主持开标（有效标不足3家，将重新招标）	←→	于提交投标文件时间截止的同一时间进行
21	组织评标（有效标不足3家，将重新招标或评标继续）	←→	一般与开标安排在同一天进行，评标完成后出具评标报告
22	中标结果公示	←→	自收到评标报告之日起3日内公示中标候选人，公示期不得少于3日
23	发中标通知书和中标结果通知	←→	中标公示结束后，投标有效期内
24	签订合同	←→	自中标通知书发出之日起30日内
25	招标结果备案	←→	招标过程的资料整理存档，招标人应当自确定中标人之日起15日内，向有关行政监督部门提交招标投标情况的书面报告
26	退还投标人投标保证金	←→	投标人最迟应当在书面合同签订后5日内向中标人和未中标的投标人退还投标保证金及银行同期存款利息

8.2.4 项目招标条件、招标方式分析表（表8.2）

表8.2　项目招标条件、招标方式分析表

项目名称	招标组织形式		招标条件	招标方式自
具体内容	□自行招标	□委托招标	□招标人已经依法成立	□公开招标 □资格预审 □资格后审
	招标条件	□具有项目法人资格（或者法人资格）	□项目立项书	
		□具有与招标项目规模和复杂程度相适应的工程技术、概预算、财物和工程管理等方面专业技术力量	□可行性研究报告	
			□规划申请书	□邀请招标
		□有从事同类工程建设项目招标的经验	□初步设计及概算应当履行审批手续的，已经批准	
		□拥有3名以上取得招标职业资格的专业招标业务人员	□有招标所需的设计图纸	
			□有招标所需的技术资料	□直接发包/议标
		□熟悉和掌握招标投标法及有关法规规章	□有相应资金或者资金来源已经落实	

8.2.5　学生实训需完成的两项任务

（1）编制招标策划流程图；以学生自己的出生月、日为招标公告起始月、日时间，参照表 8.1，依次排列出各有关日期。

（2）制定项目招标条件、招标方式分析表。

8.3　建设工程招标

8.3.1　招标文件组成的目录

第一章　招标公告（或投标邀请书）

第二章　投标须知

第三章　评标办法和标准

第四章　合同条款及格式

第五章　工程量清单与计价

第六章　招标图纸

第七章　技术标准和要求

第八章　投标文件格式

8.3.2　施工招标公告（未进行资格预审）

施工招标公告（未进行资格预审）

1. 招标条件

本招标项目________（项目名称）已由________（项目审批、核准或备案机关名称）以________（批文名称及编号）批准建设，建设单位为________，建设资金来源________，招标人为________，委托的招标代理单位为________。本项目已具备招标条件，现对该项目的施工进行公开招标。

2. 项目概况和招标范围

（1）工程建设地点：________。

（2）工程建设规模：________。

（3）招标范围和内容：

1）工程类别：____（房屋建筑工程、市政工程）。

2）招标类型：____（施工总承包、专业承包）。

3）招标范围和内容：________。

其中，用于确定企业资质及等级的相关数据：________（按照《建筑业企业资质标准》的承包工程范围中相应等级规定的特征描述）。

用于确定注册建造师等级的相关数据：________（按照《注册建造师执业工程规模标准（试行）》中相应规模标准规定的特征描述）。

用于确定类似工程业绩的相关数据：________（按照《福建省房屋建筑和市政基

础设施工程特殊性划分标准（试行）》中规定的工程特征指标描述，适用于允许设置类似工程业绩的项目）。

（4）招标控制价（即最高投标限价，下同）：__________元。

（5）工期要求：总工期为______个日历天，定额工期______个日历天（适用于国家或我省对工期有规定的项目）；其中各关键节点的工期要求为（如果有）__________。

（6）标段划分（如果有）：____________________。

（7）质量要求：____________________。

3. 投标人资格要求及审查办法

（1）本招标项目要求投标人须具备有效的不低于____级__________资质和《施工企业安全生产许可证》（无需资质的项目，从其规定）。

（2）投标人拟担任本招标项目的项目负责人（即项目经理，下同）须具备有效的不低于____级专业注册建造师执业资格（或建造师临时执业资格），并具备有效的安全生产考核合格证书（B证）（无需资质的项目，从其规定）。

（3）本招标项目____（接受、不接受）联合体投标。招标人接受联合体投标的，投标人应优先选用××省建筑业龙头企业作为联合体成员，自愿组成联合体的应由____为牵头人，且各方应具备其所承担招标项目承包内容的相应资质条件；承担相同承包内容的专业单位组成联合体的，按照资质等级较低的单位确定资质等级。

（4）本招标项目____（应用、不应用）____××省建筑施工企业信用综合评价分值。应用××省建筑施工企业信用综合评价分值的项目，投标人的企业季度信用得分为____（房屋建筑、市政工程）____类。应用××省建筑施工企业信用综合评价分值的，投标人的企业季度信用得分不得低于60分；以联合体参与投标的，投标人的企业季度信用得分按具有（建筑工程、市政公用工程）____施工总承包资质的联合体成员中的最低企业季度信用得分确定。投标人的企业季度信用得分，可通过××省建筑施工企业信用综合评价系统（从××住房和城乡建设网的“××省住房和城乡建设综合监管服务平台”登录）查询。

（5）投标人“类似工程业绩”要求：____个；“类似工程业绩”是指：自本招标项目在法定媒介发布招标公告之日的前5年内（含本招标项目在法定媒介发布招标公告之日）完成的并经竣工验收合格的____________________。

（6）各投标人均可就本招标项目上述标段中的（具体数量）____个标段投标，但最多允许中标（具体数量）____个标段（适用于分标段的招标项目）。

（7）其他资格要求：____________________。

（8）本招标项目采用____（资格预审、资格后审）____方式对投标人的资格进行审查。

（9）本招标项目不要求投标人在招投标期间缴纳农民工工资保证金。

4. 招标文件的获取

凡有意参加投标者，请于____年____月____日____时____分____秒至____年____月____日____时____分____秒通过____（公共资源电子交易平台名称及网址）____采取无记名方式免费下载电子招标文件等相关资料。本招标项目电子招标文件使用（电子招标文件编制工具软件名称及版本号）____打开。投标人获取招标文件后，应检查招标文件的合法有效性，合法有效的招标文件应具有招标人和招标代理机构的电子印章；招标人没有电子印章的，须附招标人对招标代理机构的授权书。

5. 评标办法

本招标项目采用的评标办法：______________（经评审的最低投标价中标法/综合评估法/简易评标法）______。

6. 投标保证金的提交

(1) 投标保证金提交的时间：______________。

(2) 投标保证金提交的金额：______________。

(3) 投标保证金提交的方式：______________。

7. 发布公告的媒介

本次招标公告同时在公共资源交易电子公共服务平台（www. ××××. gov. cn）上发布。

8. 联系方式

招标人：______________

地址：______________，邮编：______________

电子邮箱：______________

电话：______________，传真：______________

联系人：______________

招标代理机构：______________

地址：______________，邮编：______________

电子邮箱：______________

电话：______________，传真：______________

联系人：______________

公共资源电子交易平台名称：______________

网址：______________

联系电话：______________

招投标监督机构名称：______________

地址：______________

联系电话：______________

公共资源交易中心名称：______________

地址：______________

联系电话：______________

8.3.3　投标人须知前附表

(1) 本表见第 2 章各项应一一填写，除“不适用”外，不留空白。如某日期一时定不下来，可先填计划日期。

(2) 如某项内容对本项目不适用，应在相应栏目中注明“不适用”。

(3) 投标须知前附表是投标须知的说明和补充，如两者有矛盾之处，以前附表内容

为准。

8.3.4 评标办法和标准数据表（经评审的最低投标价中标法 A 类）（见第 2 章）

8.3.5 评标办法和标准数据表（综合评估法 A 类）（见第 2 章）

8.3.6 学生实训需完成的任务

要求学生有选择地完成以下任务。

（1）编制招标公告。

（2）制定招标人须知前附表。

（3）制定评标办法之一（经评审的最低标价法或是综合评标法）。

*（4）编制施工招标文件。

8.4 建 设 工 程 投 标

8.4.1 投标文件目录

一、投标人基本情况表

二、联合体协议书（如果有）

三、法定代表人资格证明书

四、授权委托书（如果有）

五、拟分包企业情况（如果有）

六、拟派出项目负责人简要情况表

七、拟派出项目技术负责人简要情况表

八、项目部施工管理人员到位承诺书

九、投标人基本账户信息

十、“类似工程业绩”情况表（如果有）

十一、投标保证金有关单据扫描件

十二、其他资料

8.4.2 投标人基本情况表（表 8.3）

表 8.3　　投 标 人 基 本 情 况 表

投标人名称						
注册地址				邮政编码		
联系方式	联系人			电　话		
	传　真			网　址		
组织结构						
法定代表人	姓名		技术职称		电话	
技术负责人	姓名		技术职称		电话	
成立时间			员工总人数：			

续表

企业资质等级		其中	项目负责人	
营业执照号			高级职称人员	
注册资金			中级职称人员	
开户银行			初级职称人员	
账　　号			技工	
是否存在招标文件第 2 章投标须知第 4.3 款规定的任何一种情形（第 13 项除外）。其中，投标人存在财产被司法机关接管或冻结的，应当如实填写具体情况，由评标委员会对是否会导致中标后合同无法履行作出判断。				

投标人：＿＿＿＿＿＿＿＿（盖单位公章）

注 独立投标人或联合体投标的联合体各方均须填写此表，并加盖单位公章。

独立投标人或联合体投标的联合体各方均须附上营业执照、资质证书和施工企业安全生产许可证的扫描件，并加盖单位公章。

上述各类证书发生变更的，应办理完变更手续方可参加投标，并以发证机关核准的变更为准；否则评标委员会应以视为证书无效进行评定。

未如实填写"是否存在招标文件第 2 章投标须知第 4.3 款规定的任何一种情形（第 13 项除外）"的，按弄虚作假处理。

8.4.3 联合体协议书（表 8.4）

表 8.4　　联合体协议书

联合体协议书

＿＿＿＿（所有成员单位名称）自愿组成＿＿＿＿（联合体名称）联合体，共同参加＿＿＿＿（项目名称及标段）施工投标。现就联合体投标事宜订立如下协议：

1. ＿＿＿＿＿＿（牵头人单位名称）为＿＿＿（联合体名称）牵头人。

2. 联合体牵头人合法代表联合体各成员负责本招标项目投标文件编制和合同谈判活动，并代表联合体提交和接收相关的资料、信息及指示，并处理与之有关的一切事务，负责合同实施阶段的主办、组织和协调工作。

3. 联合体将严格按照招标文件的各项要求，递交投标文件，履行合同，并对外承担连带责任。

4. 联合体各成员单位内部的职责分工如下：＿＿＿＿＿＿＿＿＿＿＿＿＿＿＿＿＿＿＿＿＿＿＿＿＿＿＿＿＿＿＿＿＿。

5. 本协议书自签署之日起生效，合同履行完毕后自动失效。

6. 本协议书一式＿＿份，联合体各方和招标人各执一份。

注：本协议书由委托代理人盖章的，应附法定代表人的授权委托书。

联合体牵头人名称：＿＿＿＿＿＿＿＿＿＿＿＿（盖单位公章）
法定代表人或其委托代理人：＿＿＿＿＿＿＿＿（盖章）

联合体成员一名称：＿＿＿＿＿＿＿＿＿＿＿＿（盖单位公章）
法定代表人或其委托代理人：＿＿＿＿＿＿＿＿（盖章）
联合体成员二名称：＿＿＿＿＿＿＿＿＿＿＿＿（盖单位公章）
法定代表人或其委托代理人：＿＿＿＿＿＿＿＿（盖章）

联合体成员三名称：________________（盖单位公章）
法定代表人或其委托代理人：________________（盖章）
……

____年____月____日

8.4.4 法定代表人资格证明书（表 8.5）

表 8.5　　**法定代表人资格证明书**

法定代表人资格证明书

投标人名称：________________
地址：________________
姓名：________ 性别：______ 身份证号码：________________
职务：________ 手机号码：________________
系________________（投标人名称）的法定代表人。

特此证明。

投标人：________________（盖单位公章）
____年____月____日

8.4.5 授权委托书（表 8.6）

表 8.6　　**授 权 委 托 书**

授 权 委 托 书

本人________（姓名）系________（投标人名称）的法定代表人，现委托________（姓名）为我方代理人。代理人根据授权，以我方名义签署、澄清、说明、补正、递交、撤回、撤销________（项目名称及标段）施工投标文件、签订合同和处理有关事宜，其法律后果由我方承担。

代理人无转委托权。

代理人姓名：________ 性别：______ 手机号码：______
单　　位：________ 部门：______ 职务：______
身份证号码：________________

附：委托代理人身份证扫描件

投标人：________________（盖单位公章）
法定代表人：________________（盖章）
委托代理人：________________（盖章）

____年____月____日

8.4.6 学生实训完成的任务

认真研读招标文件，要求参照表 8.3、表 8.4、表 8.5、表 8.6，指导学生有选择地完成以下任务。

（1）投标人基本情况表。

（2）联合体协议书。

（3）法定代表人资格证明书。

(4) 授权委托书。

*(5) 编制投标文件。

8.5　建设工程开标与评标

建设工程项目的开标、评标由建设单位依法组织实施，并接受有关行政主管部门的监督。在工程招投标的开标、评标过程中，建设单位是全部活动过程中的组织者，建设单位的权利有：邀请有关部门参加开标会议，当众宣布评标办法，启封投标书及补充函件，公布投标书的主要内容和标底；经建设行政主管部门委托的招投标机构审查批准后组建评标小组；对于评标小组提出的中标单位的建议有确认权；与中标单位签订工程承包合同。

8.5.1　开标

1. 开标的概念

开标是在投标截止之后，招标人按招标文件所规定的时间和地点，开启投标人提交的投标文件，公开宣布投标人的名称、投标价格及投标文件中的其他主要内容的活动。

2. 开标的时间、地点、主持人和参加人员

招标投标活动经过招标阶段和投标阶段之后，便进入了开标阶段。为了保证招标投标的公平、公正、公开，开标的时间和地点应遵守法律和招标文件中的规定。根据《招标投标法》第三十四条的规定："开标应当在招标文件确定的提交投标文件截止时间的同一时间公开进行；开标地点应当为招标文件中预先确定的地点。"同时，《招标投标法》第三十五条规定："开标由招标人主持，要求所有投标人参加。"

根据这一规定，招标文件的截止时间即是开标时间，这可避免在开标与投标截止时间有时间间隔，从而防止泄漏投标内容等一些不端行为的发生。

开标地点为招标文件预先确定的地点，应该说明这一点，招标活动并不都是必须在有形建筑市场内进行。

开标主持人可以是招标人，也可以是招标人委托的招标代理机构。开标时，除邀请所有投标人参加外，还可邀请招标监督部门、监察部门的有关人员参加，也可委托公证部门参加。

3. 开标应当遵守的法定程序

根据《招标投标法》的规定，开标应当严格按照法定程序和招标文件载明的规定进行。包括：按照规定的开标时间宣布开标开始；核对出席开标的投标人的身份和出席人数；安排投标人或其代表检查投标文件密封情况后指定工作人员监督拆封；组织唱标、记录；维护开标活动的正常秩序等。

4. 开标前的检查

(1) 开标时，由投标人或者其推选的代表检查投标文件的密封情况，也可以由招标人委托的公证机构检查并公证。如投标文件没有密封或有被开启的痕迹，应被认定为无效。

(2) 投标文件的拆封、当众宣读。经确认无误后，投标截止日期前收到的所有投标文

件都应当当众拆封，宣读投标人名称、投标价格和投标文件的其他主要内容。

(3) 开标过程的记录和存档。按照《招标投标法》规定，开标过程应当记录，并存档备查。在宣读投标人名称、投标的价格和投标文件的其他主要内容时，招标主持人对公开开标所读的每一页，按照开标时间的先后顺序进行记录。开标机构应当事先准备好开标记录的登记册，开标填写后作为正式记录，保存于开标机构。

开标记录的内容包括：项目名称、投标号、刊登招标公告的日期、发售招标文件的日期，购买招标文件的单位名称、投标人的名称及报价、投标截止后收到投标文件的处理情况，开标时间、开标地点、开标时具体参加单位、人员、唱标的内容等开标过程中的重要事项等。

开标记录有主持人和其他工作人员签字确认后，存档备案。

5. 开标时，无效标书（废标）的认定

根据《房屋建筑和市政基础设施工程施工招标投标管理办法》规定，在开标时，投标文件出现下列情形之一的，应当作为无效投标文件，不得进入评标：①投标文件未按照招标文件的要求予以密封的；②投标文件中的投标函未加盖投标人的企业及企业法定代表人印章的，或者企业法定代表人委托代理人没有合格、有效的委托书（原件）及委托代理人印章的；③投标书未按规定格式填写，内容不全或字迹模糊不清的；④投标书逾期送达的；⑤投标人未按照投标文件的要求提供投标保函或者投标保证金的；⑥组成联合体投标的，投标文件未附联合体各方共同投保协议的；⑦投标单位未参加会议的。

8.5.2 评标

1. 评标的概念

评标就是依据招标文件的要求和规定，在工程开标后，由招标单位组织评标委员会对各投标文件进行审查、评审和比较。评标人评标时应用科学方法，以公正、平等、经济合理、技术先进为原则，并按规定的评标标准进行评标。

2. 评标委员会

(1) 评标委员会的组成。①评标委员会由招标人依法组建，负责评标活动；②评标委员会由招标人或其委托的招标代理机构的代表，以及技术经济等方面的专家组成，成员人数为 5 人以上单数，其中技术、经济等方面专家不得少于成员总数的 2/3；③委员会的负责人，可由招标人指定或由评标委员会成员推选，评标委员会负责人与其他成员有同等表决权。

(2) 评标委员会专家的选取。评标委员会的专家成员应当从当地地市级以上人民政府有关部门提供的专家名册或招标代理机构的专家名册中选取。

一般招标项目可采取随机抽取的方式，特殊招标项目因有特殊要求或技术特别复杂，只有少数专家能够胜任的，可由招标人直接确定。

8.5.3 评标标准

1. 评标方法

评标方法包括经评审的最低投标价法、综合评估法或者法律、行政法规允许的其他评

标方法。

2. 应作为废标处理的几种情况

①以虚假方式谋取中标；②低于成本报价竞价；③不符合资格条件或拒不对投标文件澄清、说明或改正；④未能在实质上响应的投标。

8.5.4　开标会顺序

（1）招标人签收投标人递交的投标文件。

（2）投标人出席开标会的代表签到。

（3）开标会主持人宣布开标会开始。

（4）开标会主持人介绍主要与会人员、介绍参加开标会议的单位及工程项目的有关情况。

（5）请投标单位代表确认投标文件的密封性。

（6）宣布公正、唱标、记录人员名单和招标文件规定的评标原则、评定表办法。

（7）宣读投标单位的名称、投标报价、工期、质量目标、主要材料用量、投标担保或保函以及投标文件的修改、撤回等情况，应做当场记录。

（8）与会的投标单位法定代表人或者其他代理人在记录上签字，确认开标结束。

（9）宣布开标会议结束，进入评标阶段。

（10）公布标底；并送封闭评标区封存。

8.5.5　经评审的价格及投标人排序情况一览表

1. 经评审的最低投标价中标法（A 类办法）（表 8.7）。

表 8.7　　投标人排序号表

序号	入围评审的投标人名称	投标报价/元	投标报价排序	信用系数	投标报价乘以信用系数的取值	排序

注　按照投标人投标报价乘以信用系数的取值由低到高进行排序。

2. 综合评估法（表 8.8）。

表 8.8　　综合评估法投标人排序表

序号	投标人名称	评审情况					排序
		技术标分（如有）	投标报价分	信用评标分（如有）	其他因素分（如有）	最终总得分	

注　按照投标人最终总得分由高到低进行排序。

【案例 8.1】

经评审的最低投标价法

1. 背景资料

某个需要采用特殊技术的大型项目采用公开招标方式，经资格预审，确定邀请 A、B、C、D、E 5 家具备资质等级的施工企业参加投标，投标情况见表 8.9。

表 8.9　投标情况表

投标单位	投标报价/万元	工期/月	曾获荣誉	投标承诺
A	10900	24	获省优工程一项	省优
B	10600	26	获国家级奖工程一项；获省优工程一项	鲁班奖
C	11200	28	获国家级奖工程两项；获省优工程一项	鲁班奖
D	10500	30	获省优工程两项	省优
E	10300	29		省优

招标文件规定：

(1) 合理工期 24～30 个月内，评标基准工期为 24 个月，施工期每增加一个月，则评标价在投标报价基础上增加 50 万元。

(2) 投标人如曾获得鲁班奖，则每项扣减投标报价 100 万元，获得省优工程奖每项减 50 万元，此项以扣减 200 万元为上限。

(3) 投标人承诺，该工程获鲁班奖，扣减投标报价 400 万元，但如最终未获得鲁班奖，则处罚 300 万元；投标人承诺该工程获省优奖，扣减投标报价 200 万元，但如最终未获得鲁班奖，则处罚 100 万元。

2. 问题

此项目 5 家投标人投标文件都符合招标要求，则根据经评审的最低投标价定标原则，此工程应选择哪家企业作为中标人？

3. 分析

采用经评审的最低投标价法作为定标办法，最终中标候选人的评标价格应是最低的，此题应在投标报价基础上，考虑工期、曾获荣誉以及投标承诺等可折算成价格的三项因素，最终得出各投标人的评标价格比较，得出中标候选人。

4. 解答

各投标单位评标价格如下。

A：10900＋50×(24－24)－50－200＝10650 万元。

B：10600＋50×(26－24)－150－400＝10150 万元。

C：11200＋50×(28－24)－200－400＝10800 万元；曾获奖项以扣减 200 万元为上限。

D：10500＋50×(30－24)－100－200＝10500 万元。

E：10300＋50×(29－24)－200－400＝10350 万元。

结论：B 企业评标价格最低 10150 万元，应为中标候选人。

【案例 8.2】

综合评估法

1. 背景资料

某中学似建一电教实验楼，建设投资由市教育局拨款，在设计方案完成之后，教育局委托市招标投标中心，对该楼的施工进行公开招标，有 8 家施工企业报名参加，经过资格预审，只有甲、乙、丙、丁 4 家施工企业符合条件，参加了最终的投标，各投标企业按技术标与商务标分别装订报送。市招标投标中心规定的施工评标定标办法如下。

2. 商务标

商务标总计 82 分，具体分配如下。

(1) 投标报价：50 分。最终报价比评标价每增加 0.5%扣 2 分，每减少 0.5%扣 1 分（不足 0.5%不计）。

(2) 质量：10 分。质量目标符合招标单位要求者得 1 分，上年度施工企业工程质量一次验收合格率达 100%者，得 2 分，达不到 100%的不得分。优良率在 40%以上且优良工程面积 $10000m^2$ 以上者得 2 分。以 40%、$10000m^2$ 为基数，优良率每增加 10%且优良工程面积每增加 $5000m^2$ 加 1 分，不足 10%、$5000m^2$ 不记，加分最高不超过 5 分。

(3) 项目经理：15 分，其中：

1) 业绩：8 分。该项目经理上两年度完成的工作，获国家优良工程每 $100m^2$ 加 0.04 分；获省优良工程每 $100m^2$ 加 0.03；获市优良工程每 $100m^2$ 加 0.02 分。不足 $100m^2$ 的不计分。其他优良工程参照市优良工程打分，但所得分数乘以 80%。同一工程获多个奖项，只计最高级别奖项的分数，不重复计分，最高计至 8 分。

2) 安全文明施工：4 分。该项目经理上两年度施工的工程，获国家级安全文明工地的工程每 $100m^2$ 加 0.02 分；获省级安全文明工地的工程每 $100m^2$ 加 0.01；不足 $100m^2$ 的不计分。同一工程获多个奖项，只计最高级别奖项的分数，不重复计分，最高计至 4 分。

3) 答辩：3 分。由项目经理从题库中抽取 3 个题目回答，每个题目 1 分，根据答辩情况酌情给分。

(4) 社会信誉：5 分，其中：

1) 类似工程经验：2 分。企业两年来承建过同类项目一座且达到合同目标得 2 分，否则不得分。

2) 质量体系认证：2 分。企业通过 ISO 9000 国际认证体系得 2 分，否则不得分。

3) 投标情况：1 分。近一年来投标中未发生任何违纪、违规者得 1 分，否则不得分。

(5) 工期：2 分。工期在定额工期的 70%～100%范围内得 2 分，否则不得分。

3. 技术标

技术标总计 18 分。

评分办法：工期安排合理得 1 分；工序衔接合理得 1 分；进度控制点设置合适得 1 分；施工方案合理先进得 4 分；施工平面布置合理、机械设备满足工程需要得 4 分；管理人员及专业技术人员配备齐全、劳动力组织均衡得 4 分；质量安全体系可靠，文明施工管

理措施得力得3分；不足之处由评委根据标书酌情扣分。

施工单位最终得分＝商务标得分＋技术标得分。得分最高者中标。

该电教实验楼工程的评标委员由教育局的2名代表与从专家库中抽取的5名专家共7人组成。商务标中的投标报价不设标底，以投标单位报价的平均值作为评标价。商务标中的相关项目以投标单位提供的原件为准计分。技术标以各评委评分去掉一个最高分和最低分后的算术平均数计分。

各投标单位的商务标与技术标得分汇总（表8.10、表8.11）。

表8.10　　技术标评委打分汇总

评委 投标单位	一	二	三	四	五	六	七
甲	13.0	11.5	12.0	11.0	12.3	12.5	12.5
乙	14.5	13.5	14.5	13.0	13.5	14.5	14.5
丙	14.0	13.5	13.5	13.0	13.5	14.0	14.5
丁	12.5	11.5	12.5	11.0	11.5	12.5	13.5

表8.11　　汇总商务标情况汇总

投标单位	报价/万元	质量/分	项目经理/分	社会信誉/分	工期/分
甲	3278	8.0	13.5	5	2
乙	3320	8.0	14.3	3	2
丙	3361	9.0	12.4	4	2
丁	2726	8.0	12.6	4	2

4. 问题

请选择中标单位。

5. 知识点

评价方法及中标单位的选择。

根据背景资料所给的条件分析，本工程的中标单位应该按照综合得分最高的原则选择，因此需要计算各投标单位的综合得分。由于该工程不设标底，以投标单位报价的平均值为评标价，所以需要先求出评标价。

$$评标价=\frac{3278+3320+3361+2726}{4}=3171.25（万元）$$

（1）甲投标单位的综合得分计算。

1）技术标得分。去掉最高分：13.0分；去掉最低分：11.0分。

$$技术标得分：\frac{11.5+12.0+12.3+12.5+12.5}{5}=12.16（分）$$

2）商务标得分。报价：3278万元，与评标价格差3278－3171.25＝106.75（万元）。

$$比评标增（减）：\frac{106.75}{3171.25}=+3.4\%$$

报价得分：50－6×2＝38（分）

商务标得分＝报价得分＋质量得分＋项目经理得分＋社会信誉得分＋工期得分

＝38＋8.0＋13.5＋5＋2＝66.5（分）

3）综合得分。

甲投标单位综合得分＝技术标得分＋商务标得分

＝12.16＋66.5＝78.66（分）

(2) 乙投标单位的综合得分计算。

1）技术标得分。去掉最高分：14.5 分；去掉最低分：13.0 分。

技术标得分：$\frac{13.5+14.5+13.5+14.5+14.5}{5}=14.1$（分）

2）商务标得分。报价：3320 万元，与评标价格差 3320－3171.25＝148.75（万元）。

比评标增（减）：$\frac{148.75}{3171.25}=+4.7\%$

报价得分：50－9×2＝32（分）

商务标得分：32＋8.0＋14.3＋3＋2＝59.3（分）

3）综合得分。乙投标单位综合得分：14.1＋59.3＝73.4（分）

(3) 丙投标单位的综合得分计算。

1）技术标得分。去掉最高分：14.5 分；去掉最低分：13.0 分。

技术标得分：$\frac{14.0+13.5+13.5+13.5+14.0}{5}=13.7$（分）

2）商务标得分。报价：3361 万元，与评标价格差 3361－3171.25＝189.75（万元）。

比评标增（减）：$\frac{189.75}{3171.25}=+6\%$

报价得分：50－12×2＝26（分）

商务标得分＝26＋9.0＋12.4＋4＋2＝53.4（分）

3）综合得分。

丙投标单位综合得分：13.7＋53.4＝67.1（分）

(4) 丁投标单位的综合得分计算。

1）技术标得分。去掉最高分：13.5 分；去掉最低分：11.0 分。

技术标得分：$\frac{12.5+11.5+12.5+11.5+12.5}{5}=12.1$（分）

2）商务标得分。报价：2776 万元，与评标价格差 2776－3171.25＝－395.25（万元）。

比评标增（减）：$\frac{-395.25}{3171.25}=-12.5\%$

报价得分：50－25×2＝25（分）

商务标得分＝报价得分＋质量得分＋项目经理得分＋社会信誉得分＋工期得分

＝25＋8.0＋12.6＋4＋2＝51.6（分）

3）综合得分。

丁投标单位综合得分＝技术标得分＋商务标得分

＝12.1＋51.6＝63.7（分）

（5）选择中标单位。因为甲单位综合得分为78.66分，最高，所以甲单位中标。

8.5.6 学生实训需完成的任务

从上述两个案例中，要求学生学会经评审的最低投标价法和综合评估法程序。由老师改变以上案例的数据，让学生完成以下任务。

（1）用这两种评标法分别评出投标人的分值。

（2）填写经评审的价格及投标人排序情况一览表。

8.6 建设工程定标与签订合同

8.6.1 定标

《招标投标法》规定，招标人根据评标委员会提出的书面评标报告和推荐的中标候选人确定中标人。招标人也可以授权评标委员会直接确定中标人。

评标委员会提出书面评标报告后，招标人一般应在15日内确定中标人，最迟应在投标有效期结束前30日确定。

招标人应当自收到评标报告之日起3日内公示中标候选人，公示期不得少于3日。

中标人确定后，招标人向中标人发出中标通知书，并同时将中标结果通知所有未中标的投标人，投标人接到上述通知后应予以书面确认，中标通知书对招标人和中标人具有法律效力，中标通知书发出后，招标人改变中标结果的，或中标人放弃中标项目的，应当依法承担法律责任。

8.6.2 中标通知书

中 标 通 知 书

编号：

＿＿＿＿＿＿＿＿＿（中标人名称）：

你方于＿＿＿＿（投标日期）所递交的＿＿＿＿＿＿（项目名称及标段）施工投标文件已被我方接受，被确定为中标人。

招标范围：＿＿＿＿＿＿＿＿＿＿。

中标价：＿＿＿＿＿＿＿＿＿＿元。

工期：总工期＿＿＿日历天，其中各关键节点的工期要求为＿＿＿＿＿＿＿＿＿＿。

工程质量：符合＿＿＿＿＿＿＿＿＿＿标准。

项目负责人：＿＿＿＿＿＿（姓名），身份证号码：＿＿＿＿＿＿＿＿＿＿＿＿，建造师注册证书号：＿＿＿＿。

请你方在接到本通知书后的＿＿＿日内到＿＿＿＿＿＿＿＿＿＿＿＿（指定地点）与

我方签订施工承包合同，在此之前按招标文件第 2 章“投标须知”第 29 条规定向我方提交履约担保。

特此通知。

招标人：＿＿＿＿＿＿（盖单位电子公章）
法定代表人：＿＿＿＿＿＿（盖电子姓名章）
＿＿＿＿年＿＿月＿＿日

招标人和中标人应当自中标通知书发出之日起 30 日内，按照招标文件和中标人的投标文件订立书面合同。招标人和中标人不得再行订立背离合同实质性内容的其他协议。

《招标投标法实施条例》进一步规定，招标人和中标人应当依照招标投标法和本条例的规定签订书面合同，合同的标的、价款、质量、履行期限等主要条款应当与招标文件和中标人的投标文件的内容一致。

《最高人民法院关于审理建设工程施工合同纠纷案件适用法律问题的解释》第 21 条规定：“当事人就同一建设工程另行订立的建设工程施工合同与经过备案的中标合同实质性内容不一致的，应当以备案的中标合同作为结算工程价款的根据。”因此，招标人与中标人另行签订合同的行为属违法行为，所签订的合同是无效合同。

8.6.3　建筑工程合同书（略）

8.6.4　退还投标保证金

根据《招标投标法实施条例》第五十七条第 2 款规定：招标人最迟应当在与中标人签订合同后 5 日内，向中标人和未中标的投标人退还投标保证金及银行同期存款利息。

8.6.5　学生实训需完成的任务

根据 8.5 中的评分结果，得出中标人，并完成以下任务

(1) 填写中标通知书。

*(2) 制作建筑施工合同书并签订合同书。

习　　题

一、单项选择题

1. 关于代理的说法，正确的是（　　）。

A. 经被代理人同意的转代理，代理人不再承担责任

B. 同一代理事项有数位代理人的，应当推选牵头人

C. 作为委托人的法人、非法人组织终止的，委托代理终止

D. 表见代理是有权代理

2. 根据《招标投标法》，中标通知书自（　　）发生法律效力。

A. 发出之日　　B. 作出之日　　C. 盖章之日　　D. 收到之日

3. 发售招标文件收取的费用应当限于补偿（　　）的成本支出。

A. 编制招标文件　　B. 印刷、邮寄招标文件

C. 招标人办公　　D. 招标活动

4. 注册建造师的下列行为中，可以记入注册建造师执业信用档案的是（　　）。

A. 泄露商业秘密的　　B. 对设计变更有异议的

C. 经常外出参会的　　D. 拒绝执行监理工程师指令的

5. 关于合同形式的说法，正确的是（　　）。

A. 合同必须用书面形式　　B. 口头形式属于合同其他形式

C. 未依法采取书面形式订立的合同无效　　D. 合同可以采用数据电文形式

6. 关于工程质量争议处理的说法，正确的是（　　）。

A. 建设单位直接指定分包人分包专业工程的，应当承担无过错责任

B. 施工企业对施工中出现的施工质量问题应当负责返修

C. 建设工程未经竣工验收，建设单位擅自使用后，以部分质量不符合约定为由主张权利的，应予支持

D. 建设工程竣工时发现的质量缺陷是建设单位的责任，施工企业不承担返修义务

7. 根据《招标投标法》，可以确定中标人的主体是（　　）。

A. 经招标人授权的招标代理机构　　B. 建设行政主管部门

C. 经招标人授权的评标委员会　　D. 招标投标有形市场

8. 关于招标价格的说法，正确的是（　　）。

A. 招标时可以设定最低投标限价　　B. 招标时应当编制标底

C. 招标的项目应当采用工程量清单计价　　D. 招标时可以设定最高投标限价

9. 投标人不得以低于成本的报价竞标，此处成本是指（　　）。

A. 社会平均成本　　B. 所有投标人的平均成本

C. 招标控制价中的价格　　D. 该投标人自身企业成本

10. 招标人和中标人应当自中标通知书发出之日起（　　）日内，按照招标文件和中标人的投标文件订立书面施工合同。

A. 15　　B. 20　　C. 30　　D. 60

二、多项选择题（共 20 题，每题 2 分）

1. 关于法定代表人的说法，正确的有（　　）。

A. 公司章程对法定代表人权利的限制，可以对抗任意第三人

B. 因过错履行职务行为损害他人，由法定代表人承担责任

C. 法定代表人代表法人从事民事活动

D. 法定代表人为特别法人

E. 法人应当有法定代表人

2. 下列情形中，视为投标人相互串通投标的有（　　）。

A. 不同投标人的投标文件由同一人编制

B. 不同投标人的投标文件的报价呈规律性差异

C. 不同投标人的投标文件相互混装

D. 属于同一组织的成员按照该组织要求协同投标

E. 投标人之间约定部分投标人放弃投标

3. 下列情形中，招标人应当拒收的投标文件有（　　）。

A. 逾期送达的　　B. 投标人未提交投标保证金的

C. 投标人的法定代表人未到场的　　D. 未按招标文件要求密封的

E. 投标人对招标文件有异议的

4. 下列情形中，依法可以不招标的项目有（　　）。

A. 需要使用不可替代的施工专有技术的项目

B. 采购人的全资子公司能够自行建设的

C. 需要向原中标人采购工程，否则将影响施工或者功能配套要求的

D. 只有少量潜在投标人可供选择的项目

E. 已通过招标方式选定的特许经营项目投资人依法能够自行建设的

5. 招标公告应当载明（　　）。

A. 招标人的名称和地址　　B. 招标项目的性质

C. 评标办法　　D. 获取招标文件的办法

E. 开标时间

三、简答题

1. 简述建设项目进行施工招标应具备的条件。

2. 中标人的投标应当符合什么条件？

3. 中标单位向招标单位提供的履约保证金是多少？

4. 建设工程投标决策依据有哪些？

5. 投标文件的实质性响应是什么？

参 考 文 献

[1] 全国一级建造师执业资格考试用书编写委员会．建设工程法规及相关知识［M］．北京：中国建筑工业出版社，2018.

[2] 颜志敏．建设工程法规［M］．北京：中国水利水电出版社，2016.

[3] 陈捷．建设工程招投标与合同管理［M］．郑州：郑州大学出版社，2011.

[4] 戴勤友．招投标与合同管理［M］．天津：天津科学技术出版社，2016.

[5] 夏清东．工程招投标与合同管理［M］．北京：中国建筑工业出版社，2014.

[6] 梅阳春，邹辉霞，陈锦桂等．建设工程招投标及合同管理［M］．武汉：武汉大学出版社，2004.

[7] 李建宏．公路工程招投标现状及改进措施分析［J］．中国新技术新产品，2010（17）：72.

[8] 陈慧玲．建设工程招标投标实务［M］．南京：江苏科学技术出版社，2004.

[9] 郑枝杰．工程量清单招标文件编制之我见［J］．浙江建筑，2006（04）：61-62.

[10] 蒋世军．建筑工程招标投标的发展与趋势［J］．中国科技信息，2005（14）：132.

[11] 李仁林．工程建设施工招标文件的编制［J］．中国建设信息，2004（22）：46-48.